WEBAC – alles, was abdichtet.
Seit über 40 Jahren vertrauen unsere Kunden auf die Qualität unserer Produkte zur Bauwerks-abdichtung.
Unsere Formel – Ihre Lösung.
WEBAC®
Bauchemische Produkte
WEBAC SEIT 40 1978 JAHRE STOPPT WASSER
www.webac.de

# Baustoffe im Focus – von Bambus bis Beton

Tagungsband der 29. Hanseatischen Sanierungstage

BuFAS e.V.

2018

BuFAS e.V.

# Baustoffe im Focus – von Bambus bis Beton

## Tagungsband der 29. Hanseatischen Sanierungstage

2018

Fraunhofer IRB Verlag

Herausgeber: Bundesverband Feuchte & Altbausanierung e.V. (BuFAS)
Anschrift: Dorfstr. 5, 18246 Groß Belitz
Tel.: +49 (0) 38466 339816
Fax: +49 (0) 38466 339817
E-Mail: post@bufas-ev.de
Web: www.bufas-ev.de

Bibliografische Information der Deutschen Nationalbibliothek
Die Deutsche Nationalbibliothek verzeichnet diese Publikation in der Deutschen Nationalbibliografie; detaillierte bibliografische Daten sind im Internet über www.dnb.de abrufbar.

ISBN (Print): 978-3-7388-0207-8
ISBN (E-Book): 978-3-7388-0208-5

Satz: Dipl.-Ing. Detlef Krause, Dorfstr. 5, 182465 Groß Belitz
Umschlaggestaltung: public relations sabine ick, Rabanusstr. 40-42. 36037 Fulda
Druck und Bindung: Crivitz-Druck, Crivitz


Fraunhofer-Informationszentrum Raum und Bau IRB
Nobelstraße 12, 70569 Stuttgart
Telefon +49 711 970-2500
Telefax +49 711 970-2508
irb@irb.fraunhofer.de
www.baufachinformation.de

# Inhaltsverzeichnis

Vorwort 9
*Jens Koch*

Grußwort 11
*Stefan Rudolph*

Der „Koloss von Rügen“ – Neue Nutzung für ein Baudenkmal 13
*Ulrich Busch*

Prora – Bauphysikalische Möglichkeiten und Grenzen 27
*Matthias Friedrich, Thomas Riemenschneider*

Cradle to Cradle – Jenseits von Nachhaltigkeit und Kreislaufwirtschaft 43
*Michael Braungart*

Möglichkeiten und Grenzen bei der Kombination verschiedener Abdichtungsstoffe aus Herstellersicht 51
*Michael Schäfer*

Kombination verschiedener Abdichtungsstoffe aus Sicht eines Sachverständigen 65
*Udo Simonis*

Hausschwammbefall nach einer Sanierung – Ursachen, Haftung und GFK-Einsatz 79
*Detlef Krause*

Problemfall Holzbalkon – Planung und Schadensvermeidung 93
*Ulrich Arnold*

Modifizierte und hydrophobierte Hölzer, Bambus und andere Pflanzen – was taugen sie im Außenbereich? 113
*Wolfram Scheiding*

Langzeittrocknungsverhalten von Mauerwerk – Praxisbeispiele 123
*Frank Grassert*

Realität des Raumklimas – Erkenntnisse aus Langzeitmessungen 137
*Thomas Ackermann*

Aktuelle Schadstoffproblematik – Umgang mit Fogging und Chloranisol 155
*Peter Neuling*

Radonsicheres Bauen unter Berücksichtigung des neuen Deutschen Strahlenschutzgesetzes 175
*Walter-Reinhold Uhlig*

Konzeptionierung und Ausführung eines Messsystems zur Dauerüberwachung der strukturellen Integrität des Blauen Turms in Bad Wimpfen 199
*Jennifer Hof*

Laboranalyse von Holz und dessen Eigenschaften nach einer Lagerung in aggressiven Lösungen 213
*Elisabeth Erbes*

Bauforschung, Analyse und Konzeptentwicklung für die Ziegelei „Rotes Haus“ in Meißen 235
*Leonore Jonasch*

Die Beweisaufnahme des Sachverständigen 249
*Karl-Heinz Keldungs*

Zulässigkeit von Bauverfahren außerhalb der allgemein anerkannten Regeln der Technik 263
*Peter Klum*

Ziegelsplittbetone der Nachkriegsjahre und moderne RC-Betone – Nachhaltigkeit an Objektbeispielen 277
*Silvia Stürmer*

Betoninstandsetzungs- und WU-Richtlinie – Alles neu? 291
*Joachim Schulz*

Dünnschichtige Wannen aus faserbewehrtem Beton als „Innenabdichtung“ 313
*Stephan Uebachs, C. Neunzig, M. Graubohm*

Notwendige Untersuchungen zur Schadensfeststellung bei Schäden in Tiefgaragen 325
*Klaus Pohlplatz*

BuFAS-Mitglieder empfehlen sich 339

Das Manuskript zum Fachvortrag „Kombination verschiedener Abdichtungsstoffe aus Sicht der Materialprüfung“ von Knut Herrmann lag uns bei Drucklegung noch nicht vor.

## Vorwort

Das Motto der 29. Hanseatischen Sanierungstage 2018 rückt die Baustoffe in den Fokus – Baustoffe von Bambus bis Beton. Damit richten wir in diesem Jahr das Hauptaugenmerk auf die Grundlagen des Bauens und die Probleme bei der Kombination unterschiedlichster Stoffe.

Organisiert wurden die Sanierungstage wie in jedem Jahr vom Bundesverband Feuchte & Altbausanierung. Getreu dem Namen des Verbandes beginnen wir in diesem Jahr mit zwei Vorträgen, die sich der neuen Nutzung und Sanierung von Altbauten widmen. Dem schließt sich in der Sektion 1 ein Vortrag zum Thema Nachhaltigkeit an. Das Konzept des „Cradle-to-Cradle“ (C2C), zu Deutsch „Von der Wiege zur Wiege“, ist die Vision einer abfallfreien Wirtschaft – ein Modell für industrielle Prozesse, bei dem sich alle Materialien in geschlossenen biologischen oder technischen Kreisläufen bewegen. Wir freuen uns sehr, dass für diesen Vortrag Herr Professor Dr. Braungart gewonnen werden konnte. Zusammen mit Herrn McDonough wurde er 2017 mit dem renommierten David Gottfried Global Green Building Entrepreneurship Award für den innovativen und unternehmerischen Beitrag zur globalen Green Building Bewegung ausgezeichnet.

Die Sektion 2 steht ganz im Zeichen der Möglichkeiten und Grenzen bei der Kombination verschiedener Abdichtungsprodukte. In Anbetracht zunehmend unbekümmerter Kombination unterschiedlichster Abdichtungsprodukte ist es aus unserer Sicht wichtig, neben den unbestreitbaren Vorteilen auch auf die Grenzen des Machbaren hinzuweisen. Dieses zukunftsträchtige Thema wird von drei gänzlich unterschiedlichen Seiten beleuchtet - aus Sicht eines Herstellers, aus praktischer Sicht eines Sachverständigen und schlussendlich aus Sicht der Materialprüfung.

Holz in unterschiedlichsten Facetten steht am Freitag im Mittelpunkt der Vorträge, gefolgt von Vorträgen zu Langzeitmessungen zum Trocknungsverhalten von Mauerwerk und zum Raumklima sowie Vorträge zu aktuellen Schadstoffproblematiken. Traditionell beenden zwei Vorträge zu Rechtsfragen diesem Tag.

Der Samstag steht ganz im Zeichen des Betons. Die Themen reichen vom Ziegelsplittbeton der Nachkriegsjahre über neue Richtlinien bis hin zu faserbewehrtem Beton und notwendigen Untersuchungen am Beton in Tiefgaragen. Ausklingen wird die Tagung wie gewohnt mit einer Fachexkursion, diese führt uns in diesem Jahr zur Schloss- und Gutsanlage Ludwigsburg.

Vielleicht ist Ihnen bereits – im Vergleich zu den Vorjahren - das geänderte Cover aufgefallen ist. Die Publikation erscheint nicht mehr in der Reihe „Altbausanierung“ bei der Beuth Verlag GmbH und dem Fraunhofer IRB Verlag, sondern als eigenständiger Tagungsband beim Fraunhofer IRB Verlag.

Mit dem vorliegenden Kompendium verbindet sich die Hoffnung des Vorstandes, dass die Nutzer davon in ihrem beruflichen Alltag als Anregung und Nachschlagewerk rege Gebrauch machen. Anregungen und kritische Hinweise sind jederzeit willkommen.

Abschließend gestatte ich mir noch einen kurzen Ausblick auf die Jubiläumsveranstaltung zu den 30. Hanseatischen Sanierungstage vom 6. bis zum 9. November 2019. Diese wird in der Musik- und Kongresshalle Lübeck stattfinden – einem Veranstaltungsort, der nahezu ideale und großzügige Räumlichkeiten für die Teilnehmer und die Aussteller bietet. Die Halle bietet ferner für die zukünftige Entwicklung der Hanseatischen Sanierungstage beste Voraussetzungen. Wir sind uns bewusst, dass der Wechsel des Veranstaltungsortes so manchen, alljährlich wiederkehrenden, Teilnehmer schwerfallen mag. Wir hoffen jedoch, dass Sie sich im kommenden Jahr von den vorzüglichen Rahmenbedingungen der Tagung überzeugen lassen. Zudem lädt die Hansestadt Lübeck zum Verweilen ein – insbesondere die Altstadt vis-a-vis zur Kongresshalle. Ich wünsche Ihnen im Namen des gesamten Vorstandes eine angenehme und erfolgreiche Tagung und zwischendurch immer wieder Gelegenheit, etwas Seeluft zu genießen.

Dipl.-Ing. Jens Koch
Vorstandsmitglied BuFAS e.V.

## Grußwort

Liebe Leserinnen und Leser,

liebe Tagungsteilnehmerinnen und Tagungsteilnehmer,

die Hanseatischen Sanierungstage aus dem vergangenen Jahr sind mir in sehr guter Erinnerung geblieben. Ich durfte diesen bundesweit und im deutschsprachigen Ausland bekannten und überaus erfolgreichen Kongress kennenlernen. In diesem Jahr habe ich die Gelegenheit an Sie ein Grußwort zu richten. Das tue ich hiermit sehr gern.

Meine sehr verehrten Damen und Herren,

die Hanseatischen Sanierungstage haben ihren festen Termin im November eines jeden Jahres – und das wohl auch ein wenig deshalb, weil die Veranstalter davon ausgehen, dass es an der Ostsee im Herbst manchmal am Schönsten ist. Hier bietet sich eine gute Gelegenheit, sich in angenehmer Umgebung und mit Muse zu einem hochkarätigen Fachkongress zu treffen. Ich meine, es ist keinesfalls selbstverständlich, dass sich Teilnehmer und Aussteller – in diesem Jahr bereits zu den 29. Hanseatischen Sanierungstagen – aus ganz Deutschland und dem benachbarten Ausland im hohen Nordosten Deutschlands auf Usedom treffen. Dafür bedarf es gewichtige Gründe.

Ein Grund ohne Frage: Die Baubranche und damit alle korrespondierenden Gewerke, einschließlich des Handwerks, verzeichnen aktuell einen Boom. Bauen ist in Deutschland ein hoch aktuelles Thema.

Die Baubranche ist einer der gegenwärtigen Hauptwirtschaftsfaktoren und eine Schlüsselbranche für zentrale Fragestellungen unserer Zeit, wie Klimaschutz, Energiewende, demographischer Wandel und den Ausbau und Erhalt einer leistungsfähigen Infrastruktur. Und nicht zuletzt dürfen wir die hohen Herausforderungen der Altbausanierung sowie den Erhalt und die Wiederherstellung unserer Baukultur nicht vergessen.

Das Tagungsprogramm macht abermals deutlich, dass dem Bundesverband Feuchte & Altbausanierung e.V. die Rolle eines professionellen und engagierten „Mediators" zukommt: Vertreter der Baupraxis und der regelsetzenden Institutionen an einen Tisch zu bringen, um mit Geduld und Fingerspitzengefühl der mancherorts ausufernden Bürokratie Einhalt zu gebieten, ist Wunsch und Wille – und wird konsequent alljährlich in das Tagungsprogramm mit aufgenommen und mit Augenmaß austariert. Eine Kunst, die der Bundesverband virtuos beherrscht.

Ein weiterer Grund liegt sicherlich auch darin, dass es in dieser Tagung nicht nur einfach um das Bauen im Abstrakten geht, sondern auch um eine sehr gelungene Verbindung zwischen Praxis und Wissenschaft. Die Vorstellung und Diskussion neuester Forschungsergebnisse lassen uns über den berühmten Tellerrand hinaus auf das schauen, was morgen in der Praxis Wirkung entfalten kann, Wirkung zum Guten.

Der Bundesverband Feuchte & Altbausanierung geht dabei seit 17 Jahren einen eigenen Weg und bietet dem wissenschaftlichen Nachwuchs eine Plattform, auf der das differenzierte Fachpublikum die Ergebnisse ihrer Arbeiten präsentieren kann.

Den „Nachwuchs-Innovationspreis Bauwerkserhaltung" als zentralen Tagungsordnungspunkt in die Fachtagung einzubeziehen, ist eine großartige und vorausschauende Praxis, zu der ich gratulieren möchte.

Es ist mir eine besondere Freude, auch in diesem Jahr wieder dabei zu sein, wenn der junge Nachwuchs für seine hervorragenden wissenschaftlichen Leistungen gewürdigt wird.

Das diesjährige Thema „Baustoffe im Fokus – Von Bambus bis Beton" ist ohne Frage spannend und eröffnet Perspektiven für die Zukunft.

Auf den 29. Hanseatischen Sanierungstagen können sich die Besucher in den Ausstellerforen ein Bild von der Vielfalt und Innovationskraft unserer Industrie und des Handwerks machen.

Ich wünsche dem Vorstand des Bundesverbandes Feuchte & Altbausanierung e.V. ein gutes Gelingen, den Gästen und Ausstellern einen erfolgreichen Kongress mit vielen neuen und interessanten Eindrücken. Bis dann vor Ort.

Ihr

Dr. Stefan Rudolph,

Staatssekretär im Ministerium für Wirtschaft, Arbeit und Gesundheit

Mecklenburg-Vorpommern

# Der „Koloss von Rügen“ – Neue Nutzung für ein Baudenkmal

*Ulrich Busch, Berlin*

## Zusammenfassung

Prora lässt sich nicht in einem Satz und auch nur unzureichend in einem Absatz erklären. In jeder Hinsicht ist es ein Ort der Superlative. Das zeigen schon die verwendeten Synonyme: „Seebad der 20.000“, „Koloss von Rügen“, „Klotz des Führers“ oder „Größte Kaserne der DDR“. Nach der Wende wurde Prora auch über Jahre hin als größte Ruine der Welt bezeichnet. Mit seinen 4,5 Kilometer Länge ist Prora nicht nur das längste Gebäude der Welt. Der „Koloss von Rügen“ erzählt auch über unsere ambivalente deutsche Geschichte. Der Ort zwischen dem mondänen Binz und Saßnitz polarisiert bis heute.
Aber Proras Sanierung ist heute in vollem Gange. Es entsteht das neue Seebad Prora.

## 1 Einführung: Kurzporträt Prora

1936 legten die Nazis den Grundstein für die Verwirklichung eines gigantischen Planes. Sie wollten in der Bucht der Prorer Wiek die erste touristische Massenanlage in Deutschland bauen. Insgesamt 10.000 Zweibett-Zimmer, jedes aus heutiger Sicht nur etwa 12 Quadratmeter groß, sollte den Arbeitern preiswerten Urlaub bieten. Rund eine Million Menschen hätten hier jedes Jahr Urlaub machen sollen. Mit dem „Seebad der 20.000“ verfolgten die Nazis das Ziel, die Arbeiter mit sozialen Wohltaten für die eigenen politischen Ziele zu gewinnen. Bauherr war im Auftrag Adolf Hitlers die Organisation Kraft durch Freude (KdF). Prora avancierte damit neben den Kreuzfahrtreisen zum wichtigen Baustein der Erholungs- und Freizeitorganisation KdF mit dem Ziel, die Freizeit und Urlaubszeit der Deutschen zu gestalten und zu überwachen. Der Entwurf beeindruckte international. 10.000 Zimmer, alle mit Mehrblick: das hatte es bis dahin noch nicht gegeben. So erhielt der Entwurf des NS-Architekten Clemens Klotz 1937 einen Grand Prix auf der Internationalen Weltausstellung in Paris.

Bild 1 Modell der Proraanlage

Bild 2 Bettenhäuser meeresseitig während der Bauarbeiten, südlicher Abschnitt

Wegen des Krieges musste der Bau 1939 jedoch abgebrochen werden. Mehr oder weniger im Rohbau fertiggestellt säumten acht Blöcke, jeder 550 Meter lang und alle durch das Kellergeschoss miteinander verbunden, die Prorer Wiek. Als Nazi-Seebad ging Prora jedoch nie in Betrieb.
1945 zog die Rote Armee ein, demontierte Teile der Anlage und versuchte Prora auch teilweise zu sprengen. Im Ergebnis blieben fünf der acht Blöcke stehen, einer ist komplett abgetragen. Zwei weitere sind heute Ruinen. Ganz im Zeichen des Kalten Krieges baute die DDR ab den 1950-er Jahren hier die größte Kaserne der Nationalen Volksarmee (NVA) mit bis zu 15.000 stationierten Soldaten auf. Einige Blöcke wurden notdürftig aus- bzw. umgebaut. Die Umbauten wichen freilich von den ursprünglichen Entwürfen ab. Mit der Wiedervereinigung zog die Bundeswehr ein. Schon 1992 gab die gesamtdeutsche Armee den Standort Prora auf.

Das plötzliche Auftauchen Proras in der Öffentlichkeit nach über 40 Jahren Abschottung als militärisches Sperrgebiet überforderte zunächst alle. Hitzige Debatten zwischen Superinvestitionen und Abrissforderungen führten zu keinem konstruktiven Blick auf den „Koloss von Rügen". Als wegweisend gelten noch heute die STERN-Studie der gleichnamigen Berliner Stadtentwicklungsgesellschaft aus dem Jahr 1996/97 und der damit einhergehende Denkmalschutzentscheid des Landes Mecklenburg-Vorpommerns. Nun war klar, dass Prora eine Zukunft mit einer Mischnutzung aus Wohnen und Tourismus haben sollte.
Allerdings folgten diesen Entscheidungen eine Dekade der Tristesse und des Verfalls. Verschiedene Investoren bissen sich an Prora die Zähne aus. Die Ideen fehlten, wie der riesigen Immobilie Leben eingehaucht werden kann.

## 2 Zäsur 2006: Prora konzeptionell neu denken

Im Herbst 2006 ersteigerte ich mit meinem damaligen Partner die Blöcke I und II von der Bundesanstalt für Immobilienaufgaben (BImA). Ein weiteres Mal war ein Investor abgesprungen. Ich sah damals drei entscheidende Stellschrauben, um Prora einer sinnvollen zivilen Nutzung im Sinne des Denkmalschutzgesetzes zuzuführen.

### 2.1 Neuverhandlung des Bebauungsplanes

Stand 2006 sah der vorliegende Entwurf des Binzer Bebauungsplanes vor, dass von insgesamt 19 Aufgängen der Blöcke I und II nur vier für touristische Zwecke ausgebaut werden durften. Das war wirtschaftlich nicht darstellbar. Denn es gab damals nicht die Nachfrage nach so vielen neuen festen Wohnungen in Prora. Das Ostseebad litt nach wie vor unter Abwanderung.

Entsprechend konnte ich die Binzer Politik davon überzeugen, den touristischen Sektor auszuweiten. Spiegelbildlich zu Block II sah der von mir neu verhandelte Bebauungsplan nun vor, dass auch vier Aufgänge von Block I zu Ferenwohnungen ausgebaut werden durften. Ich konnte die Binzer Entscheider davon überzeugen, dass wir ein ergänzendes Angebot für ein hipperes, insgesamt jüngeres Publikum in Prora schaffen würden. Der neue Bebauungsplan trat 2012 in Kraft.

Touristisches Angebot für jüngeres Publikum im Prora Solitaire:

Bild 3 Die Lobby

Bild 4 Die Bar

## 2.2 Balkone für die seeseitige Fassadenfront

Ein weiterer entscheidender Punkt für eine sinnvolle Nutzung des Denkmals war die Durchsetzung von Balkonen. Denn Niemand – kein Urlauber und kein Dauerbewohner einer modernen Wohnung – akzeptiert heutzutage eine Wohnung ohne Balkon. Die Verhandlungen vor allem mit dem Denkmalschutz waren jedoch nicht einfach.
Der Durchbruch gelang mir mit dem Denkmalgespräch im Jahr 2008. Ich stellte einen Musterbalkon in Prora auf und lud Denkmalschützer, Gemeindevertreter, Architekten und Ingenieure ein, um zu besprechen, wie so ein Balkon aussehen könnte. Der Termin hatte seine Überzeugungskraft nicht verfehlt. Seitdem diskutierten alle Beteiligten über das wie, nicht mehr über das ob.

Bild 5 Filigrane, freischwebende Glas-Balkon-Konstruktionen

Bild 6 Sie erhalten den ursprünglichen Charakter der Fassade

Bild 7 Transparenter Glasbalkon mit Seeblick

Bild 8 Eingang Hotel Prora Solitaire

## 2.3 Teilung der Blöcke in einzelne Häuser

Die Sanierung von Block II gab den Startschuss für die Metamorphose von Prora. Damit entstand eine Blaupause, die von den anderen Investoren auch weitgehend so genutzt wurde und heute noch wird. Wichtigster Punkt: Die zehn Aufgänge des Blockes II habe ich in zehn Häuser mit jeweils eigenen Grundstücken geteilt. Somit entstanden übersichtliche Bauabschnitte mit Eigentümergemeinschaften von erträglicher Größe. Der Vorteil: Man konnte mit einem Aufgang in den Vertrieb gehen und nach dem Verkauf von den rund 40 oder 50 Wohnungen auch schon mit der Sanierung beginnen. So waren ab 2013 sukzessive erste sanierte Aufgänge entstanden. Das förderte wiederum den Glauben an das Gelingen des Vorhabens. Denn die Menschen konnten sich nun besser vorstellen, dass aus dieser schrecklich wirkenden Ruine doch ein zukunftsweisendes Projekt werden kann.

Saniert man einen Block als Ganzes, entsteht das Problem, dass erst alle rund 300 - 350 Wohneinheiten verkauft werden müssen, bevor der Bau starten kann. Schließlich wollen alle Käufer die Denkmalabschreibung AfA für sich nutzen. Mit Baufortschritt und späterem Verkauf sinkt der jeweilige Abschreibungsanteil der einzelnen Wohnungen jedoch erheblich. Das mindert die Verkaufschancen. Zudem müssen Sie als Bauträger dafür eine aufwändige Bau-Infrastruktur mit Generalunternehmer und vielen Firmen bereitstellen – ein Kostentreiber, der Ihnen auf die Füße fallen kann.

Die Teilung der Blöcke hat einen weiteren entscheidenden Vorteil. Sie löst die Uniformität auf. Denn nun können Sie als Investor in den jeweiligen Aufgängen unterschiedliche Wohnkonzepte für verschiedene Zielgruppen verfolgen. So entstehen vor Ort Communities, die sich voneinander unterscheiden. Die Wohnungskäufer von Block II kommen aus nahezu allen sozialen Schichten: Angestellte, Beamte, und Unternehmer. Sogar ein Familienmitglied eines arabischen Scheichs ist bei uns investiert.

Bild 9 Juni 2015: Das Bauen in Abschnitten ist deutlich zu erkennen: im Vordergrund fertige Fassaden, dahinter eingerüstete Bereiche, im Hintergrund wieder fertig sanierte Abschnitte

Bild 10 Landseitiger Anbau für den SPA-Bereich

Bild 11 Innenschwimmbad des SPA-Bereichs

Bild 12 SPA-Aufenthaltsraum

## 2.4 Block II zeigt die Zukunft von Prora

In den Häusern 8,9 und 10 im Block II sind über 100 Hotelapartments und -suiten mit unterschiedlichen Wohnungsgrößen zwischen 28 und 130 Quadratmetern entstanden. Die Käufer haben ihre Ein- bis Vier-Zimmerwohnungen an eine Hotelbetreibergesellschaft verpachtet. Diese wiederum vermietet die Wohnungen an Feriengäste. Die Urlauber buchen voll ausgestattete Apartments und Suiten mit Küchen. Die Grundrisse sind sehr individuell gestaltet. So stehen Urlaubern mit Maisonette-Suiten, Lofts und Apartments über eine Ebe-

ne sehr unterschiedliche Möglichkeiten zur Auswahl. Einige Wohnungen davon sind barrierefrei.
Die Wohnungen verfügen über großzügige Balkone und Terrassen und haben fast alle Meerblick. Die Gäste können auch das gastronomische Angebot im Haus nutzen. So bieten wir mit Prora Solitaire – Das Hotel den Vollkomfort eines Apart-Hotelbetriebs im First-Class-Segment.
Der Gast checkt in der großzügigen Lobby ein. Das Parkhaus gegenüber hält einen Stellplatz pro Wohnung bereit. Das Hotel verfügt zudem über einen SPA-Bereich auf über 1.000 Quadratmetern mit Sauna und Innen-Schwimmbad sowie beheizbarem Außenpool.

Sowohl für den Lobby- als auch den SPA-Bereich sind zusätzliche Anbauten landeinwärts geschaffen worden. Das relativ schmale Gebäude hielt dafür nicht genügend Platz bereit. Der dritte, zwischen den Häusern 3 und 4 gelegene Anbau dient der touristischen Infrastruktur Hier, wie auch in dem landeinwärts gelegenen zehn Querriegeln, sorge ich mit meiner nach wie vor investierten Gesellschaft für einen geeigneten gewerblichen Mietermix. Die Urlauber und Bewohner sollen hier Freizeitangebote und Dienstleistungen für den täglichen Bedarf vorfinden. So haben wir vor Ort einen Fahrradverleih, ein Tabakgeschäft, ein Café und mehrere Restaurants untergebracht. Aus Binz ist sogar schon ein Bäcker zu uns gekommen genauso wie ein Friseurladen mit seiner nun zweiten Filiale. Ebenso bietet eine Boutique etwas für´s Urlaubsshoppen.

Exemplarisch für die insgesamt drei landwärts gelegenen Anbauten am Block II ist die Lobby mit 13 Metern Tiefe, 30 Metern Breite und sieben Achsen. Hierbei handelt es sich um eine Stahlgrundkonstruktion. Innen befinden sich Betonhohldeckenteile mit einer Länge von 13 Metern. Vorgesetzt ist eine vollflächige Glasfassade über zwei Etagen mit einer Höhe von 5,80 Metern über das Erd- und erste Obergeschoss. Die landeinwärts gelegenen Anbauten mussten im Rahmen der Verhandlungen des neuen Bebauungsplanes in Abstimmung mit dem Denkmalschutz erstritten werden.

Bild 13 Lobby mit Glasfassade über zwei Etagen

Währen das Haus 7 auch Ferienapartments anbietet haben in den Häusern 1– 6 Wohnungen für die Dauervermietung oder als Zweitwohnung ihren Platz gefunden. Immer mehr Binzer und Neuzugezogene entdecken das einzigartige Wohnen in Prora. Zur Ostsee sind es nur 80 Meter.
Bis auf wenige Ausnahmen Bei den meisten Wohnungen habe ich bei allen Wohnungen die Rohbaudeckenoptik erhalten. Die Decken wurden freigelegt und von Farbresten gereinigt. So verfügen die Wohnungen über den Kontrast zwischen moderner Inneneinrichtung und der ursprünglichen Deckenstruktur mit Abdruck der alten Holzschalbretter. So können die Bewohner das Denkmal Prora erleben.

Bild 14 Wohnbeispiel mit Aufgang zur Dachterrasse, oben erkennbar die historische Betonschalendecke

Hervorzuheben sind noch die ehemals als Liegehallen geplanten Gebäudeteile. Die Liegehallen sollten im Konzept des „Seebades der 20.000" als Gemeinschaftsräume fungieren, in denen man sich auch bei schlechtem Wetter hätte aufhalten können. Moderne Infrarotheizungen sollten die Steine erwärmen, damit auch bei ungemütlichem Wetter ein angenehmes Klima entstanden wä-

re. Je Block gibt es immer zwei Bereiche. Die Liegehallen in Block II befinden sich zwischen den Häusern 3 und 4 sowie 7 und 8. Beide Bereiche sind für die gewerbliche Nutzung genehmigt. So entstehen hier Penthousewohnungen mit großzügigen Panoramafenstern, die wir in den Hotelbetrieb integrieren werden.
Die Herausforderung in den Liegehallen war, zum einen mit der niedrigen Raumhöhe von 2,35 Metern durch die Rippenstruktur an den Decken umzugehen. Das habe ich mit Deckendurchbrüchen und einem Maisonette Konzept gelöst. Zum anderen musste die architektonische Funktion der Liegehallen erhalten bleiben. Die der Fassade vorstehende Säulenkonstruktion betont das Gebäude auf besondere Weise und durchbricht damit dessen Monotonie. Durch die neuen Balkone an der übrigen Fassadenfront, die nun etwa zwei Meter vor der historischen Außenwand ihren Abschluss bilden, waren die alten Liegehallen nun auf einer Linie mit der restlichen Fassade. Daher habe ich die Säulen der Liegehallen gespiegelt durch Säulenneubauten nach draußen verlegt und hier nochmal eine zusätzliche Balkonfläche geschaffen. Die historischen Betonsäulen sind durch die Panaromafenster geschützt. Außen betonen nun Sandsteinsäulen mit Stahlkernen die ursprünglichen Liegehallen, weil sie der übrigen Balkonlinie der Fassade vorgesetzt sind.

Bild 15 Heutige Fassadenfront der Liegehallen mit sich absetzender Fassadenfront

Bild 16 Decken der Liegehallen mit Rippenstruktur, links die historischen Stahlbetonsäulen

Bild 17 Schaffung von Maisonettewohnungen in den ehemaligen Liegehallen

Bild 18 Außen neu geschaffene Balkone mit Sandsteinsäulen im Bereich der historischen Liegehallen

Das ursprüngliche Gebäude wurde in Stahlbeton-Skelettbauweise errichtet und mit alten Reichsziegeln zwischen 76 Zentimetern Dicke im Erdgeschoss und 48 Zentimetern Dicke in den Obergeschossen ausgemauert. Bei der Sanierung habe ich mich daher insgesamt von folgender Überzeugung leiten lassen: Wir haben ein völlig intaktes funktionierendes Haus mit einem ausgewogenen Raumklima. Das Haus atmet. Es ist ein Green Monument höchster Qualität, um es mit zeitgenössischer Terminologie zu verdeutlichen. Entsprechend habe ich so wenig wie möglich Kunststoffe verbaut. Die meisten Materialien haben eine mineralische Basis. Das beginnt beim Außenputz. Hier kam für mich ein Vollwärmeschutz nicht in Betracht. Als erste Schicht kam ein Weber-Maxit-

Dämmputz zum Einsatz. Er hatte auch die Funktion, Unebenheiten auszugleichen. Der gesamte Block II hat als abschließenden Außenputz einen Kalk-Zement-Kratzputz, durchgefärbt in RAL Ton 9016 erhalten. Diesen habe ich wegen seiner hervorragenden basischen Eigenschaften gewählt. Er wehrt den Pilzbefall auf natürliche Weise ab. Außerdem konnte so auch das historische Stuckelement unterhalb des Dachüberstands erhalten werden. Auch bei der inneren Dämmung habe ich auf Kunststoffe wie Styropor verzichtet. Beim Trittschall habe ich eine teure mineralische Bodendämmplatte gewählt.
Eine Billigsanierung kam für mich nicht in Frage. Ich wollte nachhaltige Werte schaffen, die dem geplanten Original sehr nahekommen. Entsprechend hoch war der Aufwand auch bei der Entfernung alter Fußböden (Holzbetonestrich) bis zum Rohbau. Wir haben die Entwässerungssysteme so durch die Decken verlegt, dass keine Schallprobleme entstehen. Die Fenster haben nach dem Vorbild der damaligen Zeit Sandstein-Rahmenprofile erhalten. Die Proportionierung der Fenster erfolgte nach dem historischen Vorbild als Drittelteilung. Hier ergab sich die Schwierigkeit, dies bei den im Vergleich zu den ursprünglich quadratischen Fenstern nun auch bei den deutlich schwereren, für den Balkonaustritt nötigen französischen Fenstern umzusetzen. Die Rahmenstärken von 88 Zentimetern aus Menonitholz mit einer Holzdichte von 500 Kilogramm je Kubikmeter haben dies aber ermöglicht.
Bedauerlicherweise sind diese hohen Standards nicht bei allen Blocks in dieser Form umgesetzt worden.

## 3 Ausblick: Erholungsort Prora auf gutem Weg

Prora befindet sich auf halber Strecke seiner Entwicklung zum künftigen Seebad. Die Urkundenverleihung zum Erholungsort durch das Wirtschaftsministerium in Schwerin im August 2018 darf als anerkennender Zwischenschritt gewertet werden. Vieles ist passiert. Die Promenade verbindet Binz mit Prora. Auch die touristische Binzer-Bäderbahn aus dem Ostseebad steuert unser Hotel an. Über die Hälfte der fünf Blöcke sind inzwischen fertig saniert.
Wir haben mit Prora Solitaire eine erste touristische Marke, ein Flaggschiff, vor Ort etabliert. Im dritten Jahr am Markt können wir sagen: Prora wird als Urlaubsort angenommen. Wir waren dieses Jahr bis in die zweite Oktoberhälfte gut gebucht. Wer bei uns in der Hochsaison ein Apartment haben möchte, der muss schnell sein. Unsere Gäste kommen inzwischen nicht mehr nur aus Deutschland. Wir haben Schweden, Norweger, Engländer und Dänen im Haus. Sie alle entdecken den schönen Strand an der Prorer Wiek und unser stylisches Hotel.

Bild 19 Die Zukunft von Prora: Modell mit Blick auf Block II in der Mitte. Die Außenpools sind schon da, die Seebrücke ist geplant, aber noch Zukunftsmusik.

Aber es bleibt noch ein langer Weg zurückzulegen. Vielleicht benötigen wir noch weitere zehn Jahre. Block III befindet sich derzeit im Verkauf und in der Sanierung. Hier wird es auch eine Mischnutzung aus Dauerwohnen und Ferienimmobilien geben. Block IV, der erste Block nördlich des ursprünglich geplanten Festplatzes, hat sich auf altersgerechtes Wohnen spezialisiert. Erste Senioren haben schon ihr neues Zuhause gefunden. Auch hier entstehen noch Wohnungen für die Dauernutzung und Ferienimmobilien.
Der nun als letzte versteigerte Block V hält mit der längsten Jugendherberge der Welt auch ein Angebot für die jüngere Generation bereit. Künftig werden hier die beiden Museen Prora-Zentrum und Dokumentationszentrum Prora unter einem Dach gemeinsam die Erinnerungskultur pflegen. Ein passender Ort, um auch nachfolgenden Generationen das Phänomen Prora nahezubringen.
Um den Seebad-Status zu erlangen, wird vor allem noch mehr touristische Infrastruktur vonnöten sein. So ist vor Block IV ein großes Einkaufszentrum mit einem Rewe, Apotheken, Ärzten und anderen Dienstleistungen geplant, damit Proraner und Urlaubsgäste künftig nicht mehr nach Binz fahren müssen, um sich zu versorgen. Auch ich werde mein Areal weiterentwickeln. So entstehen ab 2019 landeinwärts in zweiter Reihe noch weitere Neubauten mit Wohnungen. Die Nachfrage in Prora steigt schnell.

Wichtig wird sein, dass Prora auch eine Seebrücke erhält. So kann das künftige Seebad Teil des touristischen Ausflugverkehrs zwischen Saßnitz und Binz werden. Prora wird zu Binz aufschließen. Vielleicht wird der Ortsteil Prora mal größer sein als Binz. Aber das zweite Seebad an der Prorer Wiek wird Binz nichts wegnehmen. Beide Orte werden untereinander Synergien finden, weil sie den Urlaubern unterschiedliche Angebote machen werden.

## Quellenangaben

Bild 1 Arbeitertum 1939, Dokumentationszentrum Prora
Bild 2: Fotoalbum Josef Schreiber, Privatbesitz Ulrike Wolf, Dokumentationszentrum Prora
Bild 3–19: Prora Solitaire

# Prora – Bauphysikalische Möglichkeiten und Grenzen

*Matthias Friedrich/Thomas Riemenschneider, Berlin*

## Zusammenfassung

Der vorliegende Beitrag hat nicht zum Ziel besondere innovative bauphysikalische Lösungen bei Baumaßnahmen im Bestand vorzustellen, sondern er soll vielmehr die Notwendigkeit und Bedeutung einer bauphysikalischen Bestandsaufnahme vermitteln und aufzeigen, dass nur diese eine ausreichende Grundlage für die energetische Gebäudeplanung und die bauakustische Planung im Rahmen von Baumaßnahmen im Bestand darstellt. Wichtig erscheint es hierbei auch zu vermitteln, dass nach Abschluss einer derartigen Baumaßnahme nicht alles „neu ist", was „neu aussieht". Das bedeutet, dass bei derartigen Baumaßnahmen im Bestand technisch nicht alles erreichbar ist, was bei vergleichbaren Neubauten heute erreicht werden kann.

## 1 Einführung

Bauherren und Architekten gehen allzu oft davon aus, dass es bei einer Baumaßnahme im Bestand nur darum geht, eine Immobilie wieder nutzbar zu machen, wobei insbesondere bauphysikalische Gesichtspunkte oftmals nicht ausreichend berücksichtigt werden. Hierbei wird nicht bedacht, dass heute andere Baustandards gelten als zur Zeit der Errichtung der Immobilie oder allein schon durch die ursprüngliche Nutzung der Immobilie Grenzen im technischen Standard gegeben waren. Somit kommt der bauphysikalischen Analyse hinsichtlich der Möglichkeiten und Grenzen, insbesondere auch im Hinblick auf die Vermarktung derartiger Baumaßnahmen im Bestand, eine besondere Bedeutung zu. Prora, als eine einzigartige Immobilie, stellt hier keine Ausnahme dar. Der vorliegende Beitrag zeigt hierbei exemplarisch für einen ausgewählten Bereich von den bisher in Prora realisierten Projekten auf, wie man die Möglichkeiten und Grenzen einer derartigen Bausubstanz erfassen und bewerten kann und wie sich hieraus praxisnahe Lösungen entwickeln lassen.

Hierzu wird im Nachfolgenden zwischen der energetischen Gebäudeplanung einerseits sowie der Bauakustik andererseits differenziert.

# 2 Energetische Gebäudeplanung

## 2.1 Einleitung

Die energetische Gebäudeplanung ist ein Teilgebiet der thermischen und hygrischen Bauphysik, die sich bautechnischen und haustechnischen Maßnahmen im Hinblick auf einen energiesparenden Betrieb einer Immobilie widmet. Bei historischen Bauwerken, wie im vorliegenden Fall, sind neben dem baulichen Zustand und der energetischen Qualität der vorhandenen Bausubstanz zudem auch denkmalpflegerische Aspekte zu berücksichtigen. Im Folgenden werden für einen exemplarisch ausgewählten Bereich von Prora im Hinblick auf die energetische Gebäudeplanung die Erkenntnisse der durchgeführten Bestandsanalyse, die denkmalpflegerischen Vorgaben sowie die gewählten Lösungen vorgestellt und erläutert. In diesem Zusammenhang muss auch noch erwähnt werden, dass im Rahmen des seinerzeit geplanten Bauvorhabens Teile des exemplarisch betrachteten Gebäudekomplexes für eine Nichtwohnnutzung und Teile des Gebäudekomplexes für eine Wohnnutzung geplant waren.

## 2.2 Bestandsanalyse Denkmalschutz

Das Gebäude wurde als KDF-Ferienheim konzipiert, das vor Beginn des 2. Weltkriegs nicht fertiggestellt und z. T. als Rohbau stehen gelassen wurde. Die durchgeführten Bestandsuntersuchungen zeigten entsprechend, dass die Außenwandkonstruktionen als wesentliche transmissionswärmeübertragende Bauteile in den betrachteten Bereichen überwiegend als Stahlbetonskelettkonstruktion mit Mauerwerksausfachung errichtet wurden. Zusätzliche Wärmedämmschichten wurden hier nicht festgestellt. Für diese Konstruktion ließ sich aussagen, dass sie nicht die heutigen Anforderungen an den hygienisch erforderlichen Mindestwärmeschutz erfüllt. Somit war in diesen Bereichen die Notwendigkeit für zusätzliche wärmeschutztechnische Verbesserungsmaßnahmen im Rahmen der Sanierung angezeigt.

Wird die Notwendigkeit zusätzlicher wärmeschutztechnischer Verbesserungsmaßnahmen festgestellt, so stellt sich immer, jedoch im Besonderen bei unter

Denkmalschutz stehenden Gebäuden, die Frage, inwieweit die wärmeschutztechnische Verbesserung von innen oder außen vorgenommen werden kann. Hierzu ist wiederum eine Gesamtbetrachtung der baulichen Zusammenhänge erforderlich. Vorteile der Außendämmung liegen darin begründet, dass die Wärmedämmung in bauphysikalischer Hinsicht auf der „richtigen Seite", d. h. der Kaltseite, liegt und somit im Regelfall kritische Wärmebrückensituationen ausgeschlossen werden können. Darüber hinaus sind hierbei keine besonderen Maßnahmen im Hinblick auf den diffusionsbedingten Feuchtetransport zu berücksichtigen. Durch die außenseitige Anordnung einer Wärmedämmung kann sich jedoch das äußere Erscheinungsbild verändern, da in Abhängigkeit der gewählten Wärmedämmstoffdicke sich die Proportionen des Gebäudes verändern können. Bei Anordnung von Innendämmungen wird demgegenüber das äußere Erscheinungsbild in der Regel nicht beeinflusst. Die Konsequenzen sind hier im Innenbereich zu sehen. Die Anordnung von Innendämmungen hat immer bauphysikalische Konsequenzen für die angrenzenden Bauteile, da durch die Innendämmung die Konstruktion selbst kälter wird und somit entstehende Wärmebrücken besonders zu beachten sind. Darüber hinaus führt die Anordnung einer Innendämmung stets zu einem Verlust an Grundfläche sowie auch zu Einschränkungen hinsichtlich der Nutzung der raumseitigen Bauteiloberflächen.

Bei der grundsätzlichen Entscheidungsfindung zur Anordnung einer Außendämmung bzw. einer Innendämmung spielten zwei maßgebliche Sachverhalte eine große Rolle. Zum einen ist in der Außengestaltung zu berücksichtigen, dass die sechsgeschossigen, bis zu 550 m langen einzelnen Gebäudekomplexe bezüglich der Veränderung von Proportionen durch Anordnung einer Außendämmung kaum reagieren, da die geringfügige Erweiterung des Gebäudes optisch kaum wahrnehmbar ist. Zum anderen würden Innendämmungen bei den vergleichsweise kleinen angrenzenden Raumbereichen zu einer deutlichen Nutzungseinschränkung führen. In diesem Zusammenhang sei erwähnt, dass die ursprüngliche Planung nur 2,25 m × 4,75 m große Zimmer vorsah. Im Weiteren wäre auch die Anordnung von Flankendämmungen im Bereich einbindender Geschossdecken aufgrund der vorhandenen Deckenkonstruktion nicht oder nur sehr bedingt möglich gewesen. Insofern wurde aus bauphysikalischer Sicht unter Berücksichtigung der baulichen Randbedingungen die Anordnung einer außenseitigen Wärmedämmung bevorzugt.

Denkmalpflegerisch gab es hinsichtlich der Anordnung eines Wärmedämmverbundsystems zur Erlangung eines entsprechenden wärmeschutztechnischen

Standards keine Bedenken, was sich sicherlich durch die geringe Auswirkung hierdurch bedingter größerer Wanddicken auf die Proportionen des Gesamtbaukörpers und die bereits vorher vorhandene Putzfassade begründen lässt. Insofern bestanden durch den Denkmalschutz keine Hindernisse, einen ausreichenden wärmeschutztechnischen Standard zu erreichen.

## 2.3 Ziele der energetischen Gebäudeplanung

Im Rahmen der Planung galt es zuerst die Anforderungen der Energieeinsparverordnung (2009) einzuhalten. Darüber hinaus sollte für die zu Wohnzwecken genutzten Gebäudeteile zur Erlangung möglicher Fördermittel der KfW-Effizienzhaus-Standard 115 erreicht werden.

Zur Erläuterung soll kurz erklärt werden, dass die Anforderung entsprechend der Energieeinsparverordnung 2009 bei Baumaßnahmen im Bestand 40 % über den Anforderungen für Neubauten liegen. Die Anforderungen nach KfW-Effizienzhaus-Standard 115 liegen demgegenüber nur 15 % oberhalb des Anforderungsniveaus der EnEV 2009 für Neubauten. Diese Anforderungen wurden für die zum Wohnen genutzten Gebäudebereiche als Bemessungsgrundlage herangezogen. Aufgrund des Sonderprogramms für unter Denkmalschutz stehende Gebäude erfolgte im Weiteren die KfW-Beantragung gemäß dem Programm „KfW-Effizienzhaus Denkmal".

Unter dieser Maßgabe und der durch die Denkmalpflege gegebenen Freiheiten wurden für die einzelnen Bauteile folgende Konstruktionen gewählt und U-Werte erreicht:

- Dachgeschossdecke (Kaltdach) $U \leq 0{,}17\ W/m^2K$
- Dachterrassen (Warmdach) $U \leq 0{,}19\ W/m^2K$
- Außenwandkonstruktion (WDVS) $U \leq 0{,}22\ W/m^2K$
- Fensterkonstruktion $U \leq 0{,}90\ W/m^2K$
- Kellerdecken $U \leq 0{,}37\ W/m^2K$

## 2.4 Das energetisch erreichte Ziel

Für den im Rahmen des Bauvorhabens sanierten Block von Prora mit 27.400 $m^2$ Nutzfläche und einem Gebäudevolumen von 89.900 $m^3$ wurde durch die gewählten wärmeschutztechnischen und anlagentechnischen Maßnahmen ein Primärenergiebedarf von $q_p$ = 23,4 kWh/$m^2$a (WG) und $q_p$ = 116,2 kWh/$m^2$a für den als Nichtwohngebäude genutzten Bereich erreicht. Der hierbei höhere Primärenergiebedarf für den als Nichtwohngebäude genutzten Bereich begründet sich durch die für Nichtwohngebäude umfassendere Bilanzierung, in die Faktoren einfließen, die bei Wohngebäuden keine Berücksichtigung finden.

## 2.5 Grundsätzliche Empfehlungen bei der Planung von Baumaßnahmen im Bestand

Entsprechend den vorangehenden Erläuterungen lässt sich aussagen, dass bei Baumaßnahmen im Bestand, wie im vorliegenden Fall, im Hinblick auf die energetische Gebäudeplanung folgendes Vorgehen sinnvoll ist:

- Bestandserfassung und Ermittlung bauphysikalischer Grenzen der Bestandsbauteile,
- Abklären der denkmalpflegerischen Vorgaben,
- Ermitteln möglicher wärmeschutztechnischer Ertüchtigungsmaßnahmen
- Prüfung der Förderfähigkeit,
- Entwicklung eines angepassten Konzepts für die energetische Gebäudeplanung,
- Hinweise bei möglicher Nichteinhaltung technischer Standards.

Je nach Art der vorhandenen Bausubstanz und deren wärmeschutztechnischen Standard sowie der geplanten Nutzung und der denkmalpflegerischen Anforderungen stellen sich die Grenzen und Möglichkeiten der energetischen Gebäudeplanung dar. Im vorliegenden Fall war aufgrund der geringeren denkmalpflegerischen Anforderungen trotz des schlechten wärmeschutztechnischen Standards der ursprünglichen Baukonstruktion die Möglichkeit gegeben, auch den KfW-Effizienzhaus-Standard 115 zu erreichen.

# 3 Bauakustik

## 3.1 Einleitung

Von Bauakustik spricht der Fachmann, wenn es um den Trittschallschutz und den Luftschallschutz, also um den gebäudeinternen Schallschutz zwischen den Wohnungen geht. Nicht zuletzt durch die BGH–Urteile im Kontext mit der alten DIN 4109 sowie auch der Novelle der DIN 4109 sind die Anforderungen an den Luft- und Trittschallschutz in fachlicher Diskussion. Bei Baumaßnahmen im Bestand kann nicht unweigerlich davon ausgegangen werden, dass sich alle möglichen heutigen Anforderungsniveaus immer erreichen lassen. Daher kommt der bauakustischen Bestandsaufnahme besondere Bedeutung zu. Hierbei sind auch Erkenntnisse über die ursprüngliche Nutzung von gewisser Relevanz.

Prora war ursprünglich als große Ferienanlage geplant, wobei der Charakter dieser Anlage nicht dem einer Wohnungsanlage entsprach, sondern aus heutiger Sicht eher „Jugendheimcharakter“ hatte. Dementsprechend verbirgt sich hinter der monumental wirkenden Gesamtanlage eine vergleichsweise einfache Baukonstruktion mit sehr dünnen Stahlbetondecken. Wenngleich also die Massigkeit des Baukörpers „Solidität“ vermittelt, stellt sich die Baukonstruktion im Hinblick auf das Entwicklungsziel – hochwertige Wohnungen und Hotelbereiche zu schaffen – als Herausforderung dar.

Als Grundlage für die Planung war eine bauakustische Bestandsaufnahme notwendig. Hierzu gehörten zum einen eine Recherche hinsichtlich der zur Bauzeit gültigen bauakustischen Anforderungen, eine messtechnische Überprüfung der vorhandenen bauakustischen Kennwerte und eine vergleichende rechnerische Betrachtung. Erst nach Abschluss der Bestandsanalyse ist eine Festlegung des erreichbaren schallschutztechnischen Standards möglich.

## 3.2 Bauakustische Anforderungen / historischer Abriss

Verfolgt man die Normung so stellt man fest, dass für die Bauzeit relevante bauakustische Anforderungen erstmalig mit der DIN 4110 aus dem Jahr 1938 beschrieben wurden. Bei dieser Norm handelt es sich um eine technische Bestimmung für die Zulassung neuer Bauweisen. In Bezug auf den Luft- und Trittschallschutz von Geschossdecken wurden bereits 1938 bauakustische Kennwerte mit Bestimmungsgleichungen und auch einzuhaltenden Anforderungswerten erstmalig beschrieben. Beim Luftschallschutz wurde der sog. mittlere Dämmwert D vorgegeben. Für die Trittschalldämmung wurde die sog. Trittschallstärke bzw. die Norm-Trittlautstärke T mit Bestimmungsgleichung, Hinweisen auf Messbedingungen und auch konkreten Anforderungswerten eingeführt. Mit Einführung der Schallschutznorm DIN 4109, als Weißdruck im April 1944 erschienen, wurde neben der Benennung konkreter Schallschutzziele (mittlerer Dämmwert D bzw. Norm-Trittlautstärke T) auch bereits auf Schallschutzmaßnahmen bei der Planung und Ausbildung von Bauteilen hingewiesen. Auch wurden bereits 1944 Schallschutzmaßnahmen in Bezug auf Geräusche aus Wasserleitungen oder auch aus Luftleitungen in die DIN 4109 aufgenommen. In der DIN 4109 aus April 1944 wurden für Deckenkonstruktionen mittlere Dämmwerte von $D \geq 48$ dB und für den Trittschallschutz ein Norm-Trittschalldurchlass von T = 85 Phon vorgegeben. Beide Werte beschreiben in etwa das Luftschall- und Trittschalldämm-Maß einer Holzbalkendecke, entsprechen jedoch nicht unseren heutigen Kennwerten, wie dem bewerteten Schalldämm-Maß und dem Norm-Trittschallpegel. Bei näherungsweiser Umrechnung würden sich als heutige Anforderungswerte ein bewertetes Schalldämm-Maß von $R'_w \approx 48$ dB und ein Norm-Trittschallpegel von $L' \approx 63$ dB ergeben.

Im Entwurf eines Beiblattes zu DIN 4109 im Jahre 1952 wurde auf neue Bauweisen, z. B. in Bezug auf den Einsatz von leichten Bauarten oder auch in Bezug auf Massivdecken, eingegangen. Hierin wurden auch konkrete Konstruktionsbeschreibungen mit Maßnahmen an Wänden und Decken sowie erstmalig Hinweise zu schwimmenden Estrichkonstruktionen berücksichtigt. Man verband mit dem Entwurf eines Beiblatts zu DIN 4109 die Hoffnung, dass dieses Beiblatt und die hierin dokumentierten Konstruktionsbeschreibungen die Baufachleute veranlassen, sich des für den Wohnwert der Wohnungen überaus wichtigen Schallschutzes beim Entwurf und auch bei der Ausführung der Gebäude nunmehr in erforderlichem Maße anzunehmen (Quelle: Frank Schnelle, Schallschutz – Ein Blick in die frühen Jahre, VMPA-Informationsveranstaltung PTB Braunschweig, 17.09.2014). Mit Novellierung der Schallschutznorm DIN 4109 im Jahre 1962 hielten auch erstmalig Vorschläge für einen erhöhten Schallschutz Einzug. Ferner erfolgten konkrete Vorgaben in Bezug auf schwimmende Estrichkonstruktionen auf Massivdecken. Die novellierte DIN 4109 in der Ausgabe September 1962 erhielt nunmehr einen Umfang von fünf Blättern. Grob zusammengefasst beinhaltete Blatt 1 Begriffe zum gebäudeinternen Schallschutz, Blatt 2 dokumentierte sowohl Mindestschallschutzanforderungen als auch Vorschläge für einen erhöhten Schallschutz bei Aufenthaltsräumen. Blatt 3 sind Ausführungsbeispiele, u. a. auch für Massivdecken mit Deckenauflagen, zu entnehmen. Blatt 4, als eigenständiger Teil, enthielt Richtlinien für die

Ausführung schwimmender Estriche auf Massivdecken. Das Blatt 5 enthielt weiterführende Erläuterungen, wie z. B. zum Schallschutz bei Wasserleitungen oder bei haustechnischen „Gemeinschaftsanlagen".

Mit Novellierung der DIN 4109 im Jahre 1989 wurden die Vorschläge für einen erhöhten Schallschutz im Wohnungsbau herausgenommen und einem eigenständigen Beiblatt zugeordnet. Insofern wurden in der DIN 4109 in der Ausgabe November 1989 ausschließlich Mindestschallschutzanforderungen dokumentiert. Während für den Luftschallschutz eine nahezu unveränderte Anforderung galt, wurde für den Trittschallschutz ein um 10 dB höherer Trittschallschutz gefordert. Seit der Ausgabe 1989 wurden die Trittschallanforderungen im Vergleich zum zuvor verwendeten Trittschallschutz-Maß TSM als bewerteter Norm-Trittschallpegel $L'_{n,w}$ formuliert. So galt nunmehr für den bewerteten Norm-Trittschallpegel ein (Mindest-)Anforderungswert von $L'_{n,w} \leq 53$ dB (Ausgabe 1962 äquivalent: $L'_{n,w} = 63$ dB).

Schallschutzanforderungen können sich prinzipiell aus verschiedenen Gründen ergeben. Neben dem Anforderungsniveau der DIN 4109, die gleichzeitig auch als baurechtlich eingeführter Mindestschallschutz fungiert, sind vertragliche Vereinbarungen, die Allgemein anerkannten Regeln der Technik (A. a. R. d. T) und „weiche Aspekte", wie die Erwartungshaltung der Käufer und Nutzer, zu beachten.

Die Mindestanforderungen gemäß DIN 4109 müssen im Fall von Neubauten und Umnutzungen eingehalten werden. Bestandsgebäude unterliegen hinsichtlich des Schallschutzes üblicherweise einem Bestandsschutz, wobei Sanierungs- und Umbaumaßnahmen jedoch grundsätzlich den A. a. R. d. T entsprechen müssen. Da das Gebäude strenggenommen nie in Nutzung ging, ist im vorliegenden Fall aber bereits die Frage nach einem Bestandsschutz schwierig zu beantworten. Im Vorgriff auf das Endergebnis sei erwähnt, dass die zum Zeitpunkt der Baugenehmigung geltenden baurechtlichen Mindestanforderungen nach den durchgeführten Umbaumaßnahmen eingehalten werden, so dass sich diesbezüglich keine Probleme ergeben haben. Durch den Denkmalschutz des Gebäudes und den politischen Willen, die jahrzehntelang liegengebliebene und nicht abreißbare Bauruine einer sinnvollen Nutzung zuzuführen, wäre eine Ausnahme von den baurechtlichen Mindestanforderungen sehr wahrscheinlich unproblematisch gewesen.

Am Fall Prora lässt sich gut veranschaulichen, dass es weniger die Mindestanforderungen gemäß DIN 4109, sondern vielmehr die A. a. R. d. T. sind, die hinsichtlich der bauakustischen Anforderungen den Ton angeben. Die A. a. R. d. T. stellen in gewisser Weise einen (oftmals unausgesprochenen) Konsens zwischen Fachleuten dar, der in speziellen Einzelfällen jedoch definitionsgemäß nicht existieren kann. Ein Einzelfall kann keiner A. a. R. d. T. entsprechen. Die üblichen Bauweisen von Neubauten oder häufig durchgeführte Sanierungsmaßnahmen, wie z. B. Dachgeschossausbauten, können auf die speziellen Rahmenbedingungen im Einzelfall nicht übertragen werden. Um den juristischen Begriff der A. a. R. d. T. weiter verwenden zu können, muss also im Sinne eines Gedankenexperiments die Phantomfrage beantwortet werden, welche baulichen Maßnahmen üblich wären, wenn die Problematik regelmäßig auftreten würde. Dies kann bzgl. der Frage nach dem geschuldeten Schallschutz letztlich zu sehr individuellen Anforderungen für einzelne Bauteile führen.

Vor diesem Hintergrund ist es unabhängig von der Normenlage insbesondere unter Berücksichtigung der vorliegenden BGH-Urteile zwingend geboten, den Bauherrn hierüber aufzuklären und ihn zu beraten, welches Schallschutzniveau im Hinblick auf die vorgesehene Nutzung seiner Immobilie möglich oder sinnvoll sein kann. Dies gilt insbesondere natürlich auch für Bestandsimmobilien, bei denen, bedingt durch den vorhandenen Bestand, nicht alles möglich ist, was bei einem Neubauvorhaben planbar und auch realisierbar ist.

## 3.3 Bauakustische Bestandsanalyse

Vor dem Hintergrund, dass bei vorliegendem Bauvorhaben die für die Wohnnutzung vorgesehenen Trennwandkonstruktionen oder auch Sanitärschächte in ihrer Gesamtheit erneuert werden sollten, musste im Rahmen der Bestandsanalyse das Augenmerk im Besonderen auf die Deckenkonstruktionen gerichtet werden, weshalb sich der vorliegende Beitrag auch lediglich mit der Thematik Luft- und Trittschallschutz der Deckenkonstruktionen befasst. Im Rahmen der Bestandsanalyse wurde anhand von Bestandsunterlagen und Ergebnissen baustofflicher Untersuchungen festgestellt, dass diese aus ca. 10 bis 11 cm dicken Stahlbetondecken mit einer ca. 4 bis 5 cm dicken Estrichschicht (vgl. Bild 1) bestehen.

Bild 1 Bohrkern aus der Deckenkonstruktion (Foto von Barg Betontechnik – Berlin)

Um hinsichtlich der Deckenbauart und ihrer schalltechnischen Eigenschaften sicher sein zu können, wurde bei der Bewertung auf Luft- und Trittschallmessungen aus dem Jahr 2007 zurückgegriffen, die im Vorfeld der Baumaßnahme durchgeführt wurden. Die Messungen dienten als Grundlage für eine rechnerische Bewertung des möglichen erreichbaren Schallschutzes.

Die Berechnungen ergaben für die Luftschalldämmung ein bewertetes Schalldämm-Maß von $R'_w \approx 46 - 47$ dB und einen Norm-Trittschallpegel von $L'_{n,w} \approx 80 - 82$ dB für die d = 10 – 11 cm dicke Rohdeckenkonstruktion. Diese Ergebnisse zeigen auf, dass bauakustische Verbesserungsmaßnahmen zwingend geboten waren. Dies bedingte wiederum, sich im Rahmen der Bestandsanalyse zum einen mit den Raumgeometrien und zum anderen mit der möglichen Lastaufnahme der Deckenkonstruktionen auseinanderzusetzen. Letzteres erfolgte durch den Tragwerksplaner, ersteres erfolgte durch den Architekten. Wichtiger Punkt war hierbei die Thematik der vorhandenen Raumhöhe. Hier wurde festgestellt, dass die Raumhöhe oberhalb der vorhandenen Estrichschicht mit ca. 2,47 m (inkl. Estrich) lag.

## 3.4 Bauakustische Möglichkeiten und ihre Grenzen

Beschäftigt man sich mit den Möglichkeiten der Verbesserung, insbesondere des Trittschallschutzes von Deckenkonstruktionen, so gehören schwimmende Estriche zu üblichen Lösungsvarianten. In diesem Zusammenhang ist festzuhalten, dass schwimmende Estriche mit der tragenden Deckenkonstruktion zusammen ein Masse-Feder-System bilden. Hierbei hängt die trittschalldämmende Wirkung des schwimmenden Estrichs im hohen Maß von dem Flächengewicht der Rohdecke ab. Sehr vereinfacht kann man sagen, je weicher der schwimmende Estrich und je schwerer die tragende Deckenkonstruktion ist, desto besser ist der Schallschutz. Man braucht also eine federnd gelagerte Estrichschicht und eine schwere Deckenkonstruktion, um ein hohes Trittschallschutz-Maß zu erreichen. Bei leichten Deckenkonstruktionen kann der federnd gelagerte Estrich demgegenüber ein Mitschwingen der Deckenkonstruktion bewirken, wodurch die schallschutztechnische Verbesserung nachhaltig gemindert wird.

Bei den Möglichkeiten, durch einen Fußbodenaufbau den Trittschall- und Luftschallschutz zu verbessern, musste bedacht werden, dass die lichte Raumhöhe im Bestand ca. 2,47 m betrug. Hierbei wurde die ca. 4 cm bis 5 cm dicke, auf der Rohdecke aufgebrachte Estrichschicht mitberücksichtigt. Durch Rückbau des vorhandenen Estrichs, der in weiten Bereichen in einem nicht mehr tragfähigen Zustand war, konnten zwar ca. 5 cm Aufbauhöhe gewonnen werden, dies führte jedoch auch zu einer Verringerung der Masse der Rohdecke selbst und damit verbunden zu einer Verschlechterung der vorhandenen Luftschalldämmung und auch des Norm-Trittschallpegels. Aufgrund der Zwangspunkte leichte (zu leichte) Deckenkonstruktion und sehr geringe Raumhöhe waren der Möglichkeit der bauakustischen Verbesserung im Hinblick auf den Trittschallschutz und den Luftschallschutz der Deckenkonstruktion Grenzen gesetzt. Es galt somit, eine Optimierung mit minimalem Deckenaufbau zu finden, bei der sich zum einen das Eigengewicht der Decke erhöhen und zum anderen trotzdem noch ein federnder Estrichbelag aufbringen ließ. Im vorliegenden Fall kam man zu dem Planungsergebnis, auf der Rohdecke eine 3 cm dicke Aufbetonschicht aufzubringen, um das Eigengewicht zu erhöhen und auf dieser eine schwimmende Trockenestrichkonstruktion anzuordnen, um ein geeignetes Masse-Feder-System herzustellen. Durch diese Maßnahmen konnte die Fußbodenaufbauhöhe auf ca. 7 cm beschränkt und damit eine lichte Raumhöhe von mindestens 2,45 m sichergestellt werden. Rechnerisch ließ sich für diese Deckenkonstruktion ein bewertetes Schalldämm-Maß von $R'_w \approx 54$ dB und ein

Norm-Trittschallpegel von $L'_{n,w} \approx 53$ dB nachweisen. Bezüglich des berechneten Schallschutzes der geplanten Maßnahmen muss angemerkt werden, dass wegen der im Bestand typischen ungenauen Kenntnis der Bauteileigenschaften, der verschiedenen geplanten Raumgeometrien in unterschiedlichen Wohnungen, des hohen Risikos bei handwerklich unsachgemäßer Ausführung über viele hundert Wohnungen und der rechnerischen Punktlandung auf die Mindestanforderungen gemäß DIN 4109 entsprechend „auf der sicheren Seite" gerechnet werden musste.

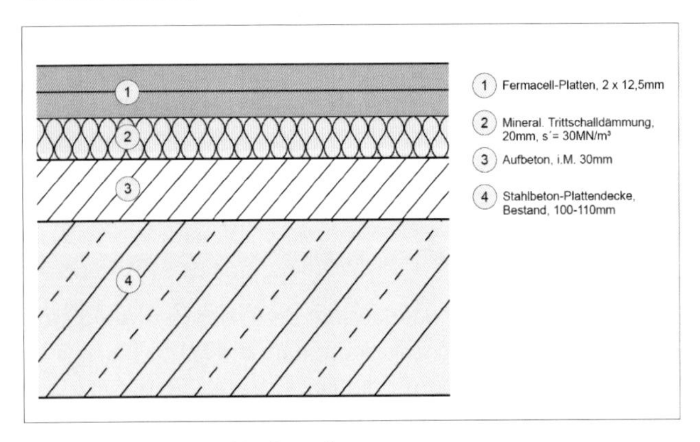


Bild 2 Geplanter Fußbodenaufbau

## 3.5 Messtechnische Überprüfung

Vor dem Hintergrund der Bedeutung der Bauakustik im Hinblick auf eine Mangelfreiheit von Objekten kommt der bauakustischen Überprüfung besondere Bedeutung zu. In einer Musterwohnung wurden daher Luft- und Trittschallmessungen durchgeführt. Hierdurch sollte im Vorfeld der umfassenden Baumaßnahme sichergestellt werden, dass die gewählten Lösungen das Ziel erreichen. Die Messergebnisse können den Bildern 3 und 4 entnommen werden. Wie dem Bild 3 zu entnehmen ist, konnten bei der Realisierung des geplanten Fußbodenaufbaus bessere Schalldämmwerte ermittelt werden als bei den Berechnungen nachgewiesen. Damit war die Sicherheit für die weitere Umsetzung der Planung gegeben.

**Bau-Schalldämm-Maß nach DIN EN ISO 16283-1**
Messung der Luftschalldämmung zwischen Räumen in Gebäuden

Auftraggeber:

Prüfdatum: 08.02.2017

Beschreibung von Aufbau und Lage desTrennbauteils und der Prüfanordnung, Messrichtung etc.:

Senderaum: 2.OG, Musterwohnung

Empfangsraum: 1.OG, Zimmer direkt unter Senderaum
Messrichtung: vertikal (von oben nach unten)

| | |
|---|---|
| Fläche der gemeins. Trennwand : | 8,40 m² |
| Volumen des Empfangraumes: | 24,40 m³ |
| Volumen des Senderaumes: | 1,00 m³ |

Bauteilaufbau:
- Parkett auf schwimmendem Heizestrich auf Trittschalldämmbelag
- Aufbeton, ca. d = 3 cm
- Stahlbetonplattendecke, ca. d = 10 cm

| Frequenz f Hz | R' Terz dB |
|---|---|
| 50 | |
| 63 | |
| 80 | |
| 100 | 41,5 |
| 125 | 36,4 |
| 160 | 37,0 |
| 200 | 42,5 |
| 250 | 47,9 |
| 315 | 51,2 |
| 400 | 54,5 |
| 500 | 60,0 |
| 630 | 58,8 |
| 800 | 60,9 |
| 1000 | 62,0 |
| 1250 | 65,3 |
| 1600 | 64,6 |
| 2000 | 65,5 |
| 2500 | 65,2 |
| 3150 | 66,4 |
| 4000 | 66,9 |
| 5000 | 65,0 |

- - - - - - der Frequenzbereich entsprechend
——— der Kurve der Bezugswerte (ISO 717-1)

Bau-Schalldämm-Maß R', dB
80
70
60
50
40
30
20
63 125 250 500 1000 2000 4000
Frequenz f, Hz

Bewertung nach ISO 717-1
$R'_w$ $(C;C_{tr})$ = 58 ( -3; -8) dB

$C_{50\text{-}3150}$ = N/A dB; $C_{50\text{-}5000}$ = N/A dB; $C_{100\text{-}5000}$ = -2 dB;
$C_{tr,50\text{-}3150}$ = N/A dB; $C_{tr,50\text{-}5000}$ = N/A dB; $C_{tr,100\text{-}5000}$ = -8 dB;

Bewertung beruhend auf Messungen am Bau unter Anwendung von Ergebnissen aus einem Standardverfahren

Nr. des Prüfberichtes: 6798_60400 Blatt 1
Datum: 09.03.2017

Name des Prüfinstituts: Ingenieurbüro Axel C. Rahn GmbH
Unterschrift:

Bild 3 Messergebnisse der Luftschalldämmungsmessung für die gewählte und ausgeführte Deckenkonstruktion

**Norm-Trittschallpegel, L' n, nach ISO 16283-2**
Messung der Trittschalldämmung von Decken in Gebäuden mit dem Normhammerwerk

Auftraggeber:

Beschreibung von Aufbau und Lage desTrennbauteils und der Prüfanordnung, Messrichtung etc.:

Volumen des Empfangraumes: 24,40 m³

Prüfdatum: 08.02.2017

Senderaum: 2.OG, Musterwohnung

Empfangsraum: 1.OG, Zimmer direkt unter Senderaum
Messrichtung: vertikal (von oben nach unten)

Bauteilaufbau:
- Parkett auf schwimmendem Heizestrich auf Trittschalldämmbelag
- Aufbeton, ca. d = 3 cm
- Bestandsdecke aus Stahlbeton, ca. d = 11 cm

| Frequenz f Hz | L'n Terz dB |
|---|---|
| 50 | |
| 63 | |
| 80 | |
| 100 | 59,5 |
| 125 | 60,6 |
| 160 | 59,9 |
| 200 | 55,5 |
| 250 | 53,4 |
| 315 | 50,1 |
| 400 | 47,8 |
| 500 | 44,8 |
| 630 | 43,5 |
| 800 | 41,6 |
| 1000 | 41,0 |
| 1250 | 38,4 |
| 1600 | 34,2 |
| 2000 | 29,5 |
| 2500 | 25,3 |
| 3150 | 21,3 |
| 4000 | 18,9 |
| 5000 | 17,4 |

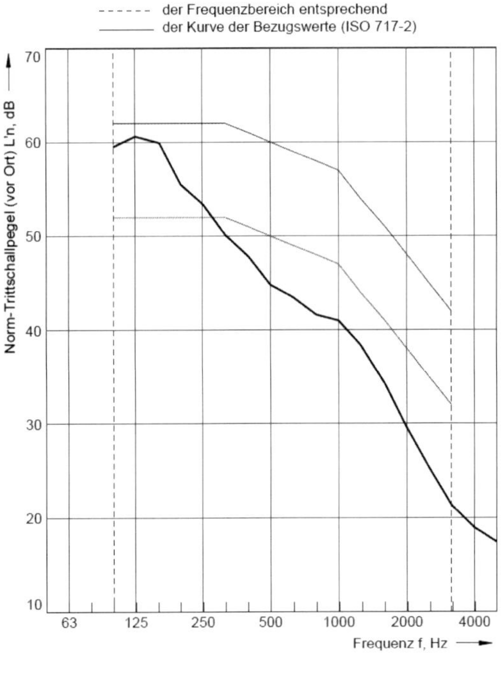

Bewertung nach ISO 717-2
$L'_{n,w}$ ($C_i$) = 50 ( 1) dB $C_{i,50-2500}$ = N/A dB
Die Ermittlung basiert auf Gebäude-Messungen, die in Terzbändern gewonnen wurden

Nr. des Prüfberichtes: 6798_60400 Blatt 2
Datum: 09.03.2017

Name des Prüfinstituts: Ingenieurbüro Axel C. Rahn GmbH
Unterschrift:

Bild 4 Messergebnisse für die Trittschallmessung für die geplante und ausgeführte Deckenkonstruktion

### 3.6 Das bauakustisch erreichte Ziel

Die vorangehenden Erläuterungen haben aufgezeigt, unter welchen Randbedingungen bei dem vorliegenden Bauvorhaben nur eine bauakustische Verbesserung der vorhandenen Bausubstanz möglich war. Mit einem bewerteten Schalldämm-Maß von $R'_w \approx 54 - 55$ dB und einem Norm-Trittschallpegel von $L'_{n,w} \approx 50 - 53$ dB konnte auch für die sehr dünne, leichte Stahlbetondeckenkonstruktion der Mindestschallschutz nach der zum Zeitpunkt der Baugenehmigung baurechtlich gültigen Ausgabe der Norm DIN 4109:89 eingehalten werden. Die Messungen zeigen darüber hinaus auch auf, dass in der Praxis ein gering über den Mindestschallschutz hinausgehender Schallschutz zu erwarten ist. Darüber hinausgehende schallschutztechnische Standards sind für die Wohnungstrenndecken im Gebäude jedoch aufgrund der Vielzahl der im vorliegenden Fall zu berücksichtigenden Randbedingungen nicht erreichbar gewesen. Geeignete spezielle Fußbodenbeläge bzw. Fußbodenbeläge (z. B. weichfedernde Teppichbeläge) bei entsprechender Verlegeart können darüber hinaus zu einer Verbesserung des Trittschallschutzes beitragen, wobei dies im Rahmen der bauakustischen Nachweisführung nicht berücksichtigt werden darf.

# Cradle to Cradle – Jenseits von Nachhaltigkeit und Kreislaufwirtschaft

*M. Braungart, Hamburg*

## Zusammenfassung

Der Cradle to Cradle-Ansatz ist die Vision einer abfallfreien Wirtschaft, in der jedes verwendete Material als Nährstoff für die Bio- bzw. Technosphäre dient. Anstatt auf Effizienzsteigerung zu setzen wie dies konventionelle Nachhaltigkeitsstrategien propagieren, geht es bei Cradle to Cradle um die Steigerung der Ökoeffektivität. Menschen sind nicht mehr schädliche Bestandteile des Systems, sondern nützlich für dieses. Anstatt den Fußabdruck minimieren zu wollen, sollten wir daran arbeiten, unseren positiven Beitrag als Menschheit zu vergrößern. Dies geschieht indem wir Produkte vom Ende her denken und sie von gesundheits- und umweltschädlichen Materialien befreien, damit sie als dauerhafte Nährstoffe dienen können. Dieses Konzept bringt neue Geschäftsmodelle mit sich. Produkte werden nicht mehr als einfache „Produkte" an Kunden verkauft, sondern als Dienstleistungen. Viele der aktuellen Strategien, die in der Umweltpolitik verwendet werden, sind nur auf den ersten Blick „zirkulär". Im Grunde basieren sie auf Lügen, die der Bevölkerung ein gutes Gefühl vorgaukeln möchten. Um 10 Milliarden Menschen auch in Zukunft eine menschenwürdige Existenz zu gewährleisten, bedarf es neben einer Wirtschaft, die auf dem Cradle to Cradle-Ansatz aufbaut, der Erschaffung neuer Gesellschafts- und Lebensmodelle.

## 1 Einführung

Schütze die Umwelt! Reduziere die Müllmenge, den Wasserverbrauch, die Energienutzung! So wird es bereits im Kindergarten gelernt.
Aber es ist kein Umweltschutz, wenn man etwas weniger zerstört. Jemand, der sein Kind fünf Mal schlägt anstatt zehn Mal ist ja auch kein Kinderschützer. In dieser Logik hat ein Land wie Polen bis 1990 weit besser die Umwelt „geschützt"

als der Westen, durch Ineffizienz, denn man konnte die wunderbaren Feuchtgebiete nicht zerstören, weil kein Geld dafür da war. Jetzt wird dort, mit „wunderbarer“ EU-Umweltgesetzgebung, die Natur systematisch zerstört.

**Ressourceneffizienz macht die falschen Dinge perfekt und damit perfekt falsch**

Etwa die Hälfte der Mikropartikularpolymere in der Elbe sind Reifenabrieb. Da die Reifen durch Ressourceneffizienz heute zwei Mal länger halten als vor 30 Jahren, ist der Reifenabrieb viel feinteiliger und umweltschädlicher. Zuvor blieb der Abrieb auf der Straße, jetzt wird der Feinstaub eingeatmet.

**Wir alle in Deutschland leben von der Lüge**

- 21 % der landwirtschaftlichen Fläche Europas wird für sog. Biotreibstoffe und nachwachsende Rohstoffe verwendet, während der Kontinent gleichzeitig Futtermittel importiert, für deren Anbau in Nordamerika eine Fläche der Größe Frankreichs verbraucht wird und der Anbau von Mais einen Verlust von 11 bis 30 t Boden pro ha im Jahr bedeutet.
- Europa nutzt 3 Mio. t Palmöl als Biodiesel. Während ein Hektar einer Palmölplantage gerade einmal 60 t Kohlenstoff bindet, hat ein ha Regenwald über 7000 t Kohlenstoff gespeichert. Das ist faktisch ausschließlich ein Förderprogramm für Großbauern und Wildschweine. Dabei ist Boden der wichtigste Speicher für Kohlenstoff: In ihm ist weit mehr Kohlenstoff gespeichert als in Öl oder Kohle.
- Der Grüne Punkt hat in über 25 Jahren für die Umwelt nichts gebracht. Kein einziges giftiges Pigment oder Kunststoffadditiv ist dadurch verschwunden. Die Menge an Plastikverpackungen hat sich stattdessen verdoppelt. Umweltschädliche Kunststoffe wie PVC sind noch immer in der Verwendung. Bis Ende 2015 war es sogar legal, Kunststoffverpackungen als „stoffliche Verwertung“ in Bergwerke zu füllen.
- Bremsbeläge sind frei von Asbest – stattdessen werden jedoch weit giftigere Stoffe als Ersatz verwendet.
- Aus einem Mobiltelefon werden beim sog. Recycling im besten Fall von 41 Elementen gerade einmal 9 teilweise zurückgewonnen. Wirklich seltene Elemente wie Germanium, Indium, Gallium usw. sind nicht dabei. Aus 46 Stahllegierungen in einem Mercedes wird am Ende Baustahl gemacht! Alle seltenen Buntmetalle (Nickel, Chrom, Mangan, Cobalt, Vanadium, Antimon usw.) gehen dadurch verloren.

## Alles Recyclinglügen

Papierverpackungen und Druckerzeugnisse enthielten vor 30 Jahren etwa 90 giftige Stoffe, die eine Kompostierung ausschließen. Heute sind es noch 50 schädliche Chemikalien. Aber wo ist der Unterschied, ob ich 90 oder 50 Mal erschossen werde? Heutzutage werden immer mehr Druckerzeugnisse in Asien gedruckt (auch „Nachhaltigkeitsberichte"), Europa lässt diese einfliegen und betreibt so auch noch Hightech-Downcycling für asiatischen Sondermüll.

Es gibt endlos viele Beispiele solcher Lügen:

- „Thermisches Recycling" – statt Müllverbrennung
- Über 600 gesundheitsschädliche Chemikalien in Kinderspielzeug
- Angeblich ungefährliche Laserdrucker, Schadstoffe in Innenräumen
- Hoch kontaminierte Kunstdünger, ein Bio-Begriff, der die Rückgewinnung unserer eigenen Stoffwechselprodukte verhindert usw.

Meine Studenten machen Lebenszyklusanalysen von toten Gegenständen. Hat jemand schon einmal eine lebende Cola-Dose gesehen?
Im Jahr 1984 habe ich, wie andere (Henning Friege, Reiner Grieshammer u. a.) auf die Schädlichkeit von PVC-Weichmachern und ihre schädliche hormonelle Wirkung hingewiesen und im Auftrag der Grünen-Politikerin Charlotte Garbe einen Verbotsantrag für PVC erarbeitet. Heute läuft der neue Parteivorsitzende mit einer Schultasche aus alten LKW-Planen eines Schweizer Unternehmens mit giftigsten Blei- und Cadmiumadditiven und endokrin wirkenden Weichmachern durch die Gegend. – Diese Schultaschen sind Kindesmissbrauch übelster Art.

Wir an den Universitäten sind Teil des Problems. Noch nie wurde ich für etwas Neues öffentlich gefördert, sondern nur für die Variation des Bestehenden. So lange „geforscht" wird muss ja niemand handeln.
So entstehet ein Ökologismus, der (wie der angebliche Sozialismus der DDR) nur so tut als ob, die Menschen einlullt und beschäftigt hält. Unsere Umweltpolitik steht in keinem Verhältnis zu den tatsächlichen Notwendigkeiten für eine Weltbevölkerung von zehn Milliarden Menschen. Eine einzige Lüge!
In Holland werden giftige Flugaschen in Baumaterialien gemischt, auch in Deutschland werden giftige Schlämme aus Altpapier als Füllstoffe in Kartons verwendet. Dafür werden öffentliche Fördergelder bereitgestellt und es nennt sich Kreislaufwirtschaft.
Statt einer Deklarierung mit „Frei von..." muss in einer digitalen Welt die Zusammensetzung der Produkte positiv definiert sein. Statt „Langlebigkeit" braucht es

eine definierte Nutzungszeit. Statt einer Minimierung des menschlichen Fußabdrucks muss ein großer Fußabdruck her, der ein Feuchtgebiet wird. Es geht zuerst um Effektivität, nicht um Effizienz – also darum, das Richtige richtig zu machen.

## Weniger schlecht ist nicht gut, sondern nur schlecht weniger

Es braucht Systeme, in denen menschliche Aktivität nützlich für die anderen Lebewesen ist und nicht weniger schädlich. Dies bedeutet, alle Dinge noch einmal neu zu erfinden. Alle Produkte, die verschleißen, wie Schuhsolen, Bremsbeläge, Autoreifen, würden so gestaltet, dass sie die Biosphäre unterstützen. Alle Dinge die nur genutzt werden, wie Waschmaschinen und Fernseher, würden so konzipiert, dass sie nur noch technische Dienstleistungen sind.
Es braucht Schweißpunkte anstatt Roboter zu kaufen. Man benötigt doch nur Lichteinfang und Stromerzeugung anstatt komplette Solaranlagen einzukaufen. 3000-mal Waschen zu verkaufen statt der Waschmaschine selbst, hätte für alle Vorteile, weil dadurch nicht „Langlebigkeit" unterstützt wird, sondern definierte Nutzungszeiten. Waschen als Dienstleistung- die Rückgewinnung von Komponenten nach dem Ablauf einer definierten Nutzungszeit in der Technosphäre statt Recycling von Materialien. Man verkauft kein Fenster mehr, sondern 25 Jahre Durchschauen, als Versicherung. Kein Teppichboden, sondern eine Fußbodenverpackungsversicherung. Dieser Teppichboden ist nicht nur frei von Gift, sondern er reinigt die Luft. Er ist nützlich. Warum Passivhäuser? Es gibt auch keine Passivbäume. Sondern Häuser, die Luft und Wasser reinigen, Energie produzieren und alle Lebewesen unterstützen. Inzwischen gibt es viele solcher Cradle to Cradle-Beispiele weltweit.
In dieser digitalen Welt kann es keinen Abfall geben. Alles wird zu Nährstoff für die Bio- und Technosphäre. Es gibt also, nach einer Übergangszeit, auch keinen Bedarf für Müllverbrennungsanlagen. Deren Verwendung muss befristet werden.

Es geht nicht darum, die Natur zu romantisieren und als „Mutter Natur" zu bezeichnen, sondern die Natur als Partnerin, als Lehrerin zu betrachten. Von der Natur zu lernen, aber auch stolz auf den eigenen Fußabdruck zu sein. Wie wäre es also, nicht weniger schädlich zu sein, sondern nützlich. Nicht den ökologischen Fußabdruck zu minimieren, sondern einen positiven Fußabdruck zu verursachen. Die Menschen reden immer über die Grenzen des Planeten. Diese Sichtweise ist völlig absurd. Der Planet Erde hat einen Energieeintrag, der über 10.000 Mal höher ist, als die Menschen an Energie brauchen. Es gilt, den Energieeintrag so zu

nutzen, dass er produktiv ist. Darum ist es wichtig zu verstehen, dass die Einsteinsche Formel $E = mc^2$ bedeutet, dass ein großes E in ein großes m umrechenbar ist. Es wäre deshalb ganz leicht, durch den Energieeintrag, einen Planeten zu schaffen, der mindestens der fünffachen Kapazität des alten Planeten entspricht.
Als die Menschen Jäger und Sammler waren, wurde die Grenze des Planeten mit fünf Millionen Menschen erreicht. Diese Grenze verschob sich, indem Menschen sesshaft wurden und Landwirtschaft betrieben. Dadurch konnten auf der Erde etwa 500 Millionen Menschen ernährt werden.
Als man die industrielle Landwirtschaft entwickelte, verschob sich durch Kenntnisse über Pflanzenphysiologie, Düngung, Erntezeiten und Saatzuchterfolge die Grenze auf etwa fünf Milliarden Menschen. Darüber sind wir jedoch weit hinaus. Unsere absurde Landwirtschaft versucht durch Effizienzsteigerung die bestehenden Dinge weiter zu optimieren. Es geht aber nicht um Effizienz, sondern um Effektivität, also darum, zu fragen, was ist das Richtige und nicht die bestehenden Dinge „richtiger" zu machen.

### Kreislaufwirtschaft ist lineares Denken im Kreis (so wie Riesenrad fahren)

Innovationsfeindlich und langweilig – das ist Nachhaltigkeit. Echte Innovation kann nicht nachhaltig sein, so wie das Mobiltelefon nicht nachhaltig für die stationären Telefonbetreiber war oder die Dampfmaschine für die Pferdefuhrwerksbesitzer.
Das neue Prinzip heißt Cradle to Cradle. Inzwischen gibt es den gemeinnützigen Cradle to Cradle e.V. und einen jährlich stattfindenden Kongress in Lüneburg (siehe auch: http://www.c2c-kongress.de/).

Ich liebe Donald Trump! Das ist natürlich auch gelogen und dient mir eher dazu, Ihre Aufmerksamkeit zu bekommen. Aber immerhin ist er der ehrlichere Lügner im Vergleich zu uns.
Denn wenn wir z. B. nur so tun als ob wir die Klimaziele erreichen wollten, dann ist der Ausstieg aus dem Klimaabkommen und die Leugnung des Klimawandels der „ehrlichere" Weg. Auch wenn wir Donald Trump narzisstisch finden und er der Welt schadet.
Wir sollten die Umweltdiskussionen der letzten Jahrzehnte als Innovationschance für Europa erkennen, in der ein echtes Stoffstrommanagement im Sinne von Cradle to Cradle eine Welt für zehn Milliarden Menschen und alle anderen Lebewesen ermöglicht.
Traditionell versuchen wir gut für die Wirtschaft und die Gesellschaft zu sein – für die Umwelt jedoch lediglich weniger schädlich. Wenn wir lernen, auch für die

Natur und die anderen Lebewesen nützlich zu sein, dann können wir leicht auch zehn Milliarden Menschen auf der Erde sein. Mit einer Triple Top Line statt einer Triple Bottom Line (Bild 1).

Durch die Umweltdiskussion haben wir das Gefühl bekommen, dass es besser ist, wenn wir nicht da sind. Wir reduzieren, wir vermeiden, wir minimieren – und denken, dies sei Umweltschutz und nachhaltig. Doch niemand wird geschützt durch weniger Zerstörung.

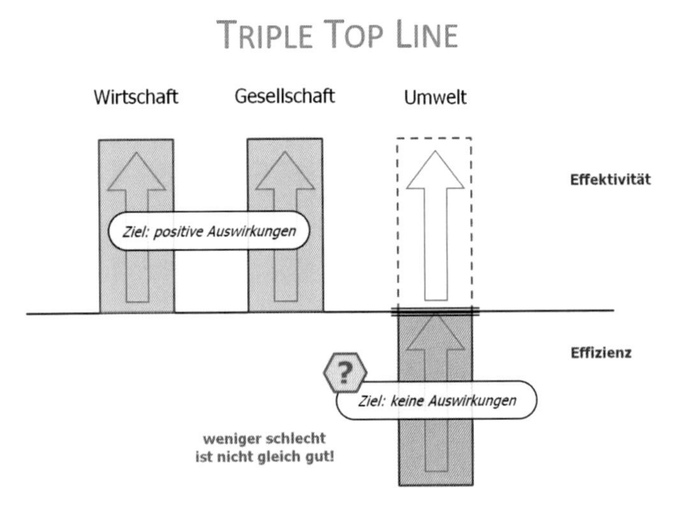


Bild 1 Triple Top Line

Doch das Ziel ist nicht eine Welt ohne Abfall. Denn wer an Null Abfall denkt, denkt immer noch an Abfall. Ein Beispiel: Denken Sie nicht an ein rosarotes Krokodil! Nun denken Sie doch unwillkürlich an ein rosarotes Krokodil. Es geht also darum, das Prinzip Abfall abzuschaffen.

Das gleiche gilt für das Prinzip Rente. Inzwischen gibt es allein in Deutschland insgesamt mehr als 24 Millionen Rentner – Menschen, die wir zu Müll erklären. Die Menschen werden im Alter von 65 Jahren auf Mallorca „entsorgt", und sie meinen, das wäre der wohlverdiente Ruhestand.
Als die Rente 1891 mit der Bismarckschen Sozialgesetzgebung eingeführt wurde, war die Lebenserwartung der Menschen in Mitteleuropa gerade einmal halb so

hoch wie heute. Damals war das Rentenalter zunächst mit 70 Jahren vorgesehen. Man hatte eigentlich die Rente nur für diejenigen eingeführt, die man sonst nicht „tot bekam“. Wenn man denselben Prozentsatz an Menschen in Rente schicken würde wie damals, hätte das Renteneintrittsalter, nach meinen Berechnungen, im Jahr 2015 bei 88,2 Jahren gelegen.

Wir reden von einer alternden Gesellschaft, aber eigentlich war die Gesellschaft noch nie so jung. Ein heute 60-Jähriger hat mühelos das biologische Alter eines 40-Jährigen zu Beginn des 20. Jahrhunderts. Ein solches System, wo mehr als jeder vierte Bewohner der Republik Rente bezieht und mehr als die Hälfte aller arbeitsfähigen Menschen diese aufbringen muss, ist auf Dauer weder finanzierbar noch menschlich fair. Häufig retardiert das Denken sowie die Allgemeinbildung der Rentner dramatisch und sie büßen damit auch die Chance ein, weiterhin ein aktiver Teil der Gesellschaft sein zu können. Dies ist unmenschlich. Wie konnte es dazu kommen- und welche Perspektiven gibt es?
Einen Perspektivwechsel können wir nur schaffen, wenn wir aufhören, 24 Millionen Menschen, allein in Deutschland, zu Müll zu erklären.

Wie wäre es, stattdessen ein völlig neues Lebens- und Arbeitsmodell aufzubauen? Ein Drittel sind wir sozial tätig, denn auch unsere Kinder und Kranken brauchen viel mehr Zeit und Aufmerksamkeit. Ein Drittel sind wir traditionell wirtschaftlich tätig, und ein Drittel sind wir zur Unterstützung der anderen Lebewesen, der Natur und für unsere Ernährung tätig in einer gartengebundenen Landwirtschaft. Dann können alle Menschen einbezogen werden.
Solange wir gesund sind, werden wir tätig sein. Wenn wir dann tatsächlich krank werden und unser Leben zu Ende geht, wenn wir Unterstützung von anderen brauchen, dann sind bei einem solchen Gesellschaftsmodell genügend Menschen verfügbar und erreichbar uns beizustehen, uns dabei zu helfen. Wir gewinnen damit unsere Würde wieder. So kommen wir dadurch zu einem einfacheren und bescheideneren Lebensstil – nicht, weil es irgendwelche Postkonsum- und Postwachstums-Leute vorschreiben, sondern weil wir uns freuen, wenn alles gut gelingen kann. Wir brauchen eine Gesellschaft, in der sich die Menschen sicher und geschätzt fühlen. Denn dann können wir die Menschen als Chance begreifen.

# Möglichkeiten und Grenzen bei der Kombination verschiedener Abdichtungsstoffe aus Herstellersicht

*M. Schäfer, Bamberg*

## Zusammenfassung

Die Vielfalt der heute verfügbaren Abdichtungsstoffe macht das Thema komplex. Verallgemeinerungen helfen nicht. Man wird dem Thema nur gerecht, wenn man sich auf eine Kombination fokussiert: hier Bitumenbahnen und Flüssigkunststoffe für Dachabdichtungen. Alle Technischen Regeln priorisieren die Herstellung von Details mit den gleichen Werkstoffen, die auch für die Flächenabdichtung verwendet werden. Sie lassen andere Stoffe zu, wenn sie geeignet und dauerhaft verträglich sind; und wenn es einen besonderen technischen Grund dafür gibt. Flüssigabdichtungen können die Grenzen der Abdichtungsbauweise mit Bitumenbahnen erweitern, aber diese Kombination ist nicht trivial. Der Übergang der Bauweisen erfordert einen Verzicht auf die Homogenität der Abdichtung und darf nicht leichtfertig in Kauf genommen werden. Seine Anwendung erfordert immer einen technischen Grund. Auf keinen Fall darf er Ersatz für sachgerechte Planung und Ausführung sein.

## 1 Einführung

Heute verfügen wir über eine noch nie dagewesene Vielfalt von Abdichtungsstoffen. Traditionell werden neben den bahnenförmigen Stoffen – Bitumen- und Polymerbitumenbahnen (im Folgenden vereinfacht Bitumenbahnen genannt) sowie Kunststoff-oder Elastomerbahnen – auch flüssige Stoffe eingesetzt. Dazu gehören Gußasphalt und Asphaltmastix. Flüssigkunststoffe (FLK) zur Abdichtung nicht genutzter Dächer fanden erstmals im Mai 2010 Eingang in die Normung [1]. Seit August 2010 sind kunststoffmodifizierte Dickbeschichtungen (KMB, heute

PMBC) für die Abdichtung erdberührter Bauteile zulässig [2], seit November 2008 auch FLK, Mineralische Dichtungsschlämmen (MDS) und Abdichtung in Verbund mit Fliesen- und Plattenbelägen (AIV, heute AIV-F) [3]. Seit August 2017 sind bahnenförmige und plattenförmige Abdichtungsstoffe im Verbund mit Fliesen und Platten (AIV-B) genormt [4,5]. Hinzu kommt eine unübersehbare Anzahl an Dichtbändern, Dichtklebern und Dichtmörteln auf Basis unterschiedlicher Stoffgruppen, die systemzugehörig oder ergänzend angeboten werden. Und es gibt Oberflächenschutzsysteme [6], die zwar keine Abdichtungsstoffe sind, mit den aber z.B. Freidecks von Parkhäusern [7] oder Balkone [8] „beschichtet" werden dürfen.
Diese Stoffvielfalt hat den Ausschlag gegeben, das Normenwerk für Abdichtungen neu zu fassen. Die Normen der bisherigen Reihe DIN 18195 wurden vollständig überarbeitet und in die bauteilbezogenen Normenreihen DIN 18531 bis 18535 überführt. DIN 18195: 2017-07 legt jetzt Begriffe sowie Abkürzungen und Bezeichnungen für die Anwendung dieser Normenreihen fest [9].
Die Vielfalt der Abdichtungsstoffe führt dazu, dass unterschiedliche Abdichtungsstoffe miteinander kombiniert werden. Das war schon immer so. Man denke z.B. an die Abdichtungsbauart für befahrbare Deckenflächen mit Bitumen-Schweißbahnen in Verbindung mit Gussasphalt, oder an die Abdichtung von Deckenflächen für mäßige Beanspruchung mit Asphaltmastix, bei der An- und Abschlüsse sowie Übergänge mit Bitumenbahnen herzustellen sind [10]. Oder an die Abdichtungsbauart gegen drückendes Wasser, bei der eine Lage bitumenverträglicher Kunststoff-Dichtungsbahn zwischen zwei Lagen nackter Bitumenbahnen verlegt wird [11]. Bahnenförmige Abdichtung im Verbund mit Fliesen und Platten (AIV-B) ist ohne eine Kombination unterschiedlicher Stoffe wie Klebstoff, Mörtel und Bändern, mit denen die Kunststoffbahn verlegt wird, gar nicht denkbar. Deshalb ist das Thema „Kombination von Abdichtungsstoffen" in seiner Komplexität pauschal nicht zu bewältigen. Bewährte und neue Abdichtungsstoffe, Bauarten und Verarbeitungsverfahren stehen einander gegenüber und verlangen ihre eigene Betrachtung.
Um das Thema fundiert zu behandeln bedarf es der Beschränkung. Meinem Fachgebiet folgend beschränke ich mich auf Dachabdichtungen mit Bitumenbahnen, die mit Flüssigkunststoff kombiniert werden. Das greift um sich. Deshalb ist eine differenzierte Betrachtung notwendig und sinnvoll, um Möglichkeiten und Grenzen aufzuzeigen.

## 2 Normative Regeln, Herstellervorschriften, Handwerksregeln

Die Abdichtung nicht genutzter und genutzter Dächer ist in DIN 18531-1 bis -4: 2017-07 geregelt [12, 13, 14, 15]; Teil 5 dieser Norm regelt die Abdichtung von

Balkonen Loggien und Laubengängen [8]. DIN 18531-3: 2017-7 regelt im Abschnitt 7 Details; dort heißt es:

*7.2 Anforderungen*
*7.2.4 Materialverträglichkeit*
*An- und Abschlüsse sollten aus den gleichen Stoffen wie die Abdichtungsschicht hergestellt werden. Werden unterschiedliche Stoffe verwendet, so müssen diese für den Zweck geeignet und untereinander dauerhaft verträglich sein.*
*7.3 Anschlüsse*
*7.3.1 Art der Abdichtung am Anschluss*
*An Anschlüssen sollte die Abdichtung mit der gleichen Lagenzahl und Stoffart wie in der Dachfläche ausgeführt werden. Werden unterschiedliche Werkstoffe verwendet, so müssen diese für den jeweiligen Zweck geeignet und untereinander dauerhaft verträglich sein. Die Herstellerangaben sind zu beachten.*
*7.4 Abschlüsse*
*An Abschlüssen sollte die Abdichtung mit der gleichen Lagenzahl und Stoffart wie in der Dachfläche ausgeführt werden. Werden unterschiedliche Werkstoffe verwendet, so müssen diese für den jeweiligen Zweck geeignet und untereinander dauerhaft verträglich sein. Die Herstellerangaben sind zu beachten.*
*7.5 Durchdringungen*
*Der Anschluss der Abdichtung an die Durchdringung ist nach 7.3 auszubilden oder mit Klebeflanschen, Klemmflanschen oder besonderen Einbauteilen an die durchdringenden Bauteile anzuschließen.*
*7.6 Lichtkuppeln, Lichtbänder und Rauch- und Wärmeabzugsanlagen (RWA)*
*... Der Anschluss an ein Lichtband ist nach 7.3 auszuführen. Der Anschluss einer Abdichtung an einen Aufsetzkranz kann sowohl durch Eindichten des horizontalen Flansches als auch durch vollständiges Einfassen des Aufsetzkranzes bis zum oberen Rand hergestellt werden.*

Das modale Hilfsverb „sollte" ist eine Verbform zur Formulierung von Festlegungen und wird nach DIN 820-2:2009-12 Anhang H verwendet, „... wenn von mehreren Möglichkeiten eine besonders empfohlen wird, ohne andere Möglichkeiten zu erwähnen oder auszuschließen, oder wenn eine bestimmte Handlungsweise vorzuziehen ist, aber nicht unbedingt gefordert wird ..." [16]. Für die Abdichtung von Details nicht genutzter und genutzter Dächer sind daher nach DIN 18531 stoffgleiche An- und Abschlüsse vorzuziehen. Der Einsatz unterschiedlicher Stoffe ist zulässig, wenn sie „... geeignet und untereinander dauerhaft verträglich ..." sind. Die Norm empfiehlt stoffgleiche Anschlüsse und lässt unterschiedliche Stoffe bei Eignung und dauerhafter Verträglichkeit zu. Damit ist eine

Rangfolge festgelegt: stoffgleiche Anschlüsse sind Anschlüssen mit unterschiedlichen Stoffen vorzuziehen.
Die allgemeinen Herstellervorschriften für die Abdichtung mit Bitumenbahnen, die Technischen Regeln – abc der Bitumenbahnen [17] formulieren ähnlich:

*3.5 Detailausbildungen*
*3.5.1 Allgemeines*
*(9) An- und Abschlüsse sollten aus den gleichen Werkstoffen wie die Abdichtung hergestellt werden. Werden unterschiedliche Werkstoffe verwendet, so müssen diese für den jeweiligen Zweck uneingeschränkt und dauerhaft geeignet und untereinander verträglich sein. Den besonderen Anforderungen der Detailausbildung wird durch Polymerbitumenbahnen Rechnung getragen. Sie zeichnen sich aus durch leichte Verarbeitbarkeit, hohe Wärmestandfestigkeit und Dauerhaftigkeit.*

Über die Regelungen der DIN 18531 hinaus betonen sie, dass bei unterschiedlichen Werkstoffen deren Eignung gegenüber stoffgleichen Anschlüssen keine Einschränkung erfahren darf und empfehlen explizit den Einsatz von Polymerbitumenbahnen, weil sie leicht verarbeitbar, temperaturbelastbar und dauerhaft sind.
Auch die Handwerksregeln übernehmen die Priorisierung stoffgleicher Anschlüsse, verschärfen sie allerdings noch [18]:

*4. Details*
*4.1 Allgemeines*
*(5) An- und Abschlüsse sollen aus den gleichen Werkstoffen wie die Abdichtung hergestellt werden. Werden unterschiedliche Werkstoffe verwendet, so müssen diese für den jeweiligen Zweck geeignet und untereinander dauerhaft verträglich sein.*

Dabei bedeutet „soll“ nach der Grundregel für Dachdeckungen, Abdichtungen und Außenwandbekleidungen eine „... durch Verabredung oder Vereinbarung freiwillig übernommene Verpflichtung, von der nur in begründeten Fällen abgewichen werden darf ...“ [19]. Sollen Details mit anderen Stoffen hergestellt werden als die der Flächenabdichtung, muss über die Eignung und dauerhafte Verträglichkeit hinaus ein technischer Grund dafür vorliegen.
Alle zuständigen Regelwerke priorisieren die Herstellung von Details mit den gleichen Werkstoffen, die auch für die Flächenabdichtung verwendet werden.

Sie lassen andere Stoffe zu, wenn sie geeignet und dauerhaft verträglich sind; und wenn es einen besonderen technischen Grund dafür gibt.

# 3 Homogene Abdichtungen mit Polymerbitumen- und Bitumenbahnen

Gegenstand dieses Vortrages / Artikels ist die Kombination von Bitumenbahnen mit FLK. Das entspricht zunehmend landläufiger Praxis: die Flächen werden mit Bitumen- und/oder Polymerbitumenbahnen abgedichtet, die Details mit FLK. Wie oben beschrieben, geben die einschlägigen Regelwerke der Detailausführung mit Polymerbitumenbahnen den Vorrang. Welche technischen Gründe sprechen dafür? Zum Verständnis ist die Wirkweise einer Abdichtung mit Bitumenwerkstoffen wesentlich.
Bitumen ist der älteste Abdichtungsstoff der Welt. Als Bestandteil von Naturasphalten und Asphaltgesteinen war es bereits im Altertum bekannt und wird seit Jahrtausenden verwendet, um Bauwerke gegen Wasser zu schützen. Denn Bitumen ist in Wasser unlöslich; geschlossene Bitumenschichten sind wasserdicht. Außerdem ist es thermoplastisch, d.h. in Abhängigkeit von der Temperatur plastisch verformbar. Kühlt man Bitumen ab, dann wird es zunehmend härter und spröder, erwärmt man es, wird festes Bitumen erst zäh- dann dünnflüssig. Da zudem der Bereich zwischen Kältesprödigkeit einerseits und Erweichen andererseits in etwa deckungsgleich mit dem Gebrauchstemperaturbereich des Gebäudes (-25°C bis + 80°C) ist, eignet sich Bitumen seit jeher für die Dach- und Bauwerksabdichtung. Das liegt auch daran, dass Bitumen einen guten inneren Zusammenhalt (Kohäsion) und eine sehr gute Haftung (Adhäsion) an zu verklebenden Gegenständen hat und ein hervorragender Klebstoff ist.
Seit 1975 werden zunehmend polymermodifizierte Bitumenarten verwendet. Durch die Zugabe von Polymeren wurden Kälteflexibilität und Wärmestandfestigkeit wesentlich verbessert, elastische bzw. plastische Verformbarkeit erhöht und das Alterungsverhalten deutlich verbessert. Polymerbitumen gibt es je nach Art der verwendeten Polymere in zwei Ausprägungen: Elastomerbitumen (enthält SBS) und Plastomerbitumen (enthält APP).
Die mechanischen Eigenschaften von Bitumen hängen im Wesentlichen von der Temperatur und der Zeitdauer dieser Einwirkung ab. Mit zunehmender Belastungszeit und steigender Temperatur geht die Verformung immer mehr in eine nicht reversible, plastische Verformung über, die bei wechselnden Belastungen im Laufe der Beanspruchungszeit zu Ermüdungsverformungen und dann zu Ermüdungsrissen führt. Daher werden bei Abdichtungen mit Bitumen Trägereinlagen eingesetzt, um die auf die Abdichtungsschicht einwirkenden mechanischen Kräfte aufzunehmen. Das können z.B. Träger mit sehr hoher Kraftaufnahme und

geringer Dehnung (z.B. Glasgewebe oder Kombinationsträger mit überwiegendem Glasanteil) oder Träger mit hoher Kraftaufnahme bei gleichzeitig hoher Dehnung (z.B. Polyestervlies oder Kombinationsträger mit überwiegendem Polyesteranteil) sein.

Für Abdichtungen mit Bitumen verwendet man deshalb Bitumenbahnen, Verbundwerkstoffe, die im Wesentlichen aus einem Träger mit beidseitigen Bitumendeckschichten sowie einer ober- und unterseitigen Funktionsschicht (Bestreuung oder Trennfolie) bestehen.

Dach- und Bauwerksabdichtungen mit Bitumenbahnen werden überwiegend mehrlagig ausgeführt, d.h. mehrere Abdichtungslagen werden zu einer einzigen Abdichtungsschicht zusammengefügt. Das ist für das Verständnis einer Abdichtung mit Bitumenbahnen essenziell: Die thermoplastischen Eigenschaften von Bitumen ermöglichen durch entsprechende Wärmezufuhr ein Verschmelzen der einander zugewandten Deckschichten zweier Bahnen, die sich beim Erkalten verfestigen und zu einer homogenen Bitumenschicht werden. Innerhalb dieser Schicht „schwimmen" die Träger mit der Funktion, wechselnde mechanische Einwirkungen auf die Abdichtungsschicht aufzunehmen und Ermüdungsverformungen und daraus resultierenden Ermüdungsrissen entgegenzuwirken.

Bild 1 Verschmelzung von zwei Polymerbitumenbahnen zu einer Abdichtungsschicht, aufgenommen durch ein Fluoreszenzmikroskop

Bild 2 Homogener Nahtverschluss von Polymerbitumenbahnen, aufgenommen durch ein Fluoreszenzmikroskop

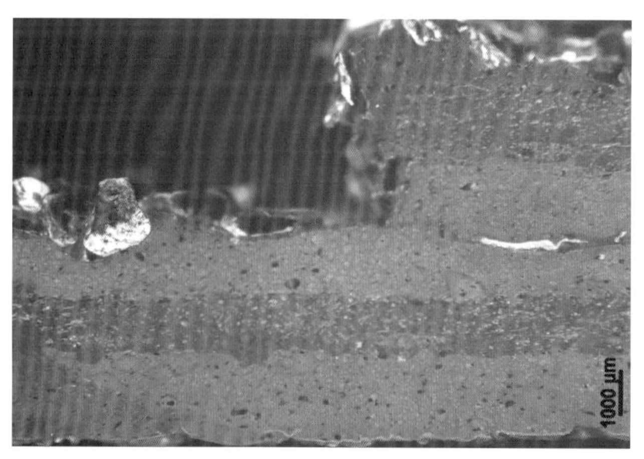


Bild 3 Fehlerhafter, nicht homogener Nahtverschluss von Polymerbitumenbahnen, aufgenommen durch ein Fluoreszenzmikroskop

Diese Wirkweise einer mehrlagigen Abdichtung aus Bitumen- und/oder Polymerbitumenbahnen wird heute leider oft missverstanden. Obere und untere Lage werden separat betrachtet. Das wäre der Fall einer Redundanz: zwei unabhängig voneinander wirkende Abdichtungsschichten. In einer mehrlagigen Abdichtung aus Bitumen- und/oder Polymerbitumenbahnen agieren aber gerade nicht zwei

unabhängige Schichten miteinander. Im fix und fertigen Zustand sind zwei Abdichtungslagen homogen zu einer einzigen Abdichtungsschicht verschmolzen. Die einzelnen Bahnen existieren gar nicht mehr!
Dieses Prinzip wird in den Detailausbildungen fortgesetzt. Die fingerförmige Verzahnung, mit der in Bild 2 die Anschlussbahnen an die Flächenabdichtung angeschlossen werden, ist ein gutes Beispiel dafür, wie die einzelnen Lagen handwerklich zu einer einzigen homogenen Schicht gefügt werden können. Das ist übrigens auch der eigentliche Grund für den Keil: dadurch, dass die Bahnen nicht rechtwinklig abgeknickt, sondern in einem stumpferen Winkel geführt werden, können handwerklich Fehlstellen bei der Verschmelzung der Lagen untereinander besser verhindert werden. Es geht auch ohne Keil, ist aber sehr viel schwieriger.

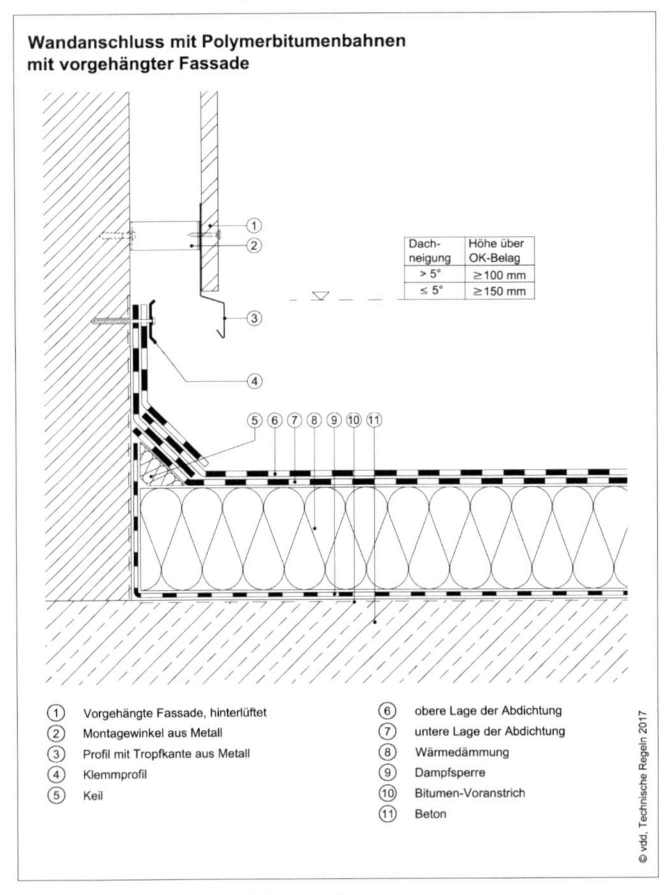


Bild 4 Wandanschluß mit Polymerbitumenbahnen

## 3 Homogene Abdichtungen mit Flüssigkunststoffen

Auch Abdichtungen aus FLK sind homogen. Das ist evident und ja gerade ihr Vorteil: Sie werden flüssig aufgetragen und bilden nach Erhärten eine homogene, nahtlose Abdichtungsschicht.
Abdichtungen mit FLK nach DIN 18531-2: 2017-07 [1] benötigen eine Europäisch Technische Bewertung nach ETAG 005, in der u.a. die Nutzungskategorien (Nutzungsdauer, Klimazonen, Nutzlasten, Dachneigung, niedrigste und höchste Oberflächentemperatur) und weitere Leistungsmerkmale (Widerstand gegen Flugfeuer und strahlende Wärme, Brandverhalten, Wasserdampfdiffusionswiderstand, Aussage zu gefährlichen Stoffen, Beständigkeit gegen Pflanzenwurzeln, Widerstand gegen Windlast, Rutschhemmung) angegeben sind. Sie bestehen aus ein- oder mehrkomponentigen Systemen auf Basis von Reaktionsharzen mit einer Einlage, die vor allem die Funktion hat, die Mindesttrockenschichtdicke sicherzustellen. Die Reaktionsharze dürfen auf unterschiedlichen Stoffgruppen basieren, Polymethylmethacrylatharze (PMMA), flexible ungesättigte Polyesterharze (UP) oder Polyurethanharze (PUR).
Ja nach Stoffgruppe sind die Komponenten zusammenzuführen und das Material mit einem Rührholz oder einem Rührwerk aufzurühren. Um eine gleichmäßige Verteilung aller Komponenten zu erreichen, wird das aufbereitete Material in ein Behältnis umgefüllt, aus dem es dann verarbeitet wird.
Bei der Verarbeitung wird zunächst so viel Material vorgelegt, dass es das Vlies, das in das noch nasse Material eingelegt wird, vollständig durchtränkt. Anschließend wird Material nachgelegt, bis das Vlies vollständig abgedeckt und die erforderliche Mindestschichtdicke erreicht ist.
Die Schichtdicke ist für die Funktionsweise von Abdichtungen mit FLK wesentlich. Nach DIN 18531-3 [14] sind in Abhängigkeit vom Gefälle und der Nutzung Mindesttrockenschichtdicken zwischen 1,8 und 2,1 mm erforderlich, die Flachdachrichtlinie des ZVDH [18] fordert einheitlich mindestens 2,1 mm. Diese Mindestdicken gelten, sofern in der ETA kein höherer Wert angegeben ist. [20]

## 4 Die Kombination von Bitumenbahnen und Flüssigkunststoffen für die Dachabdichtung

Alle Abdichtungsbauweisen haben Grenzen. Bahnenförmige Abdichtungsstoffe erfordern z.B. für die Anordnung von Überlappungen auf Flansche, Nähten und Stößen Platz; deshalb fordert DIN 18531 einen Abstand von 30 cm zwischen Ablaufaußenkante und Attika oder zwischen zwei Durchdringungen [12]. Bitumenbahnen benötigen zum Anschluss an Türen eine geeignete, ausreichend große

Anschlussfläche und sie benötigen zur Verlegung in aller Regel eine Wärmezufuhr. Es kommt vor, dass diese Voraussetzungen nicht vorhanden oder erfüllbar sind, z.B. beim Anschluss an Kunststofftüren.

Dann kann die Kombination mit FLK eine Lösung sein. Flüssigkunststoffe sind für die Kombination mit Bitumenbahnen in Anschlussbereichen deshalb so attraktiv, weil die Haftungseigenschaften im Allgemeinen sehr gut sind und ihre Anwendung bei schwierigen Details sehr einfach erscheint.

Die Eignung und dauerhafte Verträglichkeit der FLK für die Kombination mit anderen Stoffen wird durch umfangreiche Untersuchungen zur chemischen Beständigkeit und durch Haftzugsversuche auf unterschiedlichen Werkstoffen geprüft und vom Hersteller angegeben.

Nach DIN 18531-3 muss die Überlappungsbreite von FLK, die auf bahnenförmige Abdichtungen geführt wird, mindestens 100 mm breit sein. Hinsichtlich Materialverträglichkeit, Haftfestigkeit und Wasserdichtheit der Übergänge gelten die Herstellerangaben [14]. Anschlüsse an Türen ohne werkseitig vorgegebenen Anschlussmöglichkeiten für Bitumenbahnen, Anschlagpunkte mit geringen Durchmessern von z.B. 18 oder 26 mm oder Durchdringungen mit ungünstigen Geometrien, z.B. die Dachfläche durchdringende Stahlträger, werden häufig mit FLK abgedichtet.

Die Abdichtung von Details ist z.B. auch dann sinnvoll, wenn aus Brandschutzgründen keine Flamme verwendet werden darf, der Abstand des Ablaufs von der Attika oder von Durchdringungen untereinander kleiner als 30 cm sein muss [12] oder beim Wandanschluss der Abdichtung mit Bitumen- und/oder Polymerbitumenbahnen einer genutzten Dachfläche aus Platzgründen kein Anschlusskeil eingebaut werden kann.

Weil anders als die jeweiligen Abdichtungsbauweisen selbst ihre Kombination gerade nicht homogen ist, ist Voraussetzung für die Funktionstüchtigkeit die ausreichende Haftung des FLK an der Bitumen- oder Polymerbitumenbahn.

Bild 5 FLK auf Polymerbitumenbahnen

Diese wiederum ist abhängig von der verwendeten Stoffgruppe, der Art des Untergrundes sowie der Untergrundvorbereitung und/oder des zu verwendeten Primers. In aller Regel sind zusätzlich die Temperaturen und die Feuchtigkeit im Untergrund und/oder der Umgebungsluft zu beachten – und exakt dort liegt die Schwierigkeit, die die Handhabung von FLK doch nicht ganz so einfach macht, wie es auf den ersten Blick zu sein scheint. Hier einige Beispiele:

1. Lose Bestreuung, die vor dem Auftrag nicht sorgfältig entfernt wurde, kann dazu führen, dass der FLK zwar an der Bestreuung klebt, der Übergang aber trotzdem undicht ist oder wird.

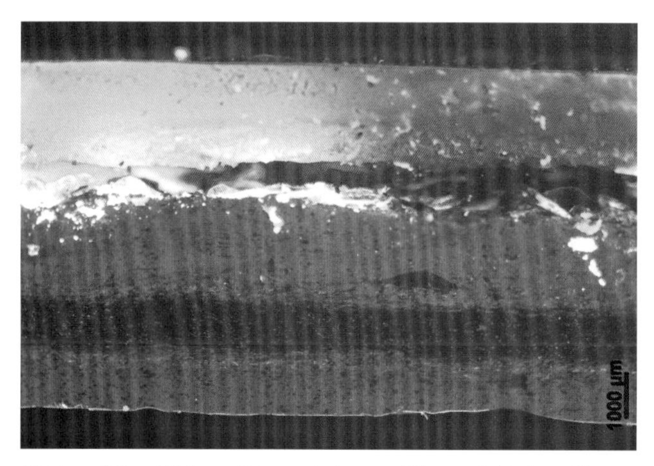


Bild 6 FLK auf Polymerbitumenbahnen mit losem Schiefersplitt

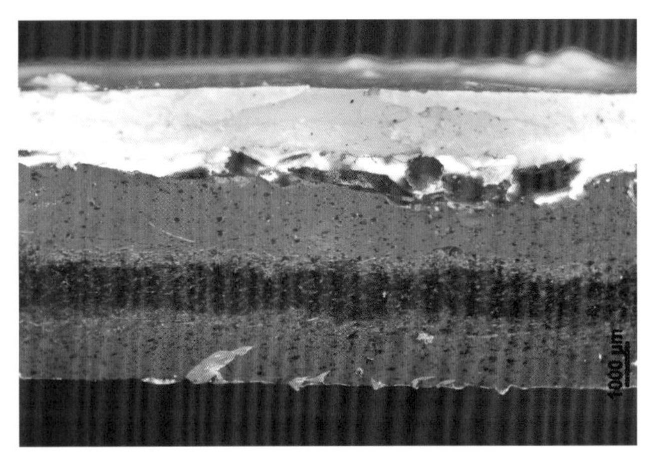


Bild 7 FLK, zu dünn auf Polymerbitumenbahnen

2. Fehlender Primer kann – je nach Stoffgruppe und Produkt – zu Haftungsverminderung und/oder zur Reaktion mit Bitumen führen, das bestenfalls eine Verfärbung, schlimmstenfalls eine Veränderung der Eigenschaften des ausgehärteten Flüssigkunststoffs bewirkt und dessen Nutzungsdauer einschränkt.
3. Ablaufender FLK an der Senkrechten kann dazu führen, dass senkrechte Bereiche zu dünn und der Übergang zur Waagerechten zu dick ausgeführt wurde, was – je nach Art des Flüssigkunststoffs – eine vorzeitige Alterung des senkrechten und eine unzureichende Aushärtung des waagerechten Bereichs nach sich zieht.
4. Arbeitsunterbrechungen, die eine Verlegung frisch-in-frisch verhindern, können die Homogenität des Flüssigkunststoffs im Anschlussbereich blockieren.
5. Fehlende Begrenzung der Flüssigabdichtung durch Klebebänder und Auslaufen des Flüssigkunststoffs auf „0" führt zum Einrollen und Ablösen der Flüssigabdichtung von der Bitumenbahn.

Das sind handwerkliche Fehler, die selbstverständlich nicht grundsätzlich gegen eine Kombination Bitumenbahnen und FLK sprechen. Fachgerecht ausgeführt ist die Kombination durchaus funktionstüchtig und dauerhaft. Aber sie darf nicht „auf die leichte Schulter" genommen werden. FLK ist gerade kein einfach handhabbarer Abdichtungsstoff. Fachgerechte Anwendung erfordert – wie bei allen anderen Abdichtungsstoffen auch – die Kenntnis seiner Wirkweise, eine sorgfältige Vorbereitung des Abdichtungsuntergrundes sowie Übung und Geschick.

Die Kombination von Bitumenbahnen und FLK verzichtet auf die Homogenität der Abdichtungsschicht. Das ist ein Nachteil und der technische Grund dafür, dass die Regelwerke die Stoffgleichheit von Fläche und Details priorisieren. Deshalb muss es einen technischen Grund für den Einsatz einer Kombination geben. Sie darf nicht Ersatz für sachgemäße Planung und Ausführung sein.

Bild 8 FLK als „Ersatz" für Losfestflanschkonstruktion

## Literaturverzeichnis


[1] DIN 18531-2: 2010-05, Dachabdichtungen – Abdichtungen für nicht genutzte Dächer – Teil 2: Stoffe

[2] DIN 18195-2: 2000-06, Bauwerksabdichtungen – Teil 2: Stoffe

[3] DIN 18195-2: 2008-11, Bauwerksabdichtungen – Teil 2: Stoffe

[4] DIN 18534-5: 2017-08, Abdichtung von Innenräumen – Teil 5: Abdichtung mit bahnenförmigen Abdichtungsstoffen im Verbund mit Fliesen und Platten (AIV-B)

[5] DIN 18534-6: 2017-08, Abdichtung von Innenräumen – Teil 6: Abdichtung mit plattenförmigen Abdichtungsstoffen im Verbund mit Fliesen und Platten (AIV-P)

[6] RL SiB, DAfStb-Richtlinie – Schutz und Instandsetzung von Betonbauteilen (Instandsetzungsrichtlinie)

[7] DIN 18532-6: Abdichtung von befahrbaren Verkehrsflächen aus Beton – Teil 6: Abdichtung mit flüssig zu verarbeitenden Abdichtungsstoffen

[8] DIN 18531-5: 2017-07, Abdichtung von Dächern sowie Balkonen, Loggien und Laubengängen – Teil 5: Balkone, Loggien und Laubengänge

[9] DIN 18195: 2017-07, Abdichtung von Bauwerken – Begriffe

[10] DIN 18195-5: 2000-08, Bauwerksabdichtungen – Teil 5: Abdichtungen gegen nicht drückendes Wasser auf Deckenflächen und in Nassräumen, Bemessung und Ausführung
[11] DIN 18195-6: 2000-08, Bauwerksabdichtungen – Teil 6: Abdichtungen gegen von außen drückendes Wasser und aufstauendes Sickerwasser, Bemessung und Ausführung
[12] DIN 18531-1: 2017-07, Abdichtung von Dächern sowie Balkonen, Loggien und Laubengängen – Teil 1: Nicht genutzte und genutzte Dächer – Anforderungs- Planungs- und Ausführungsgrundsätze
[13] DIN 18531-2: 2017-07, Abdichtung von Dächern sowie Balkonen, Loggien und Laubengängen – Teil 2: Nicht genutzte und genutzte Dächer – Stoffe
[14] DIN 18531-3: 2017-07, Abdichtung von Dächern sowie Balkonen, Loggien und Laubengängen – Teil 3: Nicht genutzte und genutzte Dächer – Auswahl, Ausführung und Details
[15] DIN 18531-4: 2017-07, Abdichtung von Dächern sowie Balkonen, Loggien und Laubengängen – Teil 4: Nicht genutzte und genutzte Dächer – Instandhaltung
[16] DIN 820-2:2009-12, Normungsarbeit – Teil 2: Gestaltung von Dokumenten
[17] Technische Regeln für die Planung und Ausführung von Abdichtungen mit Polymerbitumen und Bitumenbahnen – abc der Bitumenbahnen, hrsg. vom vdd, 6. Aufl. 2017,
[18] Fachregeln für Abdichtungen – Flachdachrichtlinie, hrsg. vom ZVDH, Ausgabe Dezember 2016 mit Änderungen November 2017
[19] Grundregel für Dachdeckungen, Abdichtungen und Außenwandbekleidungen, hrsg. vom ZVDH, Ausgabe September 1997
[20] Leitfaden Flüssigkunststoffe, Planung und Ausführung von Abdichtungen mit Flüssigkunststoffen für Dächer sowie begeh- und befahrbare Flächen nach DIN 18531 und DIN 1

# Kombination verschiedener Abdichtungsstoffe aus Sicht eines Sachverständigen

*U. Simonis, Ronneburg*

## Zusammenfassung

Bauwerke müssen seit Beginn der Baugeschichte vor Wasser und aggressiven Medien geschützt werden. Der Stand der technischen Lösungen war und ist einem permanenten Wandel unterzogen und ein optimaler Bautenschutz das Ziel. Grundlage aller Maßnahmen ist eine auf das jeweilige Objekt bezogene sach- und fachgerechte Planung mit eindeutigen Vorgaben bzw. Abklärungen zur Ausführungsart und Auswahl der Werkstoffe
Ein wesentlicher Faktor für die Dauerhaftigkeit, Qualität und Nutzbarkeit von Bauwerken ist die Wahl des Abdichtungssystems – hier ist der Planer in der Verantwortung für den Ausführenden und den Nutzer des Bauwerks die richtige Wahl zu treffen. Durch die stete Weiterentwicklung der Bauprodukte und Bauarten, Kombinationen von Abdichtungsstoffen wie auch der Weiterentwicklung von Werkstoffen und Systemkomponenten stellt sich vermehrt die Frage zur Wechselwirkung untereinander.
In den entsprechenden Konstruktionsnormen bzw. Fachregeln wird dieser Punkt zwar behandelt aber meistens nur mit dem allgemeinen Hinweis, dass die Stoffe untereinander verträglich bzw. beständig sein müssen – konkrete Forderungen bzw. Prüfkriterien sind nicht oder nur rudimentär vorhanden.
Im Rahmen der Europäischen Normung wurde den Herstellern die Verantwortung zur Deklarierung der Verträglichkeit/Beständigkeit der Werkstoffe mit anderen Kontaktmedien zugewiesen, eine unabhängige Prüfung war und ist nicht vorgesehen.
Da die Forderungen nach Dauerhaftigkeit, Verträglichkeit bzw. Beständigkeit und Eignung in den Regelwerken enthalten sind, würde es Sinn machen für die Werkstoffkombinationen Bau- und Prüfgrundsätze zu entwickeln, die sich an den tatsächlichen Praxisanforderungen orientieren. Jede Kombination müsste

diesen Nachweis erbringen – zudem könnte die Prüfung noch auf weitere Medien ausgedehnt werden.

## 1 Einleitung

Im Regelwerk des Deutschen Dachdeckerhandwerks, aufgestellt vom Zentralverband des Deutschen Dachdeckerhandwerks – Fachverband Dach-, Wand- und Abdichtungstechnik – e.V. [1] werden folgende Anforderungen an die Werkstoffe gestellt:

*„Werkstoffe für Dachdeckungen, Abdichtungen und Außenwandbekleidungen einschließlich aller zugehörigen Schichten müssen für den jeweiligen Anwendungsfall geeignet und aufeinander abgestimmt sein. Sie müssen frostbeständig sein und dürfen sich über die übliche Alterung hinaus nicht ungewöhnlich schnell verändern. Sie müssen sich unter bauüblichen Bedingungen ohne ungewöhnliches Risiko oder Erschwernisse sicher verarbeiten lassen."*

Die Definition ist sicher gut gemeint und stellt die Anforderung, dass die Werkstoffe für Abdichtungen aufeinander abgestimmt sein müssen und sich nicht ungewöhnlich schnell verändern. Nur was heißt das in der Praxis? Wer definiert und stellt fest, was ungewöhnlich schnell ist? Es gibt im Großen und Ganzen keine definierten Prüfgrundsätze mit eindeutig festgelegten Anforderungen.
Dem Fachverband ist diese Problematik bewusst und in der aktuellen Fachregel für Abdichtungen – Flachdachrichtlinie – [2] stellt er weitere Forderungen auf:

**Abdichtung**
(8) Die Verträglichkeit der Werkstoffe bzw. Bahnen untereinander muss sichergestellt sein."
Unter dem Punkt Details wird gefordert:
(4) An- und Abschlüsse sollen aus den gleichen Werkstoffen wie die Abdichtung hergestellt werden. Werden unterschiedliche Werkstoffe verwendet, so müssen diese für den jeweiligen Zweck geeignet und untereinander dauerhaft verträglich sein.
Zum einen verwendet der Fachverband die Begriffe „dauerhaft" und „Verträglichkeit", definiert sie aber nicht – und die Anforderungen sind nicht konkretisiert.

Die DIN 18195:Juli 2017; Abdichtung von Bauwerken – Begriffe [3] legt Begriffe, sowie Abkürzungen für die Anwendung der Normenreihen für die Abdichtung von Bauwerken (DIN 18531 bis DIN 18535) fest:

3.23 Beständigkeit
Widerstandsfähigkeit eines Stoffes gegenüber äußeren Einwirkungen
3.148 Verträglichkeit
Eigenschaft eines Stoffes, bei Kontakt mit anderen Stoffen keine unerwünschten chemischen oder physikalischen Reaktionen auszulösen.

In der DIN 18533-1: Juli 2017; Abdichtung von erdberührten Bauteilen – Teil 1: Anforderungen, Planungs- und Ausführungsgrundsätze [4] ist unter Begriffe die Definition für Beständigkeit so aufgeführt, dass die Abdichtung gegen natürliche oder durch Lösung aus Beton und Mörtel veränderte Wässer oder aus sachgerechter Bauwerksnutzung herrührende Stoffe beständig sein muss.
Auch in den Normen sind zum größten Teil keine exakten Anforderungen gestellt, und in dem Fall, dass es Anforderungen gibt, sind diese so formuliert, dass nur ein mit dem Normenwesen bestens vertrauter Experte, feststellen kann, dass die Aussagekraft nur sehr gering ist. Der Planer und Ausführende ist mit Sicherheit nicht in der Lage, dies zu durchschauen.

In Wikipedia wird folgende Definition vorgenommen:

Die Unterteilung erfolgt in meist drei einfachen Kategorien:

- Chemisch beständig: Der Werkstoff behält seine charakteristischen mechanischen (z.B. Festigkeit), physikalischen (z.B. Färbung) und chemischen Eigenschaften trotz beliebig langen Kontakts mit der zu testenden chemischen Substanz unverändert bei. Da dieser Idealzustand praktisch nie vorkommt, gilt in der Technik ein Werkstoff durchaus noch als „beständig“, der nur sehr langsam angegriffen wird.
- Bedingt chemisch beständig: Der Werkstoff behält seine charakteristischen Eigenschaften (s.o.) für eine begrenzte, für den Einsatzzweck akzeptable Zeitspanne oder innerhalb spezieller Grenzen der Einsatzbedingungen bei.
- Chemisch unbeständig: Der Werkstoff verliert seine charakteristischen Eigenschaften (s.o.) innerhalb sehr kurzer Zeit – bzw. schneller als der Einsatzzweck es erlaubt.

In der zurückgezogenen DIN 55943: 2001-10; Farbmittel-Begriffe [5] ist der Begriff Beständigkeit folgendermaßen definiert:

*Widerstand eines Materials gegen Veränderung seiner Eigenschaften unter Beanspruchung oder Belastung*
Anmerkung: Art und Umfang der Belastung sowie die Änderung von Eigenschaften sind zu vereinbaren.

Eine solche Regelung wäre auch in den Abdichtungsregelwerken sinnvoll.

## 2 Wechselwirkungen in der Praxis und deren Folgen

### 2.1 Unverträglichkeit von Bitumenbahnen/ Wechselwirkung mit dem Untergrund

In einem konkreten Fall gab es im benachbarten Ausland einen Serienschaden bei der Kombination von Bitumenbahnen unterschiedlicher Hersteller – d.h. die Unterlagsbahn stammte von einem anderen Hersteller als die Oberlagsbahn.
Die Abdichtung wurde auf eine Holzschalung von hochwertigen Carports vorgenommen (Bild 1).
In kürzester Zeit und im Verbund mit höheren Temperaturen tropften ölige, bitumenhaltige Bestandteile auf die darunter gestellten Fahrzeuge (Bild 2).

Bild 1 Dachöffnung – ölige, bitumenhaltige Substanz

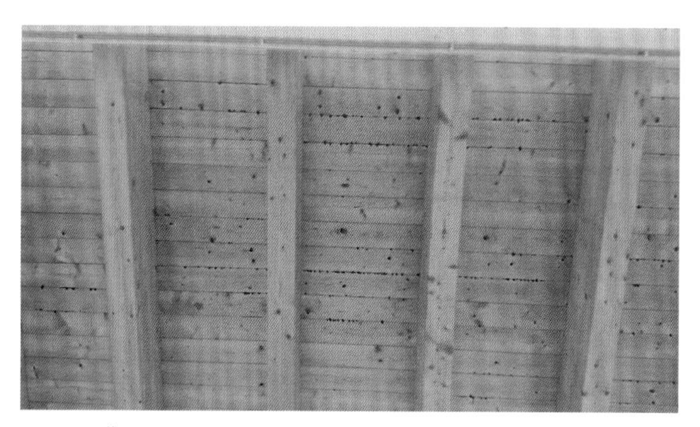

Bild 2 Ölige, schmierige, bitumenhaltige Substanz, die aus den Fugen tropft

Es konnte festgestellt werden, dass es zwei Wechselwirkungen gab, zum einen die Wechselwirkung mit dem Imprägnierungsmittel der Holzschalung und zum anderen waren die Rezepturen der Bitumenbahnen nicht verträglich.

## 2.2 Unverträglichkeit mit Systemkomponenten

### 2.2.1 Blitzschutz

Im Auftrag einer Versicherung sollte untersucht werden, was die Ursache für Undichtigkeiten bei einer großen Dachfläche aus weich-PVC ist. Die Schäden begrenzten sich nur auf einige kleine eng begrenzte Bereiche. Die Abdichtung war schon seit ca. 15 Jahren in Funktion. Der Versicherungsnehmer nahm die Versicherung in Anspruch aufgrund eines Hagelschadens (Bild 3).

Bild 3 Hagelschaden an einer gewebeverstärkten, nicht bitumenverträglichen PVC-Bahn

Nur in den Bereichen wie auf dem Bild dokumentiert, waren die mechanischen Beschädigungen mit dem typischen Bild des Hagelschlags festzustellen.
Auf dem Bild ist auch zu erkennen, dass die Knoten der Gewebeverstärkung in diesem Bereich stärker heraustreten zudem ist die sonst in der Fläche übliche Verschmutzung nicht vorhanden, dies spricht für einen Substanzverlust. Dieser konnte labortechnisch nachgewiesen werden – hierzu wurden Muster aus ´der „verschmutzen" Fläche mit Muster aus dem geschädigten Bereich verglichen, das Ergebnis war eindeutig.
In dem beschädigten Bereich war der Anteil an extrahierbaren Anteilen signifikant niedriger – der Weichmacherverlust war höher, dies führte zur Verhärtung und der Änderung der Eigenschaften der Bahn. Die Dicke hatte sich reduziert, das Perforationsverhalten und im Besonderen die Schädigungsgeschwindigkeit beim Hagelschlagversuch waren deutlich reduziert.
Beim Ortstermin wurde sehr schnell offensichtlich, dass die Unverträglichkeit mit den Blitzschutzhaltern (die nach einigen Jahren entfernt wurden) der Grund für die beschleunigte Alterung war.
Ohne die beschleunigte Alterung aufgrund der Unverträglichkeit mit dem Blitzschutzhalter wäre die Abdichtung mit Sicherheit unbeschädigt geblieben.
Es gibt vereinzelt Hersteller von Kunststoffbahnen, die auf den Punkt in Ihrer Verlegeanleitung/-richtlinie hinweisen, dass es Unverträglichkeiten mit den Blitzschutzsystemen geben kann. Und diese Hersteller nennen auch Namen und Marken von Blitzschutzhaltern, die sie nicht zulassen.

### 2.2.2 Klebstoff / Schutzlage

Im Flachdachbereich gibt es neben der mechanisch befestigten auch die verklebte Verlegung als Verlegeart.
Der große Anteil der für diese Verlegeart verwendeten Bahnen sind rückseitig vlieskaschiert – gerade auch um Wechselwirkungen mit dem Untergrund und dem verwendeten Klebstoff zu verhindern.
In dem nun aufgeführten Fall handelte es sich um eine vlieskaschierte, nicht bitumenverträgliche Bahn, die mit einem flüssigen PU-Klebstoff auf eine alte Bitumenabdichtung aufgeklebt wurde. Die Abdichtung musste nach ca. 10 Jahren komplett erneuert werden (Bild 4).
Zudem wurden unter die Betonhalter Gummischutzmatten gelegt, um die Bahn vor eventuellen mechanischen Beschädigungen zu schützen.
Die Gummischutzmatten sollen auch das Verrutschen der Blitzschutzhalter verhindern bzw. zu mindestens einschränken.

Bild 4 Auf einer alten Bitumenabdichtung geklebte PVC-Bahn (vlieskaschiert)

Die hellen Bereiche zeigen sehr gut, dass es zu Wechselwirkungen sowohl mit dem Klebstoff als auch mit der Gummischutzlage für die Blitzschutzhalter gekommen ist. In diesen hellen Bereichen ist der Anteil an Weichmacher deutlich reduziert – die Materialveränderungen zeigten sich im Besonderen durch eine Verringerung der Dicke und des Perforationsverhaltens. In der Grenzfläche der Bereiche mit reduziertem Weichmacher und normalen Gehalt kam es zu Spannungsrissen.
Dies wurde labortechnisch nachgewiesen – übrigens wurde dem Verleger von dem Dachbahnenhersteller vorgehalten, dass er den Klebstoff nicht fach- und sachgerecht aufgebracht hat. Er hätte viel zu viel Klebstoff aufgebracht, dies konnte anhand von Öffnungen nachgewiesen werden. Hier spielte auch folgendes Bild eine große Rolle (Bild 5).

Bild 5 Auf einer alten Bitumenabdichtung geklebte PVC-Bahn (vlieskaschiert)

Bei einem weiteren Fall wurde die Arbeit des Verlegers nicht angezweifelt, da zum Zeitpunkt der Verlegung ein Techniker des Herstellers nachweislich die Verlegung begleitet hat. Mikroskopaufnahmen belegen, dass es in dem Kontaktbereich zu Mikrorissen aufgrund des Substanzverlustes gekommen ist. Die Abdichtung ist 10 Jahre in Funktion.
Einige Hersteller haben aufgrund der aufgezeigten Schäden ihre Verlegevorschriften hinsichtlich des Einsatzes von flüssigen PU-Klebstoffen modifiziert bzw. den flüssigen PU-Klebstoff aus ihrem Programm gestrichen und durch einen vorgeschäumten Klebstoff ersetzt.

## 2.3 Wechselwirkungen mit Flüssigkunststoffen

Eine alte PVC- Abdichtung wurde mit einem Flüssigkunststoff saniert – ohne Sperrprimer – direkt auf die alte Abdichtung.
Der Flüssigkunststoff war zur Bahn nicht verträglich, der Flüssigkunststoff zog Weichmacher aus der darunterliegenden Bahn. Dies führte zu großen Schrumpffalten auf dem Dach (Bild 6).

Bild 6 Flüssigkunststoff auf PVC-Altabdichtung

Generell ist festzuhalten, dass Flüssigkunststoffanschlüsse auf Abdichtungsbahnen nicht unproblematisch sind. Auf dieses Thema ist Walter Holzapfel schon in seinem Buch „Dächer – Erweitertes Fachwissen für Sachverständige und Baufachleute“ eingegangen [6].
Und wie in diesem Buch angeführt, regeln die Hersteller die Anschlüsse auf Fremdstoffe sehr unterschiedlich. Von genereller Ablehnung, über Vorgaben zu Anschleifen und Grundieren bis hin zur völligen Ignorierung des Problems sind alle Möglichkeiten gegeben.

Oft verweisen die Bahnenhersteller auf den Hersteller des Flüssigkunststoffs – und diese gehen oft auf das Thema Verträglichkeit gar nicht ein – hier geht es in erster Linie um die Anfangshaftung. Die möglichen Wechselwirkungen mit anderen Werkstoffen und die Dauerhaftigkeit der Kombination werden oft nicht in Betracht gezogen.
Walter Holzapfel führt in seinem Buch aus, dass folgendes beachtet werden sollte:

- Anschlüsse auf nacktes Bitumen müssen vorher grundiert werden
- Anschlüsse auf beschieferte oder besandete Bitumenbahnen sind grundsätzlich abzulehnen.
- Anschlüsse auf Kunststoff- und Kautschukbahnen sind wegen der unterschiedlichen Flexibilität beider Stoffe nicht dauerhaft haltbar.

Diese Aussagen stehen zum Teil im Widerspruch zu den eigenen Erfahrungen – es gibt durchaus Anschlüsse mit Flüssigkunststoffen, die sich in der Praxis bewährt haben und weiterhin bewähren, es gibt aber leider auch genügend Beispiele, bei denen die Anschlüsse auch aufgrund von Verträglichkeitsgründen nicht dauerhaft ihre Funktion erfüllten.

## 3 Bitumenverträglichkeit

Anhand der Bitumenverträglichkeit wird die Problematik zum Thema „Verträglichkeit“ aufgeführt. Der Inhalt der Prüfungen wird auf das Wesentliche verkürzt.
In der DIN 16726:1986-12 Kunststoff-Dachbahnen, Kunststoff-Dichtungsbahnen Prüfungen [7] ist erstmals unter 5.19 das Verhalten nach Lagerung auf Bitumen aufgeführt. Hierzu werden die Bahnen bei (70 ± 2) °C in einem Wärmeschrank für 28 Tage gelagert. Auf einer Seite wird Bitumen 85/25 in einer Dicke von 3 mm aufgebracht. Bahnen ohne Bitumenkontakt werden ebenso 28 Tage warmgelagert und anschließend wird nach Rekonditionierung die Änderung des Elastizitätsmoduls gemessen.
Bei bitumenverträglichen Kunststoff-Dichtungsbahnen aus weichmacherhaltigem Polyvinylchlorid nach DIN 16937:1986-12 [8] durfte die Änderung des Elastizitätsmoduls ≤ 50 % betragen.
Bei Kunststoff- Dichtungsbahnen aus Polyisobutylen (PIB) nach DIN 16935:1986-12 [9] durfte die Änderung des Elastizitätsmoduls ebenso nur ≤ 50 % sein, die Lagertemperatur wurde aber auf 50 °C gesenkt.
Bei Elastomer-Bahnen für Abdichtungen nach DIN 7864: 1984-04 Teil 1 [10] werden die Proben für 91 Tage bei (50 ± 2) °C gelagert. Anschließend werden die Reißfestigkeit und die Reißdehnung geprüft. Die Reißfestigkeit darf sich um max. 20 % und die Reißdehnung um max. 25 % ändern.

Im Rahmen der Europäischen Normierung wurde die DIN EN 1548:2007-11 Abdichtungsbahnen – Kunststoff- und Elastomerbahnen für Dachabdichtungen – Verhalten nach Lagerung auf Bitumen [11] geschaffen.
Die Lagertemperatur in der Norm beträgt üblicherweise (50 ± 2) °C bei einer Lagerzeit von 28 Tagen, da diese Prüfnorm nun alle Elastomer- und Kunststoffbahnen abdecken muss. Die in der DIN 7864 [10] aufgeführten Prüfungen entfielen. Die Lagertemperaturen bzw. die Lagerzeit kann erhöht werden, dies muss dann im Prüfbericht dokumentiert werden.
Interessant sind nun die Anforderungen in den Europäischen Produktnormen DIN EN 13956:2013-03 [12] für Dachabdichtungen:

a) Der Masseverlust bei Bahnen mit einer Einlage ≤ 5 % ist.
b) Die Veränderung im Elastizitätsmodul aus dem Zugversuch für homogene Bahnen (ohne Einlage oder Kaschierung) ≤ 50 % ist.

Ergebnisse dieses Prüfverfahrens von homogenen Bahnen (ohne Innenschicht oder Kaschierung) können auf Bahnen übertragen werden, die mit der gleichen chemischen Rezeptur hergestellt wurden, aber eine Einlage oder eine Kaschierung aufweisen. Die Beurteilungen, die mit einer Dicke ermittelt wurden, sind übertragbar auf jedes Produkt gleicher Rezeptur der Abdichtungsschicht und größerer Dicke. Die Erfahrung zeigt, dass Bahnen mit einer Vliesstoffkaschierung von mindestens 150 g/m² oder gleichwertig, die jeden Kontakt von Bitumen mit der Dichtschicht der Dachbahn verhindert, als bitumenverträglich betrachtet werden.
In der deutschen Anwendungsnorm DIN SPEC 20000-201:2018-08 Anwendung von Bauprodukten in Bauwerken – Teil 201: Anwendungsnorm für Abdichtungsbahnen nach Europäischen Produktnormen zur Verwendung in Dachabdichtungen [13] wird folgendes gefordert: Prüfung nach DIN EN 1548:2007-11,9.6, d.h. in Deutschland muss die Änderungen des Elastizitätsmoduls bestimmt werden und zudem gelten Bahnen mit unterseitiger Kaschierung nur dann als bitumenverträglich, wenn der Werkstoff der homogenen Bahn die Anforderungen erfüllt.
In der Vorgängerversion der DIN V 20000-201:2006-11 [14] wird noch auf die Entwurfsfassung der E DIN EN 1548:2005-10 [15] verwiesen und hier war eine Lagertemperatur von (70 ± 2) °C vorgeschrieben. Wie zuvor aufgeführt, wurde die Prüfnorm geändert und die Norm mit der deutlich reduzierten Lagertemperatur von (50 ± 2) °C offiziell eingeführt. Hiermit wurden die Anforderungen auch in Deutschland entsprechend reduziert.

Da es nicht notwendig ist, diese Eigenschaft mittels einer externen Prüfung nachzuweisen bzw. auch keine Fremdüberwachung vorgeschrieben ist, liegt es folglich alleine in der Verantwortung des Herstellers, ob er die deutsche Regelung erfüllt.
Die Praxiserfahrungen der letzten Jahre zeigen, dass es hier mit Sicherheit Handlungsbedarf gäbe.
In der DIN EN 13967:2017-08 Bauwerksabdichtungen [16] steht folgendes zur Verträglichkeit mit Bitumen. Falls erforderlich muss das Produkt für 28 Tage bei 70 °C nach dem in EN 1548 [11] angegebenen Verfahren Bitumen ausgesetzt werden, wobei die Probe ausreichend groß sein muss, um nach der Beanspruchung eine kreisförmige Probe mit einem Durchmesser von 200 mm zu ergeben. Bei der folgenden Prüfung nach dem Verfahren A von EN 1928:2000 [17] muss die Probe wasserdicht sein. Abdichtungsbahnen mit Feuchtigkeitssperre des Typs A und des Typs V sind bei einem Druck von 2 kPa und Abdichtungsbahnen mit Grundwassersperre des Typs T mit einem Druck von 60 kPa zu prüfen.
Nicht-bitumenverträgliche PVC-Bahnen bestehen die Prüfung nach der Bauwerksabdichtungsnorm, d. h. diese Prüfung ist nicht geeignet, eine tatsächliche Aussage über die Bitumenverträglichkeit der Abdichtungsbahn treffen zu können.
Bei den Dachbahnen wird bei Bahnen mit einer Einlage nur der Masseverlust geprüft – Massenzunahmen und die damit verbundenen Eigenschaftsänderungen werden nicht in Betrachtung gezogen und der Hersteller kann die Lagerungstemperatur auf 50 °C festlegen.
Das führt zu der Situation, dass Hersteller im Besonderen im FPO und EPDM Bereich ihre Bahnen als bitumenverträglich kennzeichnen, obwohl es in der Praxis zu relevanten Eigenschaftsänderungen nach Lagerung auf Bitumen kommt.
Ein Hersteller weist in seinem Produktdatenblatt darauf hin, dass seine Bahnen nur mit Altbitumen verträglich sind. Laut Norm DIN EN 13956 wird die Bahn aber generell als bitumenverträglich eingestuft.
Hier stellt sich natürlich sofort die Frage wie Altbitumen definiert ist – hierzu gibt es weder in der Literatur noch von dem Hersteller eine Aussage. Aber in der Verlegeanleitung stehen dann die Sätze: „Eine Ausgleichs- oder Trennlage ist im Regelfall erforderlich. Sie verhindert auch mögliche Farbdurchschläge“. Und dies ist ein Hersteller, der sich mit der Problematik befasst hat, die Mehrzahl an Herstellern geht auf diese Problematik nicht ein und lässt den Planer und Verarbeiter im Unklaren.

Dipl.-Ing. (FH) Leopold Glück veröffentlichte in Bauphysik 26 (2004) einen Artikel mit dem Titel „Einwirkungen von Bitumen auf Kunststoff Dach- und Dichtungsbahnen“ [18]. Hier wurden detaillierte Auswertungen vorgenommen und bestätigt, dass die untersuchten FPO-Bahnen sehr stark anquellen und es damit zu einer Massenzunahme kommt, aber dies ist nicht relevant, da ja nur der Massenverlust in der Produktnorm DIN EN 13956 [12] als Kriterium festgelegt ist. Änderungen der mechanischen/physikalischen Kenndaten spielen in der Bewertung keine Rolle.
Anbei ein Bild einer FPO-Bahn, die auf der einen Seite auf eine neuwertige Bitumenbahn appliziert wurde und auf der anderen Seite zwischen Bitumen und Oberseite eine Trennlage zum Bitumen aufweist. Der Aufbau wurde gewählt, um die Wechselwirkungen in der Praxis nachzustellen (Bild 7).

Bild 7 FPO auf einer neuwertigen Bitumenlage in der Bewitterung (rechts mit und links ohne Trennlage)

## Literaturverzeichnis

[1] Zentralverband des Deutschen Dachdeckerhandwerks – Fachverband Dach, Wand- und Abdichtungstechnik e.V., Grundregel für Dachdeckungen, Abdichtungen und Außenwandbekleidungen; Ausgabe September 1997
[2] Zentralverband des Deutschen Dachdeckerhandwerks – Fachverband Dach-, Wand- und Abdichtungstechnik – e.V. und Hauptverband der Deutschen Bauindustrie e.V. – Bundesfachabteilung Bauwerksabdichtung; Ausgabe Dezember 2016
[3] DIN 18195: Abdichtung von Bauwerken – Begriffe (Ausgabe 2017-07)
[4] DIN 18533-1: Abdichtung von erdberührten Bauteilen – Teil 1: Anforderungen, Planungs- und Ausführungsgrundsätze (Ausgabe 2017-07)

[5] DIN 55943: Farbmittel – Begriffe (Ausgabe 2001-10; Dokument zurückgezogen)

[6] Holzapfel, W.: Dächer, Erweitertes Wissen für Sachverständige und Baufachleute, 2., aktualisierte Auflage, S. 150–151, Fraunhofer IRB Verlag, 2013

[7] DIN 16726: Kunststoff-Dachbahnen, Kunststoff Dichtungsbahnen – Prüfungen (Ausgabe 1986-12; Dokument zurückgezogen)

[8] DIN 16937: Kunststoff-Dichtungsbahnen aus weichmacherhaltigem Polyvinylchlorid (PVC-P), bitumenverträglich, Anforderungen (Ausgabe 1986-12; Dokument zurückgezogen)

[9] DIN 16935: Kunststoff-Dichtungsbahnen aus Polyisobutylen (PIB), Anforderungen (Ausgabe 1986-12; Dokument zurückgezogen)

[10] DIN 7864-Teil 1: Elastomer-Bahnen für Abdichtungen, Anforderungen, Prüfungen (Ausgabe 1984-04; Dokument zurückgezogen)

[11] DIN EN 1548: Abdichtungsbahnen – Kunststoff- und Elastomerbahnen für Dachabdichtungen - Verhalten nach Lagerung auf Bitumen; Deutsche Fassung EN 1548:2007 (Ausgabe 2007-11)

[12] DIN EN 13956: Abdichtungsbahnen – Kunststoff- und Elastomerbahnen für Dachabdichtungen - Definitionen und Eigenschaften; Deutsche Fassung EN 13956:2012 (Ausgabe 2013-03)

[13] DIN SPEC 20000-201: Anwendung von Bauprodukten in Bauwerken – Teil 201: Anwendungsnorm für Abdichtungsbahnen nach Europäischen Produktnormen zur Verwendung in Dachabdichtungen (Ausgabe 2018-08)

[14] DIN V 20000-201: Anwendung von Bauprodukten in Bauwerken – Teil 201: Anwendungsnorm für Abdichtungsbahnen nach Europäischen Produktnormen zur Verwendung in Dachabdichtungen (Ausgabe 2006-11; Dokument zurückgezogen)

[15] E DIN EN 1548: Abdichtungsbahnen – Kunststoff- und Elastomerbahnen für Dachabdichtungen - Verhalten nach Lagerung auf Bitumen; Deutsche Fassung prEN 1548:2005 (Ausgabe 2005-11; Entwurf)

[16] DIN EN 13967: Abdichtungsbahnen – Kunststoff- und Elastomerbahnen für die Bauwerksabdichtung gegen Bodenfeuchte und Wasser – Definitionen und Eigenschaften; Deutsche Fassung EN 13967:2012+A1:2017 (Ausgabe 2017-08)

[17] DIN EN 1928: Abdichtungsbahnen – Bitumen-, Kunststoff- und Elastomerbahnen für Dachabdichtungen – Bestimmung der Wasserdichtheit; Deutsche Fassung EN 1928:2000 (Ausgabe 2000-07)

[18] Glück, L.: Einwirkung von Bitumen auf Kunststoff-, Dach, -und Dichtungsbahnen, in Bauphysik 26 (2004), Heft 2, S. 107–118, Wilhelm Ernst & Sohn Verlag für Architektur und technische Wissenschaften GmbH & Co. KG, Berlin, 2004

# Hausschwammbefall nach einer Sanierung – Ursachen, Haftung und GFK-Einsatz

*Detlef Krause, Groß Belitz*

## Zusammenfassung

Der Echte Hausschwamm (Serpula lacrimans) ist seit Jahrhunderten (un)heimlicher Begleiter des Menschen.
In alten Schriften meinte man sogar, dass der „Pilz eine Kulturpflanze sein soll, die ihren Heimatschein verloren hat und in der freien Natur nicht mehr an zutreffen ist“ [1]. Nun gut, heute wissen wir es besser.
Und wir Sachverständige leben ja mehr oder weniger mit ihm und von ihm und man kann sagen, dass wir schon eine besondere Beziehung zu ihm haben.
Aber auch wenn wir meinen „ihn“ zu kennen, so ist jeder Befall immer wieder etwas Neues und manchmal auch sehr überraschend.
In diesem speziellen Fall zeigte er sich 3 Jahre nach der Sanierung eines alten Hauses unvermutet an 2 völlig entgegengesetzten Bereichen und gab uns zunächst einige Rätsel auf.
Dargestellt werden die 2 unterschiedlichen Befallsursachen, die damit zusammenhängenden Verantwortlichkeiten von Planung und Ausführung sowie eine von der Regelsanierung lt. Norm abweichende Sanierung.

## 1 Das Objekt

Das dreigeschossige Wohngebäude mit ausgebautem Dachgeschoss in einer Kleinstadt in Mecklenburg-Vorpommern stammt aus dem Anfang des 20. Jahrhunderts und wurde 2014 nach jahrelangem Leerstand instandgesetzt und modernisiert.
Die beiden betroffenen Befallsbereiche auf der Nord-West-Seite befinden sich jeweils am 2. OG an den Giebeln des Gebäudes, vor denen es überdachte Loggien gibt.

Diese Loggien waren bis zur Sanierung der Witterung nahezu ungeschützt ausgesetzt. Die Fußböden bestanden aus einem Ziegelsplittbeton und einem oberseitigen glatt geriebenen Zementestrich.

Bild 1 Nord-West-Ansicht mit den beiden Befallsbereichen

Bild 2 Detail der Loggia links (Ob das Dach ausreichend schützt?)

Zur Sanierung erhielten sie eine Überdachung und eine oberseitige Abdichtung aus Flüssigkunststoff eines bekannten Herstellers.
In den Räumen wurde die vorhandene Dielung vollständig entfernt, die Deckenbalken durch seitliche Bohlen ausgehöht und eine neue Dielung verlegt. Damit waren die Deckenbalken bis zur Auflage im Außenmauerwerk zur Bauphase einsehbar. Durch den bauleitenden Architekten mit Sachkundenachweis für Holzschutz am Bau wurde an den Holzbalken kein Befall mit holzzerstörenden Pilzen festgestellt.

## 2 Befall und die Ursachen

Der Befall mit Echtem Hausschwamm in der Wohnung im 2. OG links wurde durch die Nutzer der Wohnung im August/September 2017 in Form von Fruchtkörpern an der Tür zur Loggia erstmalig bemerkt und angezeigt. Der Befall in der Wohnung 2. OG rechts war dagegen eher ein Zufallsfund, der beim Umstellen von Möbeln bemerkt wurde. Die nachfolgende Skizze zeigt die Lage der beiden Schadstellen und die Befallsausbreitung mit Echtem Hausschwamm:

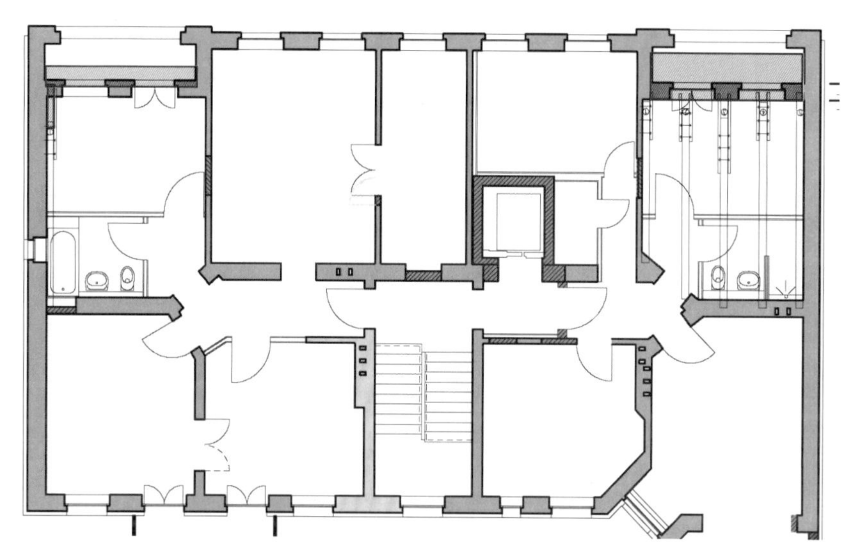

Bild 3 Grundriss 2. OG mit Schadkartierung, Lage der behandelten Balkenköpfe und Befallsbereich Echter Hausschwamm (rot)

## 2.1 Wohnung links

Bei einer Voruntersuchung im November 2017 wurde festgestellt, dass sich der Befall vermutlich im Bereich einer im Außenbereich der Loggia liegenden bauzeitlichen Holzschwelle der Tür nach außen ausgebreitet hatte.

Aufgrund des bevorstehenden Winters erfolgten lediglich Sicherungs- und Abdichtungsarbeiten, bevor die Untersuchungen im April 2018 fortgesetzt wurden.

Bei diesen Untersuchungen, zu denen umfangreiche Freilegungsarbeiten am Fußboden innen und außen erfolgten, war außerdem ein Sachverständiger im Auftrag der Haftpflichtversicherung des Architekten anwesend. Dieser hatte die Aufgabe, dessen Anspruch gegenüber der Versicherung zu klären.

Bild 4 Ansicht der Holzschwelle

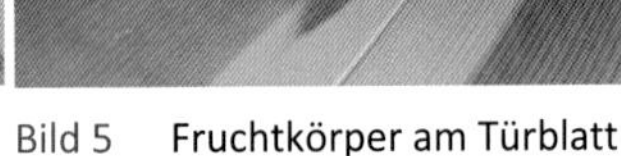

Bild 5 Fruchtkörper am Türblatt

Bild 6 Unter der Schwelle hervordringendes Myzel und Fruchtkörper

Bild 7 Ansicht nach Ausbau der Schwelle, erkennbare Aufkantung vor der Öffnung

Im Verlaufe der Freilegungsarbeiten und Untersuchungen wurden folgende Feststellungen getroffen:

- Die bauzeitliche Holzschwelle des Türrahmens war weder seitlich an der Leibung noch gegen die Tür gegen eindringendes Niederschlagswasser (das trotz der Überdachung nicht auszuschließen war) abgedichtet.
- Die Abdichtung der Oberseite der Loggia aus Flüssigkunststoff war mittels eines Blechs an die Holzschwelle herangeführt, dort aber nur gegen geschraubt.
- Aufgrund eines im Ziegelsplittbeton der Loggia unter dem Estrich vorgefunden Fruchtkörpers, der Wuchsrichtung der Myzele und dem Grad der Zerstörung der Holzbauteile war eindeutig zu erkennen, dass der Befall seinen Ausgang an einem Balkenkopf unter dieser Holzschwelle genommen hatte.

- Da zur damaligen Sanierung alle Balken frei lagen, musste also der Befall nach Abschluss der Sanierung entstanden sein.
- Im Innenbereich erstreckte sich der Befall über 3 der 5 vorhandenen Balkenköpfe in unterschiedlicher Ausdehnung.
- Bei der Aufnahme des Estrichs der Loggia wurde festgestellt, dass die Myzele des Echten Hausschwammes das relativ lockere Gefüge des Ziegelsplittbetons im oberen Teil vollständig durchwachsen hatten, in diesem Gemisch fanden sich außerdem Holzteile.

Bild 8 Rückbau von Schwelle und Dielung, alte Materialien unter der Schwelle

Bild 9 Detail der Einbaulage der Schwelle gegen Blech und Putz, Myzelwuchs

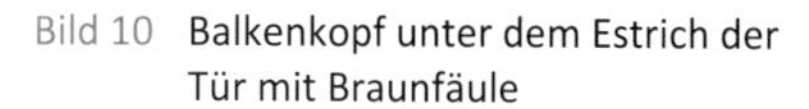

Bild 10 Balkenkopf unter dem Estrich der Tür mit Braunfäule

Bild 11 Umfangreiche Freilegungen

Bild 12 Frischer Fruchtkörper unter dem Estrich (Juni 2017)

Bild 13 Ziegelsplittbeton vollständig mit Myzel durchwachsen

Damit war für den/die Sachverständigen die Befallsursache eindeutig geklärt, auch wenn die starke Ausbreitung der Myzele innerhalb des Fußbodens der Loggia etwas rätselhaft war.

## 2.2 Wohnung rechts

Noch während der Sanierungsarbeiten in der linken Wohnung erreichte den Sachverständigen im Juli 2017 der Anruf, dass es in der gegenüberliegenden Wohnung ebenfalls einen Befall mit Echtem Hausschwamm gäbe. Dieser war entdeckt worden, als die Nutzer der Wohnung ein in der Außenecke stehendes bodentiefes Regal, das seit dem Bezug der Wohnung dort stand, umräumten und die dort geschädigte Dielung bemerkten.

Bild 14 Ansicht der Dielung nach Entfernung des Regals

Bild 15 Regalunterseite

Wie in der Schadenskartierung des Gebäudes zu erkennen ist, war diese Stelle weit von der Tür zur Loggia entfernt, konnte also nichts mit Undichtigkeiten an der Tür zu tun haben, zumal die Situation hier im Vergleich zur linken Wohnung anders war und es keine außen liegende Holzschwelle gab.

Nach Aufnahme der Dielung wurde dann erkennbar, dass der Befall sich an den dort befindlichen Streichbalken und den seitlichen Bohlen nur über eine Länge von ca. 1 m ausgebreitet hatte. Die vorgefundenen Myzele waren trocken und brüchig und das Holz des Balkenkopfes braunfaul, trocken und durch Würfelbruch seh stark geschädigt. Die mit Myzelen überwachsenen und geschädigten seitlichen Bohlen, die erst während der letzten Sanierung eingebaut wurden, machten deutlich, dass der Befall erst nach der Sanierung entstanden sein kann.

Bild 16 Streichbalken und Bohlen nach Entfernung der Dielung

Bild 17 Bohlen aus der letzten Sanierung mit Myzel überwachsen

Bild 18 Balkenkopf vollständig bewachsen...

Bild 19 ... und völlig zerstört

Damit stellten sich die Fragen, woher bezog das Holz seine Feuchtigkeit, warum blieb der Befall lokal so eng begrenzt geblieben und war er vielleicht im Holz sogar schon abgestorben?
Um diese Fragen zu klären, erfolgten vollständige Freilegungsarbeiten an allen 5 Balkenköpfen sowie am Fußboden der Loggia. Dabei wurde Folgendes festgestellt:

- Auch auf dieser Loggia war der Fußboden, bestehend aus dem bekannten Ziegelsplittbeton, entlang der Außenwand mit Myzelen durchwachsen.
- Die anderen Balkenköpfe waren nur leicht befallen bzw. geringfügig geschädigt; der Befall erstreckte sich nur auf wenige Zentimeter des Kopfes.
- Auffällig war, dass der Streichbalken durch das Außenmauerwerk vollständig durchgeschoben war und an der Stirnseite Kontakt mit den Estrich und dem Ziegelsplittbeton hatte; die anderen Balkenköpfe waren von diesem durch einen halben Ziegelstein getrennt.

Aufgrund des auffälligen, muffigen Geruchs des freigestemmten Ziegelsplittbetons wurden Materialproben entnommen und mittels DARR-Methode der Gehalt an Feuchtigkeit ermittelt. Dabei wurde für die Ziegelbruchstücke eine relative Feuchte von 4,0 % und ein Durchfeuchtungsgrad von 25 % festgestellt.
Dies wurde für einen Zeitraum von rund 3 Jahren nach Herstellung der oberseitigen Abdichtung des Fußbodens der Loggia für relativ hoch bewertet und es lag die Vermutung nahe, dass der gesamte Fußboden mit einer Stärke von rund 20 – 25 cm beim Aufbringen der Abdichtung nicht vollständig durchgetrocknet war. Feuchtigkeitsmessungen oder sonstige Hinweise auf den Feuchtegehalt des Fußbodens lagen nicht vor. Jedoch fand sich in einem Protokoll vom Dezember 2014 der Hinweis auf eine Blasenbildung der Kunststoffabdichtung. Damit war relativ sicher anzunehmen, dass der Ziegelsplittbeton, der ursprünglich nur über eine glatte geriebene Estrichoberfläche als Abdichtung verfügte, zum Zeitpunkt der Sanierung stark durchfeuchtet gewesen sein muss und nach Auftrag der Abdichtung nicht mehr nach oben austrocknen konnte.

Bild 20 Blick von innen in die Auflage des Streichbalkens, Durchsicht bis auf den Estrich und nach außen nach Putzentfernung

Bild 21 Ziegelsplittbeton vor dem Balkenkopf mit Myzel durchwachsen

Und damit war auch die Ursache der Befeuchtung des Balkenkopfes des Streichbalkens in der oben beschriebenen Einbauweise und auch die lokale und zeitliche Begrenzung des Befalls mit nachvollziehbar.

Durch den direkten Kontakt des Balkenkopfes mit dem feuchten Estrich/Ziegelsplittbeton muss es zu einer erhöhten Holzfeuchtigkeit und damit zum Befall mit Echtem Hausschwamm gekommen sein. Die neu eingebaute (lackierte) Dielung und insbesondere das auf ihr stehende bodentiefe Regal aus kunststoffbeschichteten Platten verhinderten die Austrocknung des Balkenkopfes und führten damit zu der festgestellten Schädigung. Nachdem im Laufe der Zeit der Ziegelsplittbeton seine Feuchtigkeit an die Umgebung abgegeben hatte, sank auch die Holzfeuchtigkeit und der Befall mit Echtem Hausschwamm kam zum Stillstand. Es wurde sogar spekuliert, dass es ohne die dichte Abdeckung der Dielung durch das Regal erst gar nicht zu einem sichtbaren Befall an der Oberseite der Dielung gekommen wäre.

## 3 Bekämpfung und Sanierung

Aufgrund des Wunsches der Wohnungseigentümer nach einem möglichst minimalen Eingriff in die Bausubstanz wurde bei der Instandsetzung der Holzbalkendecken auf die Einhaltung der Sicherheitsbereiche beim Rückschnitt der Holzbalken und der Behandlung des Mauerwerks verzichtet. Dazu wurde eine Vereinbarung zum Gewährleistungsausschluss erarbeitet. Grundlage dieser Entscheidung war das Wissen um die Rolle der Feuchtigkeit für das Wachstum von Pilzen in Gebäuden. Die optimale Holzfeuchtigkeit für den Hausschwamm liegt anfangs bei 30 – 40 %, später bei 40 – 60 %. Das Minimum für den Anfangsbefall beträgt sehr vorsichtig geschätzt 25 %, das Maximum liegt bei über 90 %. Und wie die Untersuchungen von Dr. Tobias Huckfeldt gezeigt haben, stirbt der Echte Hausschwamm bei Entzug der Feuchtigkeit nach 2 – 3 Jahren ab [4].
Damit ist der dauerhafte Entzug der Feuchtigkeit die wichtigste Maßnahme einer Bekämpfung.
Zur Instandsetzung der Holzbalken wurden lediglich die nicht mehr tragfähigen Abschnitte entfernt und eine Balkenkopfsanierung mit U-Trägern aus Glasfaserverstärktem Kunststoff (GFK) durchgeführt. Dadurch wurde eine Trennung der Holzbauteile vom Mauerwerk erreicht und gleichzeitig die Bildung von Wärmebrücken im Gegensatz zu Stahlträgern verhindert.
Durch die abschnittsweise Instandsetzung der Balkenköpfe gelang es, die Schalung der Holzbalkendecken und damit die Deckenunterseiten der Wohnungen im 1. OG vollständig zu erhalten.

Bild 22 Rückschnitt nur soweit nicht mehr tragfähig

Bild 23 Anlaschung mit GFK-U-Trägern

Bild 24 Ansicht von außen mit Doppellasche

Bild 25 „Scheibchenweiser" Rückschnitt

Bild 26 Streichbalken mit GFK und Füllholz

Bild 27 dto. Von außen gesehen

D.h., dass auch Holzbauteile (Schalung) mit einem leichten Bewuchs von Myzelen (die natürlich mechanisch entfernt wurden) im Gebäude verblieben sind. Zusätzlich erfolgte eine Behandlung mit einem geprüften und zugelassenen Holzschutzmittel mit Prüfprädikat P und IV auf Lösemittelbasis.
Trotz dieser Abweichung von der Regelsanierung der DIN 68 800 Teil 4 besteht im Normalfall keine Gefahr des Weiterwachsens oder Wiederauflebens des Befalls, da die Holzbauteile ohne Kontakt zu Mauerwerk oder anderen Feuchtequellen ständig trocken bleiben [2].

Das Mauerwerk wurde überwiegend von außen, partiell auch von innen, nach Rückbau des Estrichs und eines Teils Ziegelsplittbetons mit Schwammsperrmittel im Injektionsverfahren behandelt. Dabei erfolgte die Behandlung nur oberhalb des Fußbodens. D.h., auch in diesem Falle wurde von der Regelsanierung nach Norm abgewichen. Bei der Behandlung wurde festgestellt, dass das Mauerwerk insgesamt trocken war und sich die gesamte Feuchtigkeit nur im Ziegelsplittbeton gesammelt hatte.

Damit war auch nachträglich erklärlich, dass auch im 1. Schadensfall in der linken Wohnung die Restfeuchtigkeit im Ziegelsplittbeton Ursache für dessen vollständiges Durchwachsen mit Myzelen war.

## 4 Die Schuldfrage oder wer trägt die Kosten?

Wie bereits dargestellt, war der für Planung und Bauleitung beauftragte Architekt selbst Sachkundiger für Holzschutz am Bau und hatte natürlich während der Bauphase die Holzbauteile des Gebäudes auf Befall kontrolliert. Daher ist davon auszugehen, dass es zum damaligen Zeitpunkt keinen sichtbaren Befall an den Holzbalkendecken gab und beide Befallsbereiche erst nach der Sanierung aufgetreten sind.

Abgesehen von der mit Sicherheit vorhandenen Restfeuchte im Ziegelsplittbeton des Fußbodens ist im Fall der linken Wohnung das Eindringen von Niederschlagswasser über nicht vorhandene bzw. nicht fachgerechte Abdichtungen der verbliebenen Holzschwelle als Ursache für den Befall anzusehen. Im Übrigen war diese Holzschwelle die einzige an allen 4 Loggien des Gebäudes, die außen lag.
Dafür machte der Sachverständiger der Versicherung vorrangig den Architekten verantwortlich, der bei seiner beauftragten Bauüberwachung diesen Schwachpunkt hätte erkennen und beseitigen müssen. Eine Mitschuld gab er jedoch den ausführenden Firmen, die alle mit der Holzschwelle im Rahmen Ihrer Gewerke Berührung hatten.

Er quotelte die Kosten wie folgt:

- VN (Architekt) 20% Planung und 20% Bauüberwachung
- Dachdecker (Abdichtung) 30%
- Tischler 15%
- Bauunternehmer (Putzleibungen) 15%

Anders verhielt es sich beim Befall an der Wohnung rechts. Die beschriebene bauliche Situation mit dem durch die Außenwand durchgesteckten Streichbalken war während der Sanierungsarbeiten trotz Rückbaus der Dielung nicht erkennbar. Um hierüber Kenntnis zu erlangen, hätten im Vorfeld der Sanierungsplanungen und -arbeiten erforschende Bauteilöffnungen vorgenommen werden müssen, zum Beispiel im Rahmen von Grundlagenermittlungen im Umfang der Leistungsphase 1 der HO AG. Damit war der Architekt jedoch nicht beauftragt. Ebenso gab es bis zum Zeitpunkt der Blasenbildung der neuen Abdichtung keinerlei Hinweise auf einen erhöhten Feuchtigkeitsgehalt im Innern der Fußbodenplatten. Selbst bei Kenntnis über das Vorhandensein von Restfeuchtigkeit in den Fußbodenplatten ist bei einer normalen Einbausituation der Holzbalkenköpfe keine Gefährdung abzuleiten. Der damit entstandene Befall mit Echtem Hausschwamm am Streichbalkenkopf war damit als eine „unglückliche Verkettung widriger Umstände“ zu bewerten, für die der Architekt nicht haftbar gemacht werden konnte. Damit wurden die Sanierungskosten im 1. Fall im Wesentlichen durch die Haftpflichtversicherungen gedeckt. Im Fall der rechten Wohnung jedoch verblieben diese bei den Wohnungseigentümern.

## 5 Resümee

Die Unterschiedlichkeit der Befallsursachen und der Verantwortlichkeiten in diesen beiden Fällen zeigt auf, dass man als Sachverständiger auch mit über 25 Jahren Berufserfahrung und Umgang mit Echten Hausschwamm nicht vor Überraschungen gefeit ist.
Es zeigt auf, dass, wie so oft, „der Teufel im Detail steckt“ und man bei der Erkennung von Schwachstellen mit möglichen Spätfolgen nicht gründlich genug sein kann.
Der Echte Hausschwamm, im Jahre 2004 von der Deutschen Gesellschaft für Mykologie nicht ohne Grund zum „Pilz des Jahres“ gekürt, hat wieder einmal gezeigt, dass mit ihm immer und überall und in den unmöglichsten Situationen zu rechnen ist. Er ist und bleibt der Vertreter der Hausfäulepilze mit dem höchsten Gefahrenpotential und sollte niemals unterschätzt werden. Jedoch besteht kein

Anlass ihn zu fürchten, wenn man seine Lebensweise beachtet. Denn er ist besiegbar!

## Literaturverzeichnis

[1] 1241. Meschede, Franz. Zur Naturgeschichte des Hausschwammes. (XXXIX. Jahresber. d. westfäl. Prov.- Vereins f. Wissensch. u. Kunst, 1910/11, ersch. 1911, p. 138–146.)

[2] DIN 68800 „Holzschutz“
Teil 1 „Allgemeines“ (Oktober 2011)
Teil 2 „Vorbeugende bauliche Maßnahmen im Hochbau“ (Februar 2012)
Teil 3 „Vorbeugender Schutz von Holz mit Holzschutzmitteln“ (Februar 2012)
Teil 4 „Bekämpfungs- und Sanierungsmaßnahmen gegen Holz zerstörende Pilze und Insekten“ (Februar 2012)

[3] WTA-Merkblatt 1-2-05/D: „Der Echte Hausschwamm - Erkennung, Lebensbedingungen, vorbeugende Maßnahmen, bekämpfende chemische Maßnahmen, Leistungsverzeichnis“, herausgegeben vom WTA - Wissenschaftlich-Technischer Arbeitskreis für Denkmalpflege und Bauwerkssanierung e.V.

[4] Huckfeldt / Schmidt: „Hausfäule- und Bauholzpilze“, Rudolf Müller Verlag 2005

# Problemfall Holzbalkon – Planung und Schadensvermeidung

*U. Arnold, Castrop-Rauxel*

## Zusammenfassung

Holzbalkone haben eine lange Ausführungstradition. Gegenüber früher wird heute aber meist mehr Splintanteil an Kanthölzern belassen. Weiterhin sind biozide Wirkungen von Holzschutzmitteln und Anstrichen gegenüber früher heute weniger gewünscht und weniger intensiv. Die Luftqualität hat sich in den letzten Jahrzehnten verbessert. Das bedingt bessere Lebensgrundlagen für holzzerstörende Organismen. Mit den Fachregeln des Zimmererhandwerks wurde dagegen eine sehr gute Arbeitshilfe verfasst, um den baulichen Holzschutz zu verbessern. Leider ist in der Praxis immer noch zu beobachten, dass diese und andere Richtlinien zum Baulichen Holzschutz selbst bei aktuell neu hergestellten Balkonanlagen nur mäßig umgesetzt werden. Die Umsetzung bringt Konstruktions- und finanziellen Aufwand mit sich. Die Dauerhaftigkeitseinstufung der Holzarten Kiefer und Douglasie nach DIN EN 350 erscheint für den Praxisgebrauch weniger sinnvoll, als die Angaben aus DIN 68800-1. Zwischen theoretischem Anspruch und praktischer Umsetzung besteht leider oft eine Diskrepanz. Ursächlich hierfür scheinen bestimmte Gestaltungsvorstellungen, (kurzfristige) Kostenerwägungen und Fehleinschätzungen von Feuchtebelastungen zu sein.

## 1 Entwicklung der Holzqualität und Oberflächenverfahren in den letzten Jahrzehnten

Holzbalkone haben eine lange Tradition. Insbesondere im süddeutschen Raum und in der Bäderarchitektur an der norddeutschen Küste sind Balkone traditionelles Gestaltungsmittel an Gebäuden. Bis vor wenigen Jahrzehnten wurden hierzu oft bessere Holzqualitäten als in den letzten Jahrzehnten verwendet. Das

Herstellen von Kanthölzern ist in den letzten Jahren immer industrialisierter erfolgt. Dabei wird der Baumquerschnitt möglichst optimal ausgenutzt. Als Folge verbleibt oft eine große Splintholzzone am Kantholz. Auch bei den Reifholzarten Fichte (*Picea abies*) und Tanne (*Abies alba*) wird so mehr gar nicht dauerhafter Splint als früher verbaut, auch wenn er optisch nicht vom Stamminneren zu unterscheiden ist. An den norddeutschen Küsten wurde im 19. Jhd. besonders Nadelholz-Waldwirtschaft betrieben [1]. Das bedeutet für die Sandbodenregion vorwiegend Kiefernbäume (*Pinus sylvestris*). Deren Kernholz ist etwas dauerhafter als beispielsweise Fichtenholz, wie es heute als verbreitetes Bauholz Verwendung findet. In der Bäderarchitektur ist Kiefernholz, bei bewitterten Bauteilen auch nordamerikanische „Yellow-Pine" (wohl Pitch Pine (Dauerhaftigkeitsklasse 3), eventuell auch Weymouths-Kiefer (*Pinus strobus*, Dauerhaftigkeitsklasse 4) und andere Holzarten wie „Zypresse, Zeder, Eiche" in Schriftquellen dokumentiert. [2] An einigen, jedoch nicht allen, historischen Außenbauteilen ist damit zu erwarten, dass früher dauerhaftere Holzarten als Fichte eingesetzt wurden.

Wenn deckende Beschichtungen ausgeführt wurden, wurden früher traditionell Ölfarben verwendet. Diese enthielten häufig Bleiweiß als Pigment, Zinkoxide und Titanweiß kamen erst um 1900 bzw. 1916 auf. [3] Farben, die mehr als 2% Bleiverbindungen enthielten wurden erst 1930 nur für Innenanstriche verboten. [4] An Balkonen ist also auch nach 1930 noch mit hohen Bleianteilen in deckenden Beschichtungen zu rechnen. Blei als Sikkativ wurde erst später durch andere Schwermetalle, wie Kobalt völlig abgelöst. Diese Schwermetalle haben mit Sicherheit hemmend auf holzzerstörende Organismen gewirkt. Außerdem haben Ölfarben ein verträglicheres Abwitterungsverhalten als die später aufgekommenen Alkyd- und Acrylatfarben. Bei den neueren Farbsystemen kann durch ungleichmäßige Abwitterung an Fehlstellen der Beschichtungsfilm hinterfeuchten und somit können leicht Folgeschäden entstehen.

Auch bei den gezielt als Holzschutzmittel eingesetzten Stoffen hat es in den letzten Jahren Veränderungen gegeben. Bis etwa 2006 und darüber hinaus war es üblich Holzbalkone mit lösemittelhaltigen Holzschutzmitteln im Anstrichverfahren zu schützen. Die Zulassungen des DIBt wurden erst danach (22.12.2008) von Gefährdungsklasse (GK) 1 - 3 auf GK 1 - 2 eingeschränkt. Einzelne Hersteller haben in ihren technischen Merkblättern bereits vorher für GK 3 kein Anstrichverfahren mehr ausgelobt. Nachvollziehbar ist dieser Wechsel, weil selbst lösemittelhaltige Präparate nur eine begrenzte Eindringtiefe im Streichverfahren aufweisen. Die Effektivität eines solchen Holzschutzmittelanstrichs ist also gegenüber einer Trogtränkung oder gar einer Drucktränkung geringer. Auch aktuell sind keine Holzschutzmittel mehr zum Anstrich für gewerbliche Anwender

an tragenden Bauteilen in der GK 3 verfügbar. Einzelne BAuA-Zulassungen nach Biozidverordnung [5] enthalten zwar den Anwendungsbereich GK 3, in der Regel schließen die Hersteller jedoch entweder in den zulassungsrelevanten Angaben oder im technischen Merkblatt die Verwendung an tragenden Teilen aus. Sollte dennoch ein Mittel zukünftig ohne solche Einschränkungen in GK 3 zugelassen sein, ist es aus technischen Erwägungen nach der Kürzung der DIBt-Zulassungen 2008 fragwürdig, ob solche Produkte anerkannte Regeln der Technik erfüllen würden.
Weiterhin ist gegenüber früher die Luftverschmutzung zurück gegangen [6]. Diese grundsätzlich sehr positive Entwicklung geht damit einher, dass mikrobiologischer Befall an Außenbauteilen weniger durch Luftinhaltsstoffe und deren Ablagerungen gehemmt wird.
Zusammenfassend ergibt sich, dass die Holzqualität selbst und die geplanten (Holzschutzmittel) und ungeplanten (Anstrichstoffe) chemischen Behandlungen über die letzten Jahre in ihrer Effektivität gegen Organismen nachgelassen haben. Gleichzeitig haben sich die Umweltbedingungen so verändert, dass es den Organismen leichter wird Holz zu befallen.

## 2 Entwicklung der bautechnischen Regelwerke und der Konstruktionsweisen in den letzten Jahrzehnten

Neben der zuvor genannten Entwicklung bei den Holzschutzmitteln haben sich auch andere wichtige technische Regeln geändert.
Bis zur Wiedervereinigung war in der ehemaligen DDR an außen verbauten Holzkonstruktionen neben baulichen Maßnahmen grundsätzlich ein chemischer Holzschutz vorgesehen. Eine TGL für vorbeugenden Schutz gab es nur für Rohholz, nicht für das Bauwesen. Chemisch vorbeugender Holzschutz war jedoch auf Grundlage von Gesetzen und Verordnungen vorgeschrieben, z. B. [7] [8]. Lediglich in [9] wird für Holz zur Verwendung im Freien erwähnt, dass Robinienholz nicht zu imprägnieren sei und Eichenholz von einer Imprägnierung ausgeschlossen werden kann. In der BRD regelte die Normreihe DIN 68800 zwar auch immer bauliche Holzschutzmaßnahmen für Außenbauteile [10] [11] [12], genauso wurde jedoch immer wieder auch chemisch vorbeugender Holzschutz [13] [14] [15], gefordert. Erst mit der aktuell gültigen Fassung von DIN 68800 wird unter bestimmten Umständen auch für Außenbauteile ein Verzicht auf chemisch vorbeugenden Holzschutz, unabhängig von der verwendeten Holzart postuliert (GK 0) [16] [17].
Entgegen dieser Normvorgaben wurde bereits vor 2012 häufig wenig natürlich dauerhaftes Holz wie Fichte lediglich mit dekorativen Farblasuren und Farbbe-

schichtungen, die häufig nicht die unter 1 dargestellten bauaufsichtlichen Zulassungen aufwiesen, verbaut.
Der Bund Deutscher Zimmermeister hat 2007 eine Fachregel herausgebracht, die sich der Thematik annahm [18]. Anlass waren immer wieder auftretende Schadensfälle und das Bestreben Unterstützung bei der Anwendung baulicher Maßnahmen zu geben. Überflüssigerweise wurde neben den Nutzungsklassen (NKL) und Gefährdungsklassen (GK) parallel sogenannte Schutzklassen (SKL) eingeführt. Die Verwendung der Holzarten Douglasie (*Pseudotsuga menziesii*), Lärche (*Larix* sp) und Eiche (*Quercus* sp) wurden dort als *„üblich"* in allen Anwendungsklassen bezeichnet. Hinweise auf Splintholz, Dauerhaftigkeitsklassen usw. erfolgten nicht. Für Beläge wurden zusätzlich Afzelia, Bangkirai, Bongossi und Teak als üblich genannt. Nur als Verschleißteil und nicht direkt bewittertes Bauteil wurden auch Kiefernbeläge gestattet. In diesem Regelwerk wurde erstmals ausdrücklich hervorgehoben, dass manche Bauteile als Verschleißbauteile konstruiert werden können. Ungeschützte, nicht abgedeckte Bauteile aus Kiefer, Fichte und Tanne mussten nach der Fachregel *„behandelt"* werden. Damit war offenbar eine chemisch vorbeugende Holzschutzmittelbehandlung gemeint. Neben der Einführung von Verschleißteilen war als wirklich sinnvolle Unterstützung etliches zu Konstruktionsdetails mit Abdeckungen, Abstandhalten (mind. 6 mm), Ablaufschrägen usw. dargestellt. Acht Jahre später erschien die, aktuell gültige, Überarbeitung der Fachregel [19]. Die Doppelregelung Schutzklasse ist sinnvollerweise entfallen. Positiv ist, dass auf Farbveränderungen an außen verbautem Holz eingegangen wird. Erfahrungsgemäß haben viele Verbraucher hier den Bezug zum Naturprodukt Holz verloren. Typische Veränderungen darzustellen ist somit sinnvoll. Die Darstellung sollte genutzt werden, um bereits vor Vertragsschluß den Besteller zu informieren.
Bezüglich der Einbaufeuchte von Laubholz wurde bei größeren Querschnitten 25% toleriert. Das ist eine Anpassung an die Realitäten, weil großformatige Laubhölzer sehr schwierig technisch zu trocknen sind. Holzschutztechnisch wäre das Einhalten von 20% sinnvoller. Andererseits ist an bewitterten Bauteilen über das Jahr ohnehin mit Holzfeuchten zwischen etwa 12 bis 24% zu rechnen. VOB DIN 18334 [20] ist dieser Aufweichung der Vorgaben 2016 ebenfalls gefolgt. In Gebrauchsklasse 3.2 - 5 (bewittert mit Feuchteanreicherung) gilt auch die Vorgabe zu maximal 20% Einbaufeuchte aus DIN 68800-2:2012 [16] nicht mehr. 25% Holzfeuchte bewegen sich in Größenordnung der Fasersättigung bei Eichenholz. Deshalb ist es anzustreben möglichst trockenere Ware einzubauen, was tatsächlich aber nicht immer gelingen kann. Zu beachten ist auch, dass die Festigkeitssortierung weiterhin auf 20% Bezugsfeuchte abstellt. Einschränkungen der Laubholzarten für tragende Verwendung sind in der neusten Fassung

von DIN 20000-5 [21] entfallen. Demgemäß sind alle Laubhölzer, für die eine Festigkeitsklasse gemäß nationalen Sortierregeln in Verbindung mit DIN EN 338 [22] und DIN EN 1912 [23] festgelegt werden kann, tragend einsetzbar. Für Balkonkonstruktionen muss jedoch außerdem überprüft werden, ob die natürliche Dauerhaftigkeit nach DIN EN 350 [24] und insbesondere DIN 68800-1 [25] in der vorliegenden Gebrauchsklasse ausreicht.
Verbessert wurde die Fachregel des Zimmererhandwerks auch dahingehend, dass nun bezüglich der Dauerhaftigkeit von Holzarten ausdrücklich Kernholz genannt wird. Als weitere positive Konstruktionsregeln werden genannt:

- Mind. 10 mm Überdeckung von Stabdübeln an der bewitterten Holzseite
- Mind. 2% Neigung von horizontalen Unterböden (Ausnahme Beläge)
- Abdeckung von Hirnholzflächen
- Zimmermannsmäßige Verbindungen (=große Pressfugen, Sacklöcher) nur in GK 0 – 1
- Hinweis, dass verletzte Beschichtungsfilme die angestrebte Feuchteschutzfunktion umkehren können
- Hinweis, dass dunkle Farben die Rissneigung verstärken
- Vorgabe zur Kantenrundung bei Beschichtungen ab GK 3.1 (Wobei aus sachverständiger Sicht zu hinterfragen ist, warum nicht generell eine Kantenrundung für filmbildende Beschichtungen gefordert wird)
- Grundregel für Stützenfüße mit 300 mm Spritzwasserhöhe, jedoch aufgeweicht wie in DIN 68800-2
- Mind. 20 mm Tropfkantenüberstand bei Abdeckungen
- Abdichtung von Durchdringungen der Abdeckungen an Verschraubungen
- Hinweis, dass Belagsbretter keine *„Barfußdielen"* sind
- Hinweis, dass die Rutschsicherheit der Dielen durch Riffelnuten nicht erhöht wird (dieser Sachverhalt wurde von der Holzforschung Austria überprüft und z. B. in [26] veröffentlicht)
- Diverse Hinweise zur Planung von Belagsfugen
- Mind. 20 mm Abstand zwischen Unterkante Geländerpfosten und Belag
- Abtropfkante bzw. Schrägstellung von Abdeckbrettern der Umwehrung, wenn diese keine Verschleißteile sind
- Hinweise zu Inspektion, Wartung, Reinigung, Vermeidung von Feuchteanreicherungspunkten unter Blumenkübeln usw.

Verbesserungspotenzial sieht der Vortragende jedoch bei einigen anderen Regelungen:

- Vertikale Fugen zwischen bewitterten Bauteilen mit mindestens 6 mm Abstand ausbilden. (Aus sachverständiger Sicht ist fraglich, ob nur 6 mm

Fugenbreite wirklich dauerhaft Feuchteanreicherungen vermeiden können, weil diese schmalen Spalte schnell verschmutzen.)

- Unter Abb. 5 ist im Regelwerk eine Anschlussvariante dargestellt, die leicht zu Schmutzanreicherungen mit daraus folgenden GK 4 – Bedingungen führen kann.

Auch die etwas dezent dargestellten Hinweise, dass Farbkernholz erforderlich ist, um der Gebrauchsklasse angepasst natürlich dauerhafte Holzarten einzusetzen, sind etwas unbefriedigend. Inhaltlich wird klar und richtig erwähnt, dass lediglich der Farbkern von dauerhaften Holzarten dauerhaft ist, das geschieht jedoch z. B. in Form einer Fußnote zu einer Tabelle anstatt in der Tabelle selbst.
Insgesamt ist die Fachregel des Zimmererhandwerks eine sehr gute und nützliche Planungshilfe. Leider findet man in der Praxis selten Objekte bei denen die Regeln zum Feuchteschutz umfassend umgesetzt sind.
DIN EN 350 bedarf in ihrer neusten Fassung [24] ebenfalls einer kritischen Betrachtung. Es wurde die Chance verpasst in die Normüberarbeitung eine gesonderte Prüfbewertung für GK 3 Situationen einzufügen. Möglicherweise weil sowohl die bisher wissenschaftlich verwendeten, unterschiedlichen Freiland-Prüfverfahren als auch die Einwirkungen von zu vielen nicht vollständig beherrschbaren Parametern abhängig sind.
In GK 3 und 4 ist das Kernholz europäischer Stiel-/Trauben-Eiche (*Q. robur*, *Q. petraea*) auf Basis von DIN EN 350:2016-12 etwas differenzierter zu betrachten als nach der Vorgängerfassung DIN EN 350-2:1994. Neben einer einzelnen Bewertungsstufe, die im Wesentlichen auf Erdkontakt abzielte, werden nun für manche Holzarten zwei Bewertungsstufen der Dauerhaftigkeitsklasse (DC) angegeben. Für die Erdkontaktsituation wird nun bei Eiche die Klasse 2-4 angegeben. Für die Dauerhaftigkeit gegen Basidiomycota (i. d. R. auf Basis von Laborversuchen) dagegen die Dauerhaftigkeitsklasse 1-2. Für die GK 2 und 3.1 ist es damit gut vertretbar, sich auf die Dauerhaftigkeitsklasse 1-2 zu berufen. So ist Eichenkernholz ohne Erd- und Spritzwasserkontakt weiterhin auch gemäß EN 350 als geeignet anzusehen. In der GK 3.2 ist mit der neuen Fassung von EN 350 ein Grenzbereich entstanden, der mit einer individuellen Risikobewertung betrachtet werden muss. Aufgrund der Erfahrung erscheint es dem Unterzeichnenden vertretbar auch in GK 3.2 weiterhin Eichenkernholz als geeignet zu betrachten. Tatsache ist jedoch, dass es auch früher gelegentlich Frühausfälle in GK 3.2 Bedingungen gab. Solche Frühausfälle waren in GK 4 Bedingungen deutlich häufiger. Auf Basis dieser Erfahrung ist nachvollziehbar, dass für die Erdkontaktbedingungen in EN 350 nun die Klasse DC 2-4 angegeben wird.

Für den planenden Ingenieur ist diese Aussage jedoch nicht mehr zu gebrauchen. Die Spanne über drei Dauerhaftigkeitsklassen lässt es gar nicht mehr sinnvoll erscheinen etwas anderes als die schlechteste DC 4 anzunehmen. Entsprechendes wird in DIN EN 350 und DIN 68800-1 auch empfohlen. Für Baukonstruktionen in GK 4, die länger als eine Hand voll Jahre gebrauchstauglich bleiben sollen, ist Eichenkernholz damit weiterhin praktisch ausgeschieden. Für untergeordnete Konstruktionen ist es jedoch unter Akzeptanz von einigen Frühausfällen als Option zu sehen. Zur Risikominimierung ist es erforderlich bei bewitterten Bauteilen sämtliche Splintholzreste abzuschälen und Fauläste oder offensichtlich nicht richtig verkerntes Holz (Mondringe) herauszukappen.
Als Ingenieur kann man auch die Angaben zu Kiefer (*Pinus sylvestris*) und europäischer Douglasie (*Pseudotsuga menziesii*) nicht mehr ernst nehmen. Hier wird gegen Basidiomycota die Klasse 2-5 bzw. 3-5 angegeben (Markiert in Tabelle 1). Ingenieurtechnisch also in der Regel DC 5. Jedem, der mit Holz arbeitet ist jedoch bewusst, dass das Kernholz von Kiefer und Douglasie dauerhafter als der Splint und dauerhafter als das Reifholz von Fichte und Tanne ist. Die Europanorm gibt hier die Streubreite des Naturprodukts wieder. Vermutlich sind auch deutsche Freilandversuche [z. B. 27] in die Neubewertung eingegangen. Bei diesen Versuchen hat sich Lärchenkern verglichen mit Kiefer- und Douglasienkern als dauerhafter im Doppellagentest erwiesen. Eine so drastische Herabstufung gegen Basidiomycota in der Neufassung von EN 350 ist jedoch nach Ansicht des Vortragenden nicht mit dem deutschen Freilandtest zu begründen. Auch die Wissenschaftler, die diesen Test durchgeführt haben, kommen zu einem Fazit, das nicht wirklich mit der Basidiomycota-Bewertung aus EN 350 übereinstimmt. Aus sachverständiger Sicht wird empfohlen sich eher an der Tabelle 5 zu bewährten Kernholzarten- und Gebrauchsklassen aus DIN 68800-1:2011-10 [25] zu orientieren. Es wird jedoch in Erinnerung gerufen, dass die natürliche Dauerhaftigkeit eine relative Größe mit einer gewissen Streubreite ist [28].
Die wesentliche Herausforderung ist, Außenbauteile so zu konstruieren, dass keine Feuchteanreicherungspunkte entstehen.

Tabelle 1 Gegenüberstellung der Dauerhaftigkeitsklassen nach EN 350 und der Verwendungsmöglichkeiten in Gebrauchsklassen nach DIN 68800-1 von Kernholz wichtiger Baumarten.

| **Handelsname** | **Wiss. Name** | **Herkunft** | **DC Erdkontakt** | **DC Basidiomyzeten** | **Nach DIN 68800-1 Einsatz möglich in GK** |
|---|---|---|---|---|---|
| Tanne | *Abies alba* | Europa, Nordamerika | 4 | 4 | 0 |
| Lärche | *Larix dcidua* | Europa, Japan, Hybrid | 3-4 | 3-4 | 0, 1, 2, 3.1 |
| Sibirische Lärche | *Larix sibirica* | Sibirien, Russland | 3-4 | 3 | >700 $kg/m^3$ DC 3 (→ 0, 1, 2, 3.1, 3.2) |
| Achtung: nicht zu empfehlen, weil Raubbau an Urwäldern wahrscheinlich und Rohdichteziel > 700 $kg/m^3$ fragwürdig | | | | | |
| Fichte | *Picea abies* | Europa | 4 | 4-5 | 0 |
| Kiefer | *Pinus sylvestris* | Europa | 3-4 | 2-5 | 0, 1, 2 |
| Douglasie | *Pseudotsuga menziesii* | Kultiviert in Europa | 3-4 | 3-5 | 0, 1, 2, 3.1 |
| Eiche | *Quercus robur, Q. petraea* | Europa | 2-4 | 1-2 | 0, 1, 2, 3.1, 3.2 |

## 3 Gebaute Praxis

Die Grundregeln zum Baulichen Holzschutz sind lange bekannt und wurden in den letzten Jahren allgemein und in Bezug auf Balkonbauwerke weiter untersucht und verfeinert. Dennoch findet man in der Praxis auch heute noch Konstruktionslösungen, die nur begrenzt oder gar nicht die Möglichkeiten des baulichen Holzschutzes umsetzen. Es gestaltete sich schwierig positive Beispielfotos für diesen Beitrag zu finden, während Negativbeispiele massenweise im Archiv zu finden waren.

Immer noch wird in großen Mengen Fichtenholz oder splinthaltiges Farbkernholz verwendet.

Im Holzbau sind die üblichen Konstruktionsknoten so ausgebildet, dass Druckkräfte über unmittelbaren Bauteilkontakt weitergeleitet werden. In der Praxis ist zu beobachten, dass die Pressfugen zwischen den Hölzern häufig nicht bewusst minimiert werden. Folgend werden einige typische, aktuell zu findende Beispiele dargestellt.

### Anordnung unter Dach

Eigene Balkonüberdachungen oder weit vorkragende Ortgänge können einen Witterungsschutz bieten. Hier ist -außer in der windreichen Küstennähe- die 60°-Regel bewährt, um zu bestimmen welche Zonen bei üblichen Regenereignissen geschützt liegen (Bild 1).

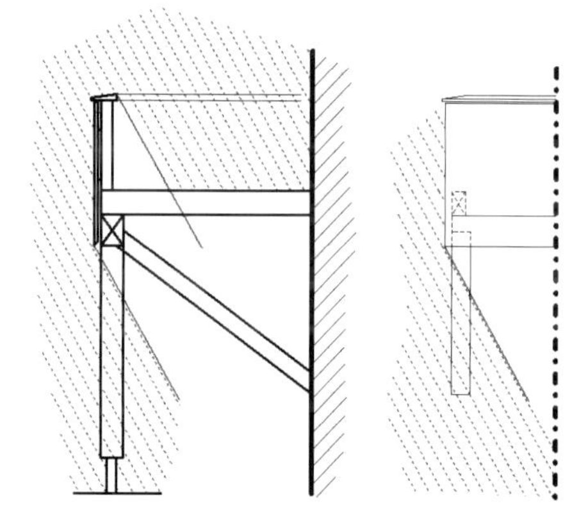

Bild 1 Schematische Darstellung der 60°-Regel. Zu beachten ist, dass der Regen nicht immer aus der gleichen Richtung kommt. So kann die Strebenkonstruktion wie in der rechten Ansichtsdarstellung (um 90° gedrehte Perspektive) von seitlich angreifendem Regen stark benässt werden.

Häufig wird der gewünschte Effekt in der Praxis überschätzt.
So war im Beispiel auf Bild 2 ein Balkon unter vorgezogenem Freigespärre in Höhe von 4 Geschossen über Gelände zu begutachten.

Bild 2 Der linke dargestellte Balkon war zu begutachten, weil Schäden aufgefallen sind.

Es fiel auf, dass die Schäden an den durch die Außenwand als Kragträger durchbindenden Deckenbalken in Korrelation zur Regenschutzwirkung des Freigespärres stehen (Bild 3 und 4).

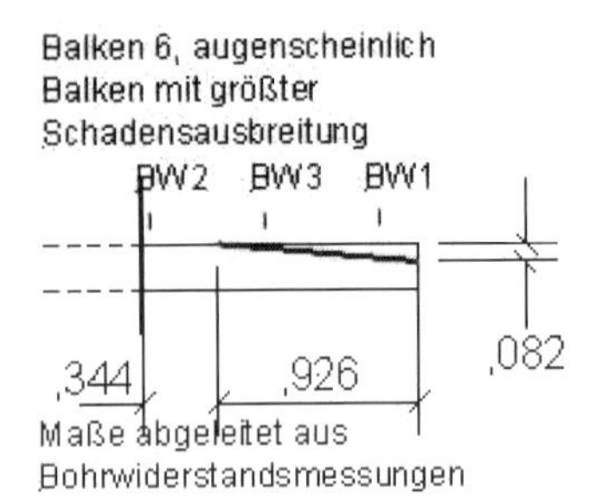


Bild 3 Schnittskizze der am weitesten reichenden Fäulniszone an der Balkenoberseite (oben) und Abgrenzung der Fäulniszonen an den Balkenköpfen, korrelierend zum Dachüberstand (unten)

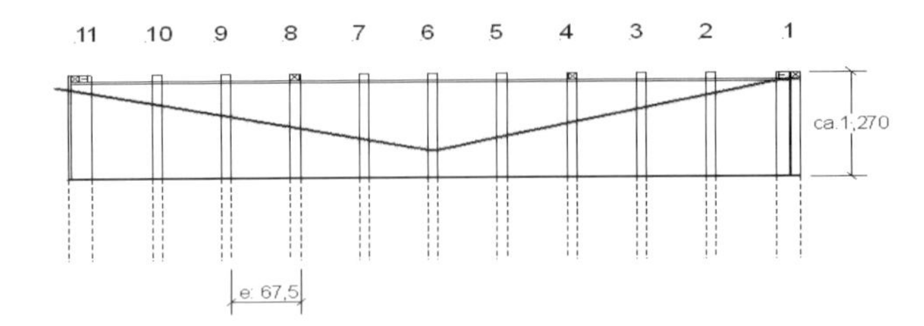

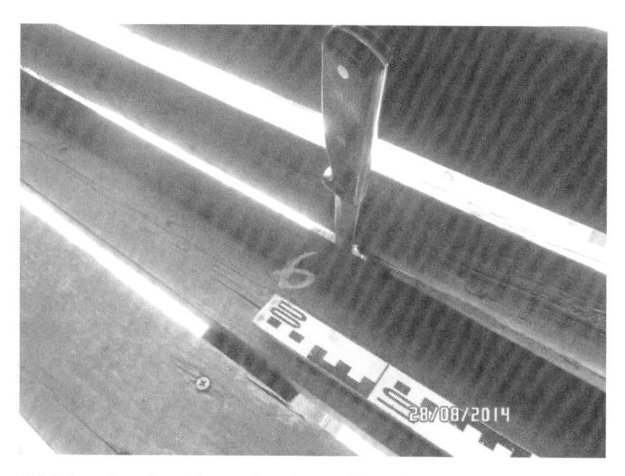


Bild 4 An der Oberseite des Balkenkopfs war das Holz bereits zerstört. Auffällig ist, dass zwischen Dielenbelag und Balken keinerlei Abdeckungen oder Abstandhalter angeordnet sind.

Zu bemerken ist auch, dass es sehr ungünstig ist, nach außen durchbindende Deckenbalken zu verwenden. Die Bauteile bedingen einen planmäßigen Schwachpunkt indem sie die bauphysikalische Gebäudehüllfläche durchdringen (Konvektion). Wenn sie repariert werden müssen, sind regelmäßig die Balkenlagen am Auflager und im Innenraum von der biegesteif auszuführenden Reparaturmaßnahme betroffen.

In Beispiel auf Bild 5 konnte der weite Dachüberstand eines Holzskelettbaus ebenfalls nicht vor Bewitterung schützen.
Neben der insgesamt fragwürdig bewitterten Tragkonstruktion, wurden einige Details zum Feuchteschutz bedacht. Der Dachüberstand ist jedoch nicht in der Lage den Balkon vor Witterungseinflüssen zu schützen.

Bild 5 Auch dieser Dachüberstand kann nicht vor Bewitterung des Balkons schützen. Durchbindende Balken sind zusätzlich ungünstig.

### Druckstreben und Kopfbänder

Immer noch sind traditionelle Holzbaulösungen, wie Strebendreiecke auch an neueren Balkonanlagen zu finden. Im bewitterten Bereich wirken solche Konstruktionen als Wasser- und Schmutzfalle, wie in Bild 1 dargestellt, und sind unbedingt zu vermeiden. Sonst droht mittelfristig das Versagen der Konstruktion wie auf Bild 6.

Bild 6 Im Knoten des Strebenfußes hat sich ein gefährlicher Fäulnischaden entwickelt (Foto: Robert Ott, Gammertingen).

## Konstruktionsknoten mit Pressfugen

Immer noch werden Balkone gebaut, bei denen keine Maßnahmen getroffen wurden Pressfugen zu minimieren (Bild 7). Abstandhalter sind wichtig, um die Lebensdauer der Konstruktionsknoten zu vergrößern. Inzwischen gibt es auch für statisch nachzuweisende Verbindungen Abstandhalter (Bild 8).

Bild 7 Zangenverbindung mit Einpressdübel. Niederschläge können ungehindert an den Knotenpunkt gelangen jedoch kaum abtrocknen. Ein Messer lässt sich mühelos in das faule Holz stechen.

Bild 8 Mit dem als Abstandhalter ausgebildeten Ringkeildübel „NOWA +“ sind statisch nachweisbare Verbindungen möglich.

### Spritzwassereinwirkung an Stützenfüßen

Auch bei neuen Konstruktionen ist zu beobachten, dass die Stützenfüße wie auf Bild 9 nicht aus der Spritzwasserzone gehoben werden. Solche Konstruktionen sind dann in GK 3.2 oder sogar GK 4 einzuordnen. Empfehlenswert ist ein Geländeabstand von mindestens 30 cm für den Holzständerfuß wie auf Bild 10.

Bild 9 Stützenfuß im Spritzwasser

Bild 10 Stützenfuß gut 30 cm über Gelände. Die Stahlkonstruktion als Rechteckrohr wirkt optisch angenehmer, als statisch ausreichende dünnere Profile.

### Brüstungspfostenanschlüsse

An Brüstungen sollte die Pressfugengröße ebenfalls minimiert werden. Hier müssen regelmäßig Pfosten an Balken seitlich biegesteif anschließen. Wenn überschaubare Kräfte zu übertragen sind, ist es vertretbar an einem Befestigungsmittelpaar Abstandhalter einzusetzen (Bild 12). Für große Beanspruchungen bieten sich z. B. die auf Bild 8 dargestellten Ringkeildübel an. Wenn keine Abstandhalter verwendet werden, sind schnell Pilzschäden sowohl am Balken als auch am Pfosten zu erwarten (Bild 11).

Bild 11 Pilzzerstörter Knotenpunkt zwischen Balken und Brüstungspfosten, obwohl relativ dauerhaftes Lärchenholz verwendet wurde.

Bild 12 Brüstungspfosten als Zange mit Abstandhaltern aus Kunststoff vom Balken getrennt

## Balkonbelag

Ein im Zweifelsfall sehr gefährlicher Schwachpunkt entsteht, wenn der Dielenbelag unmittelbar auf den Balken verlegt wird (Bild 13). Die Zimmererfachregeln fordern hier zumindest abgeschrägte Balkenoberflächen bzw. eine Abdeckung des Balkens (Bild 15). Ablaufschrägen wirken jedoch nur begrenzt, weil Rissbildungen in der abgeschrägten Oberfläche möglich sind (Bild 14). Besonders bei dauerhaften Laub-Farbkernhölzern bedingt die Ablaufschräge auf dem Balken auch eine Rissneigung an den Verschraubungspunkten der Dielen, weil der Holzquerschnitt dort schmaler ist. Abdeckungen aus Dichtbahnen oder Blechen können an den Schraubendurchdringungen häufig nicht langfristig abgedichtet werden. Außerdem kann sich eindringendes Wasser und Tauwasser unter der Abdeckung anreichern und so zu Durchfeuchtungen führen. Nach Ansicht des Verfassers ist die optimale Lösung eine vollständig abgedichtete Fläche, auf der ein Belagrost als Verschleißteil aufgelegt ist. So ist die tragende Konstruktion vor jeglicher Bewitterung und Schmutzanreicherung in Fugen geschützt. Weiterhin können Kleinteile und Schmutz nicht durch die Dielenspalten nach unten fallen und dort andere Nutzungsparteien belästigen. Diese optimierte Konstruktion ist selbstverständlich deutlich aufwändiger herzustellen und dementsprechend auch kostenintensiver. Mittelfristig lohnt sich der Aufwand jedoch.

Bild 13 Übergang Diele-Balken ohne irgendwelche Feuchtschutzmaßnahmen. Das Holz ist durch Weißfäule zerstört. Wenn die Dielen hier versagen, können Personen abstürzen.

Bild 14 Übergang Belag-Balken mit Ablaufschräge. In der Ablaufschräge sind Risse entstanden, deren Ursache eine Kombination aus Trockenriss und Absprengung der Verschraubung an der Querschnittsschwächung ist. Zum Herstellungszeitpunkt verstieß die Holzauswahl außerdem formal gegen die damals gültige DIN 20000-5.

Bild 15 Abgedeckte Träger mit auf Abstandhaltern aufgelegten Unterkonstruktionshölzern und Dielen in dauerhafter Holzart (Foto: Robert Ott, Gammertingen).

### Streichbalken

Streichbalkenanschlüsse sind gefährdet, durch Schmutzablagerungen und Hinterfeuchtung des Wandanschlusses, starker Belastung entsprechend GK 3.2 oder GK 4 ausgesetzt zu sein. Für diese Konstruktionsweise ist es vorteilhaft, wenn eine abgedichtete Belgasfläche mit Randanschlüssen an die aufgehende Wand vor Feuchteeintrag schützt.

### Handläufe

Breite nahezu waagerechte Handlaufoberseiten bedingen eine hohe Feuchtebeanspruchung. Das Risiko von Trockenrissen oder schüsselförmigen Verwerfungen steigt mit der Breite des Handlaufs. Das Prinzip Verschleißteile zu verwenden bietet sich bei der Handlaufoberseite an. Oft müssen aus konstruktiv statischen Gründen die Handläufe relativ breit ausgeführt werden. Eine Verschleißschicht kann diese dann vor direkter Bewitterung der Oberseite schützen. Mit den Deckbrettern kann gleichzeitig das Hirnholz von Pfostenenden abgedeckt werden. Auch wenn die Abdeckung als Verschleißteil verstanden wird, sollte sie nicht zu dünn gewählt werden, damit sie sich im Gebrauch nicht extrem verwirft. An dickeren Querschnitten kann man auch Ablaufschrägen und Abtropfnuten anarbeiten.

## Literaturverzeichnis

[1] O. Thaßler, Konstruierte Landschaften Die Landschaften der Inseln Rügen, Hiddensee und Vilm in ihrer Bedeutung für die Landschaftsmalerei zwischen dem 18. und 21. Jahrhundert als Beitrag für die Landschaftsplanung, Dissertation Universität Kassel, 2016

[2] H.-U. Bauer, Holzhäuser aus Wolgast Ikonen der Bäderarchitektur Teil 1, 1. Auflage, Igel Usedom Verlag, Heringsdorf 2010

[3] K. Palm (Hrsg.), Wulf-Farbewarenkunde, 9. völlig neu bearbeitete Auflage, S. Hirzel Verlag, Stuttgart & Leipzig, 1999

[4] Glasurit AG (Hrsg.), Glasurit Handbuch über Farben und Lacke, 9. Auflage, Glasurit-Werke M. Winkelmann AG, Hamburg, 1963

[5] EU (2012): VERORDNUNG (EU) Nr. 528/2012 DES EUROPÄISCHEN PARLAMENTS UND DES RATES vom 22. Mai 2012 über die Bereitstellung auf dem Markt und die Verwendung von Biozidprodukten; Amtsblatt L 167 der Europäischen Union vom 27.6.2012.

[6] https://www.umweltbundesamt,de/indikator-emissionen-von-luftschadstoffen Zugriff: 05.06.2018

[7] Anordnung über den baulichen Holzschutz in gedeckten Räumen vom 25. August 1953. (Recht der ehemaligen DDR)

[8] Dritte Durchführungsverordnung zur zweiten Verordnung über die staatliche Bauaufsicht – Holzschutz im Hochbau und Zulassung von Fachmännern für Holzschutz im Hochbau- vom 26. November 1959 (Recht der ehemaligen DDR)

[9] Kammer der Technik (Hrsg.), Merkheft über Holzschutz im Hochbau, 3. neu bearbeitete Auflage, Berlin, 1961

[10] DIN 68800-2:1974-05: Holzschutz im Hochbau – Blatt 2: vorbeugende bauliche Maßnahmen

[11] DIN 68800-2:1984-01: Holzschutz im Hochbau – Teil 2: vorbeugende bauliche Maßnahmen

[12] DIN 68800-2:1996-05: Holzschutz – Teil 2: vorbeugende bauliche Maßnahmen im Hochbau

[13] DIN 68800-3:1974-05: Holzschutz im Hochbau – Blatt 3: vorbeugender chemischer Schutz von Vollholz

[14] DIN 68800-3:1981-05: Holzschutz im Hochbau – Teil 3: vorbeugender chemischer Schutz von Vollholz

[15] DIN 68800-3:1990-04: Holzschutz – Teil 3: vorbeugender chemischer Holzschutz

[16] DIN 68800-2:2012-02: Holzschutz – Teil 2: vorbeugende bauliche Maßnahmen im Hochbau

[17] DIN 68800-3:2012-02: Holzschutz – Teil 3: vorbeugender Schutz von Holz mit Holzschutzmitteln

[18] Bund Deutscher Zimmermeister BDZ (Hrsg.) (2007): Fachregeln des Zimmererhandwerks 02 Balkone und Terrassen Ausgabe Dezember 2007

[19] Holzbau Deutschland Bund Deutscher Zimmermeister (Hrsg.) (2015): Fachregeln des Zimmererhandwerks 02 Balkone und Terrassen 2. vollständig überarbeitete Ausgabe Dezember 2015

[20] DIN 18334:2016-09: Zimmer und Holzbauarbeiten

[21] DIN 20000-5:2016-06: Anwendung von Bauprodukten in Bauwerken – Teil 5: Nach Festigkeit sortiertes Bauholz für tragende Zwecke mit rechteckigem Querschnitt

[22] DIN EN 338:2016-07: Bauholz für tragende Zwecke – Festigkeitsklassen

[23] DIN EN 1912:2013-10: Bauholz für tragende Zwecke – Festigkeitsklassen – Zuordnung von visuellen Sortierklassen und Holzarten

[24] DIN EN 350:2016-12: Dauerhaftigkeit von Holz und Holzprodukten – Prüfung und Klassifizierung der Dauerhaftigkeit von Holz und Holzprodukten gegen biologischen Angriff, einschließlich Berichtigung 2017-05

[25] DIN 68800-1:2011-10: Holzschutz – Teil 1: Allgemeines

[26] Schober et al., Terrassenbeläge aus Holz, Holzforschung Austria (Hrsg.) 3. überarbeitete Aufl., Wien Juni 2016

[27] O. Rapp, Natürliche Dauerhaftigkeit in den Gebrauchsklassen, Holzbau Hochschultag 2015, Hannover, 20. Februar 2015

[28] U. Arnold, Baulicher Holzschutz, Rudolf Müller Verlag, Köln 2016

# Modifizierte und hydrophobierte Hölzer, Bambus und andere Pflanzen – was taugen sie im Außenbereich?

*W. Scheiding, Dresden*

## Zusammenfassung

Nach einer Begriffsklärung zur Holzmodifizierung werden die wichtigsten Aspekte der thermischen und chemischen Modifizierung dargestellt, eine Abgrenzung zur Hydrophobierung als weitere Holzvergütungsmaßnahme gezogen und abschließend auf Bambus und Palmen"holz" eingegangen, die sich in letzter Zeit häufiger als Material für Terrassen- und Balkonbeläge finden.

## 1 Einführung

Auf der Suche nach Alternativen zu dauerhaften tropischen Hölzern sowie zu schutzmittelbehandelten Hölzern gelangten Ende der 1990er Jahre verschiedene Holzmodifizierungsverfahren zur industriellen Anwendung. Diese waren zum Teil bereits vor über 60 Jahren entwickelt worden.

Die größte wirtschaftliche Bedeutung haben die thermische und die chemische Modifizierung erlangt. Das Produktionsvolumen an modifiziertem Holz wird auf 350.000 $m^3$ bis 400.000 $m^3$ geschätzt, wovon ein Großteil auf thermisch modifiziertes Holz entfällt; die Produktionsmenge von chemisch modifiziertem Holz (CMT) wird auf ca. 55.000 $m^3$/a geschätzt (u. a. Mayes 2015, Militz 2015). Allerdings nimmt das Produktionsvolumen von chemisch modifiziertem Holz stetig zu. Die Zahl der Thermoholzhersteller in Europa (einschließlich Russland) wird auf derzeit ca. 130 geschätzt; demgegenüber gibt es nur 2–3 bedeutende CMT-Hersteller. Nach wie vor wird der Großteil des TMT im Thermowood®-Verfahren produziert.

Modifizierte Hölzer waren Gegenstand zahlreicher Forschungsvorhaben in den vergangenen 15–20 Jahren. Dennoch besteht nach wie vor ein erheblicher Aufklärungs- und Informationsbedarf in der Praxis, dem der vorliegende Beitrag dienen soll.

## 2 Was ist Holzmodifizierung

Holzmodifizierung ist die durchgehende Veränderung des Holzes im Sinne einer Vergütung zur Erhöhung der biologischen Dauerhaftigkeit und Verbesserung des Stehvermögens bzw. der Dimensions- und Formstabilität (Lohmann 2003; Hill 2006). Die Modifizierung geht mit veränderten, meist verringerten, Festigkeiten einher.

Die Vergütungseffekte werden dabei durch chemische und physikalische Veränderungen der Zellwände, d. h. der Holzsubstanz selbst, erzielt. Diese bestehen hauptsächlich in der verringerten Sorption von $H_2O$-Molekülen an den hydrophilen Hydroxylgruppen. Bei der thermischen Modifizierung wird die Zahl der Hydroxylgruppen durch Abbau der Hemicellulosen reduziert, während bei der chemischen Modifizierung die Hydroxylgruppen durch Blockade, Vernetzung oder Pfropfung substituiert oder deaktiviert werden. Die grundsätzlichen Wirkprinzipien sind in Abb. 1 schematisch dargestellt.

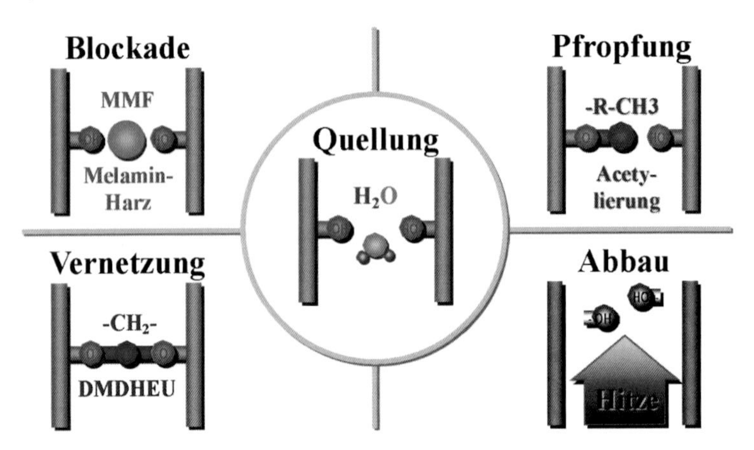


Bild 1 Prinzipien der Zellwandmodifizierung (Rapp, Sailer, & Peek 2000, Mitteilungen der Bundesforschungsanstalt für Forst- und Holzwirtschaft Nr. 200)

Das modifizierte Holz selbst darf unter Gebrauchsbedingungen nicht toxisch sein, und während und nach dem Gebrauch dürfen keine toxischen Stoffe abgegeben werden. Ist die Erhöhung der Dauerhaftigkeit gegen biotische Schaderreger das Ziel der Modifizierung, muss das Schutzprinzip nicht-biozid sein (Hill 2006). Tabelle 1 zeigt verschiedene Gründe, warum modifiziertes Holz nachgefragt wird.

Tabelle 1 Gründe für die Verwendung modifizierten Holzes

| **Grund** | **Erläuterung** |
|---|---|
| Technisch | Verbesserte biologische Dauerhaftigkeit, reduzierte Quellung und Schwindung, erhöhte Formstabilität, reduzierte Wärmeleitfähigkeit |
| Formal | Vorgabe bestimmter Dauerhaftigkeitsklassen im baulich-konstruktiven Holzschutz gemäß DIN 68 800-1 „Holzschutz"<br>Anforderungen VFF-Merkblätter: dauerhafte Holzarten für Fenster<br>Anforderungen von Ökolabeln, z. B. naturePlus (Vergaberichtlinien 0212 „Garten(Bau)holz" und 0213 „Fassadenverkleidungen aus Holz") oder Österreichisches Umweltzeichen |
| Mental | Vorbehalte von Verbrauchern gegenüber Tropenholz oder gegenüber Holzschutzmitteln bzw. chemisch geschützten Hölzern |
| Ästhetisch | dunkle Farbtöne (gilt außen für den Neuzustand oder bei regelmäßiger Wartung durch Reinigen und Nachbehandlung mit pigmentierten Terrassenölen) |

## 3 Thermisch modifizierte Hölzer

Bei der thermischen Modifizierung wird durch Einwirkung von Wärme bei üblicherweise 160 °C bis 230 °C unter reduziertem Sauerstoffgehalt die chemische Zusammensetzung der Zellwand verändert. Insbesondere werden Hemicellulosen abgebaut, die über besonders viele Hydroxylgruppen (OH-) verfügen. Hierdurch entstehen niedermolekulare organische Verbindungen, insbesondere Säuren sowie weitere Abbauprodukte wie Aldehyde oder Furfural. Die entstandenen Verbindungen weisen jedoch keine biozide Wirkung auf.

Wesentliches Wirkprinzip der thermischen Modifizierung ist die erhebliche Reduzierung der Anzahl an Hydroxylgruppen, wodurch die hygroskopische Feuchtigkeitsaufnahme verlangsamt und die Gleichgewichtsfeuchte gesenkt werden.

Prinzipiell wird mit steigender Behandlungsintensität bzw. -temperatur die Dauerhaftigkeit erhöht und die Form- bzw. Dimensionsstabilität verbessert; Festigkeiten und Elastizität nehmen dagegen ab, und die Farbtöne werden dunkler. Thermisch modifiziertes Holz zeichnet sich durch eine erheblich erhöhte biologische Dauerhaftigkeit gegen holzzerstörende Pilze aus; so können nicht oder wenig dauerhafte Holzarten wie Fichte, Kiefernsplint, Rotbuche, Esche oder Pappel die Dauerhaftigkeitsklassen 2 (dauerhaft) und sogar 1 (sehr dauerhaft) erreichen.

Die üblicherweise angegebenen Dauerhaftigkeiten gelten insbesondere für die Verwendung in GK 3. Eine stärkere Feuchtebeanspruchung in GK 3.2 und 4 bzw. eine längerfristige oder ständige Durchnässung kann zu Befall durch Nassfäuleerreger (holzzerstörende Basidiomyceten) und Moderfäulepilze führen. Bezüglich der zu erwartenden Gebrauchsdauer ist insbesondere die kapillare Wasseraufnahme über die Holzquerschnitte zu beachten.

Die DIN EN 350 enthält im Anhang Angaben zur natürlichen Dauerhaftigkeit von Holzarten mit besonderer Bedeutung für Europa; modifizierte oder anderweitig behandelte Hölzer sind hier nicht aufgeführt. Die Anforderungen an die Dauerhaftigkeit z. B. aus DIN EN 460 oder DIN 68800 sind sinngemäß auch auf modifizierte Hölzer anzuwenden.

Gegenüber nativem Holz ist bei thermisch modifiziertem Holz das Risiko eines Befalls durch holzverfärbende Schimmel- und Bläuepilze geringer bzw. deren Wachstum wird zumindest gehemmt. Bei ungünstigen Bedingungen kann jedoch ein Befall nicht ausgeschlossen werden. In verschiedenen Untersuchungen zeigte sich eine erhöhte Resistenz gegen holzzerstörende Insekten, wie Bockkäfer oder Anobien. Gegenüber Termiten konnte bisher allerdings keine erhöhte Resistenz festgestellt werden. Praxiserfahrungen hierzu liegen bisher nicht vor.

Als technische Kurzbezeichnung für thermisch modifiziertes Holz hat sich TMT (für thermally modified timber) etabliert. Im deutschsprachigen Raum wird häufig der Begriff „Thermoholz“ synonym verwendet, der aber nicht markenrechtlich geschützt ist. ThermoWood® ist die geschützte Wortmarke für Verfahren und Produkte von Mitgliedern der International Thermowood Association (International Thermowood Association). Für thermisch modifizierte Hölzer wurde die Europäische Technische Spezifikation CEN/TS 15679 erarbeitet.

## 4 Chemisch modifizierte Hölzer

Bei der chemischen Modifizierung werden nicht-biozide, reaktionsfähige Vergütungsstoffe in die Zellwand eingebracht, die sich dort chemisch mit Holzkomponenten verbinden. Wesentliches Wirkprinzip ist – analog zur thermischen Modifizierung – die erhebliche Reduzierung der Anzahl an Hydroxylgruppen; anders als bei thermisch modifiziertem Holz nimmt jedoch die Zellwand eine Art „dauerhaft gequollenen" Zustand an. Die Massezunahme ist erheblich und beträgt zum Teil mehr als 20 %. Für die chemische Modifizierung sind vor allem gut tränkbare Hölzer geeignet. Verwendet werden z. B. Rotbuche, Radiata pine oder Erle.
Chemisch modifiziertes Holz, kurz CMT (chemically modified timber), zeichnet sich ebenfalls durch eine deutlich erhöhte biologische Dauerhaftigkeit gegen holzzerstörende Pilze aus. Da die in der Zellwand eingebauten Vergütungsstoffe keine biozide Wirkung aufweisen, kann das Wachstum von Bläue- und Schimmelpilzen ggf. gehemmt, aber nicht grundsätzlich verhindert werden.
In verschiedenen Untersuchungen wurde eine erhöhte Resistenz von chemisch modifiziertem Holz gegenüber holzzerstörenden Insekten bzw. Termiten nachgewiesen.
Industriell in Europa angewendete Verfahren der chemischen Modifizierung sind derzeit die Acetylierung und die Furfurylierung.

*Acetylierung*
Bei der Acetylierung wird Holz mit Essigsäureanhydrid getränkt, das unter Wärmeeinwirkung bei ca. 130 °C mit den Hydroxylgruppen des Holzes reagiert, wobei Essigsäure entsteht (Abb. 2). Acetyliertes Holz hat eine helle Farbe; bekannt ist es unter dem Markennamen Accoya®.

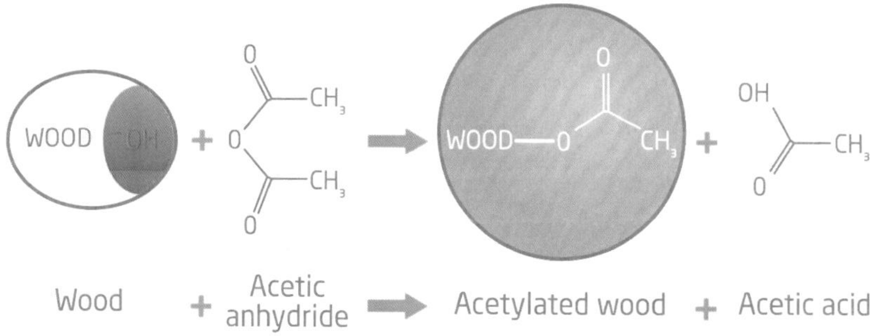

Wood + Acetic anhydride → Acetylated wood + Acetic acid

Bild 2 Wirkprinzip der Acetylierung von Holz (Bongers, Rowell, & Roberts, 2008)

*Furfurylierung*
Vergütungsmittel bei der Furfurylierung ist Furfurylalkohol, der aus Nebenprodukten der Getreideverarbeitung gewonnen wird. Die Vernetzung im Holz erfolgt wie bei der Acetylierung unter Wärmeeinwirkung. Furfuryliertes Holz ist dunkelbraun (ähnlich TMT); bekannt sind derzeit die Markennamen Kebony® und Nobelwood®.

Kebony® aus Southern yellow pine (SYP) in der Sortierung "Kebony clear" verfügt über eine allgemeine bauaufsichtliche Zulassung durch das Deutsche Institut für Bautechnik DIBt.

## 5 Hydrophobierte Hölzer

Im Sinne des Holzschutzes ist die Hydrophobierung ein rein physikalisches Vergütungsverfahren, bei dem Holz mit Wachsen (z. B. Paraffin), Ölen, reaktiven Harzen, Siliziumverbindungen oder anderen hydrophoben Stoffen getränkt wird. Die Vergütung erfolgt dabei – wie bei anderen Tränk- und Imprägnierverfahren auch – nur im durchtränkten Bereich. Da keine chemische Veränderung der Zellwand erfolgt, zählt die Hydrophobierung nicht zur eigentlichen Modifizierung.

Im Unterschied zur Oberflächenvergütung durch Beschichtung mit Lacken oder Lasuren bilden Hydrophobierungsmittel meist keine Schicht aus, sondern dringen je nach Viskosität sowie Benetz- und Imprägnierbarkeit in das Holz ein. Vorteilhaft sind hier Produkte, die bei Applikation gut in das Holz eindringen und dennoch an der Oberfläche eine gewisse – vorzugsweise offenporige – Schutzschicht bilden, wie Öl-Wachs-Gemische.

Wirkprinzip der Hydrophobierung ist die Verhinderung oder zumindest die Reduzierung der hygroskopischen Auffeuchtung und der kapillaren Wasseraufnahme. Die Schutzwirkung hängt vor allem von der Eindringtiefe des Vergütungsstoffes (Tränkqualität) sowie von der Porenfüllung ab. Je nach Füllgrad wird die Wegsamkeit des Holzes für Wasser, aber auch für Hyphen holzzerstörender Pilze verringert. Da die Zellwand selbst jedoch nicht geschützt ist, kann das Holz unter entsprechenden Bedingungen von holzzerstörenden Basidiomyceten, bei Verwendung im Erdkontakt (Gebrauchsklasse 4) auch von Moderfäulepilzen, angegriffen werden.

Mit Paraffinwachsen oder anderen Wachsen getränkte Massivhölzer sind z. B. unter den Produktnamen Dauerholz, Natwood®, WaxedWood® oder Silvacera® auf dem Markt.

Die Hydrophobierung wird auch ergänzend zum chemischen Holzschutz eingesetzt, um die Feuchte- bzw. Wasseraufnahme holzschutzmittelgeschützten Holzes zu reduzieren. Bekannt sind hier z. B. das von Wolman entwickelte Royal-Verfahren oder das Resoursa-Konzept, eine gemeinsame Initiative der Imprägnierbetriebe, der Holzschutzmittelhersteller, des Deutschen Holzschutzverbandes für Außenholzprodukte e.V. (DHV) und der RAL-Gütegemeinschaft Imprägnierte Holzbauelemente e.V. (RAL). Die Hydrophobierung erfolgt beim Royal-Verfahren durch Tränkung des schutzmittelbehandelten Holzes mit heißem Pflanzenöl. Beim Resoursa-Konzept wird das Holz mit Wachsen hydrophobiert, die entweder schon bei der Kesseldruckimprägnierung oder in einem nachgeschalteten Arbeitsgang eingebracht werden.

## 6 Holz und doch kein Holz: Bambus und Palmen"holz"

Verholzte Teile von Bambus und Palmen (auch Rattan) bestehen aus lignocellulosehaltigen Pflanzengeweben mit holzähnlichen Eigenschaften, sind jedoch kein Holz im botanischen und auch nicht im normativen Sinne; Holz stammt per Definition von Nadel- oder Laubbäumen (ggf. von Sträuchern).

Bambus gehört zu den Süßgräsern mit über 1.000 botanischen Arten. Nur wenige Arten werden kommerziell genutzt, z. B. *Phyllostachys pubescens* oder *P. eduli*. Bambus zeichnet sich durch große Härte, aber schlechte Tränkbarkeit aus. Der Gehalt an Zuckern ist im Vergleich zu Holz hoch, was sich ungünstig auf die biologische Dauerhaftigkeit auswirken kann.

Im Innenbereich werden meist verklebte Bambusprodukte verwendet. Diese sind meist naturfarben (hell) oder durch Thermobehandlung braun gefärbt. Die Oberflächen sind meist geölt, z. T. lackiert. Es gibt verschiedenste Kombinationen der Lamellenorientierung.

Für Bodenbeläge aus Bambus, die seit einigen Jahren in Europa auf dem Markt sind, wurde neben der harmonisierten europäischen Holzfußbodennorm DIN EN 14342 eine weitgehend analoge Norm für "Nicht-Holz"-Fußböden erarbeitet, die derzeit im Entwurf als E DIN prEN 17009 vorliegt.

Im Außenbereich verwendete Produkte, z. B. Terrassen- und Balkondielen, bestehen entweder aus stabverleimten Bambuslamellen oder aus Bambusstreifen (eher Spleißen bzw. Faserbündeln), die mit Harzen zu einer kompakten Masse verklebt und meist zusätzlich thermobehandelt sind. Die thermische Behandlung bei bis zu 200 °C dient dem Abbau von Zuckern und damit der Erhöhung der biologischen Dauerhaftigkeit. Die Verklebung erfolgt meist mit einem feuchtebeständigen Phenol-Formaldehydharz, mit dem – als wässrige Formulierung – die Bambuspartikel getränkt werden. Die Masse wird danach zu Balken oder Platten verpresst. Der Klebstoffanteil liegt nur bei etwa 8 % bis 12 %, da der Bambus einen im Vergleich zu vielen Holzarten geringen Porenanteil aufweist und demzufolge wenig Harz bei der Tränkung aufnehmen kann. Mit der Verpressung sollen möglichst alle Partikel ohne Zwischenräume zusammengepresst werden. Die Dichte dieses Material beträgt dann etwa 1.000 kg/m³ und zum Teil sogar bis 1.400 kg/m³. Bei oberflächlicher Betrachtung erscheint es daher als kompakte, massivholzähnliche Masse. Nach dem Aushärten des Harzes werden die Rohlinge zu brettförmigen Stücken aufgetrennt und diese auf das Endmaß und -form gehobelt. Meist erfolgt noch eine Oberflächenbehandlung, z. B. mit einem härtenden Öl.

Für den so hergestellten Bambus-Verbundwerkstoff gibt es verschiedene Bezeichnungen wie "compressed bamboo", "strand-woven bamboo" oder bevorzugt "bamboo scrimber". Der Begriff "scrimber" bezeichnet eigentlich einen speziellen Holzwerkstoff und leitet sich aus "scrimmed timber" her; scrimmed bedeutet so viel wie „zwischen Walzen zerquetscht“ (crushed between rolls of a scrimming mill). Da Bambus aber kein Holz ist, wird hier der Begriff "scrimboo" (**scrim**med + bam**boo)** vorgeschlagen, der weitaus geeigneter erscheint. Dieser Begriff ist offenbar nicht bekannt und wird weder verwendet noch markenrechtlich geschützt. Als technisches Kürzel könnte **SCB** = scrimmed + compressed bamboo dienen. Sicher könnte es eine gewisse Zeit dauern, bis Begriff und Kürzel von der Praxis angenommen werden, aber die ebenfalls vom Autor vor einigen Jahren vorgeschlagenen Kürzel TMT und CMT werden zwischenzeitlich weltweit verwendet.

Aus der hohen Dichte des "Scrimboo" resultieren eine hohe Masse der Einzeldielen und eine hohe (gute) Wärmeleitfähigkeit. Hieraus wiederum ergibt sich ein vergleichsweise "fußkaltes" Empfinden bei Barfußbegehung, da die Wärme rasch an das Material abgegeben wird. Analog dürfte sich das Material bei Besonnung auch stärker aufheizen; Messdaten hierzu sind jedoch noch nicht bekannt.

Die Herstellung und die Eigenschaften von als BPC (bamboo-polymer composites) bezeichneten Verbundwerkstoffen sind ähnlich denen von WPC (wood-polymer composites). Als Füllstoff für die Polymermatrix aus PE, PP oder PVC dient hier Bambusmehl mit einem Füllstoffanteil von ca. 60 ... 70 %. Analog zu WPC werden sowohl Hohlkammerprofile als auch Vollprofile produziert. BPC sind – wie WPC – durch die Normenreihe DIN EN 15534 unter der Bezeichnung NFC (natural fibre composites) erfasst.

Palmen (Palmengewächse) sind eine Pflanzenfamilie, die – wie die Süßgräser – zu den einkeimblättrigen Pflanzen bzw. Bedecktsamern gehört. Obwohl kein Holz im eigentlichen Sinne (s. o.), ist „Palmenholz“ ein in der Praxis durchaus gängiger Begriff. Palmen"holz" findet Verwendung für Gebrauchsgegenstände, im Möbel- und Innenausbau, aber gelegentlich auch für Belagsdielen auch im Außenbereich; diese sind in Europa seltener, in tropischen und subtropischen Gegenden häufiger anzutreffen. Häufiger zu finden ist Schwarzes Palmholz, auch "Black Palmira" gennant. Hier handelt es sich um das Holz der Fischschwanzpalme (*Caryota urens* L.) mit sehr großen, schwarzen Leitbündeln.

## Fazit

Modifizierte und hydrophobierte Hölzer bereichern die Produktpalette, vor allem wenn es um Hölzer geht, die für die Verwendung im Freiland bzw. im Garten- und Landschaftsbau, hauptsächlich in Gebrauchsklasse 3, geeignet sind. Mit der Modifizierung können hier auch nicht oder wenig dauerhafte Holzarten verwendet werden, was besonders für einheimische Hölzer von Interesse ist. Modifizierungs- und Hydrophobierungsverfahren leisten damit einen Beitrag zur Verwendung nachhaltiger Baustoffe und zum Klimaschutz.

Trotz der zum Teil sehr hohen Dauerhaftigkeiten, die modifizierte Hölzer erreichen, sind alle Möglichkeiten des baulich-konstruktiven Holzschutzes auszuschöpfen, so wie dies auch für andere Hölzer gilt. Durch die veränderte, meist reduzierte Festigkeit erfordert die Verwendung für tragende Holzbauteile einen Verwendbarkeitsnachweis, wie er für das chemisch modifizierte Holz Kebony® vorliegt.

Für feuchte- und witterungsbeanspruchte, tragende Holzbauteile haben chemisch geschützte Hölzer nach wie vor ihre Berechtigung; modifizierte oder hydrophobierte Hölzer werden hier nur in bestimmten Fällen eine Alternative bieten.

## Literaturverzeichnis

[1] Bongers, F; Rowell, R.M.; Roberts, M. (200(9: Acetylation for Improved Sustainability & Carbon Sequestration. International Conference "Enhancement of Lower Value Tropical Wood Species" BANKOK, THAILAND November 17-20 2008
[2] DIN EN 350:2016. Dauerhaftigkeit von Holz und Holzprodukten – Prüfung und Klassifizierung der Dauerhaftigkeit von Holz und Holzprodukten gegen biologischen Angriff
[3] DIN EN 460:1994. Dauerhaftigkeit von Holz und Holzprodukten – Natürliche Dauerhaftigkeit von Vollholz - Leitfaden für die Anforderungen an die Dauerhaftigkeit von Holz für die Anwendung in den Gefährdungsklassen
[4] DIN EN 14342:2013. Holzfußböden und Parkett – Eigenschaften, Bewertung der Konformität und Kennzeichnung
[5] DIN EN 15534. Verbundwerkstoffe aus cellulosehaltigen Materialien und Thermoplasten (üblicherweise Holz-Polymer-Werkstoffe (WPC) oder Naturfaserverbundwerkstoffe (NFC) genannt)
[6] DIN CEN/TS 15679:2007. Thermisch modifiziertes Holz – Definitionen und Eigenschaften
[7] E DIN pr EN 17009. Bodenbelag aus lignifiziertem Material, das kein Holz ist - Eigenschaften, Konformitätsbewertung und Kennzeichnung
[8] DIN 68800-1:2011. Holzschutz – Teil 1: Allgemeines
[9] Hill, C.A.S. (2006): Wood Modification – Chemical, Thermal and Other Processes. John Wiley & Sons, Chichester (UK): 239 S.
[10] Lohmann, U. (2003): Holz-Lexikon. 4. Auflage 2008. Leinfelden-Echterdingen: DRW-Verlag. 1460 S.
[11] Mayes, D. (2015): Trends Impacting Modified Wood Products and the Need for Continued Evolution of Thermally Modified Wood. Proceedings 8th European Conference on Wood Modification, Helsinki
[12] Militz, H. (2015): Wood Modification in Europe in the year 2015: a Success Story? Proceedings 8th European Conference on Wood Modification, Helsinki
[13] prEN 17009:2016 Bodenbelag aus lignifiziertem Material, das kein Holz ist – Eigenschaften, Konformitätsbewertung und Kennzeichnung
[14] Scheiding, W., Grabes, P.; Haustein, T.; Nieke, N.; Urban, H.; Weiß, B. (2016): Holzschutz. Holzkunde – Pilze und Insekten – Konstruktive und chemische Maßnahmen – Technische Regeln – Praxiswissen. 2. aktualisierte und erweiterte Auflage. Fachbuchverlag Leipzig im Carl Hanser Verlag München. 296 S.

# Langzeittrocknungsverhalten von Mauerwerk – Praxisbeispiele

*F. Grassert, M. Donath, Rostock*

## Zusammenfassung

Die Durchfeuchtung eines Mauerwerks sowie von Estrichen, Dämmschichten und Holzbalken in Bestandsgebäuden gehört zu den häufigsten und kostenaufwändigsten Sanierungsfällen im Gebäudebestand. Die entscheidende Rolle zur Sicherung des Sanierungserfolgs fällt hier den Gutachtern, Sachverständigen, Energieberatern, Planern, Architekten usw. zu. Ihre Tätigkeit bedarf einer baustellentauglichen Technik, die als Bewertungs-, Kontroll-, Trocknungs- und Trockenhaltungssystem räumlich und zeitlich verteilte Messdaten aus dem durchfeuchteten Bauteil über den gesamten Zeitraum der Entscheidungsfindung, Planung, Durchführung, Erfolgsprüfung und Zustandskontrolle einer Maßnahme verwendet, verarbeitet und permanent bereitstellt.

Diese Aufgabe erfüllt das beschriebene System, welches aus einem oder mehreren in das Bauteil eingeführten doppelwandigen Messrohren mit mehreren Messkammern, die jeweils Sensoren für Ausgleichsfeuchte und Temperatur sowie ein Heizelement enthalten, besteht. Mit dieser Technik steht ein Instrument zur Verfügung, das die permanente Berechnung der baustoffrelevanten Größen, Abbildung der Sanierungs- und Trocknungsprozesse und die Prognose von Trocknungszeiten ermöglicht. Die Langzeituntersuchungen an verschiedenen Objekten konnten die Eignung dieser Methode zeigen und interessante Informationen über den Trocknungsprozess liefern.

## 1 Präambel

Hauseigentümer sind eine wichtige Zielgruppe für Trockenlegungen, Trocknungen und Trockenhaltungen ihrer Objekte. Feuchte Bauteile wie Wände, Dachkonstruktionen oder Keller kosten Energie, schädigen die Bausubstanz, gelagerte Gegenstände und auch die Gesundheit der Nutzer (Bild 1).

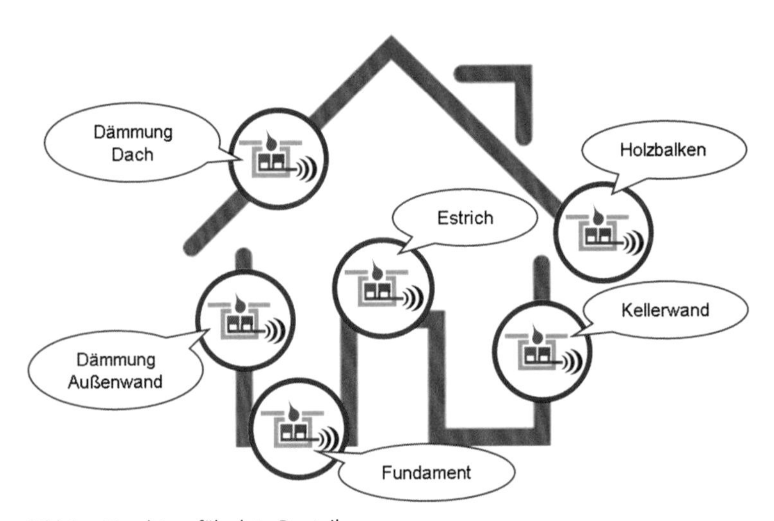


Bild 1 Feuchtegefährdete Bauteile

Ob die Ursachen richtig erkannt und die vorgeschlagenen Maßnahmen auch die gewünschten Effekte bewirken, bleibt in vielen Fällen offen. Hier hängt das Ergebnis von der Kompetenz des Sachverständigen, der Qualität der Ausführung sowie der richtigen Nachsorge ab. Ob also die Kellerfeuchte eventuell nur durch eine Unterbrechung der natürlichen Lüftung durch temporäre Nichtnutzung entstanden ist und das Trocknungsziel auch ohne die kostenintensive Maßnahme hätte erreicht werden können, bleibt dann ungewiss. Auch die Diskussionen zur neuen Norm DIN 18533 „Abdichtung von erdberührten Bauteilen" sind dazu interessant [1].

## 2 Bauteilfeuchte

Gebäude unterliegen in ihrer Nutzung ständigen Veränderungen wie Modernisierungen, energetischen Verbesserungen, und Anpassungen an veränderte Nutzeransprüche. Ein Kernelement des Betriebs von Gebäuden ist das Raumklima. Besteht dies nicht bestimmungsgemäß, können daraus gesundheitliche

Belastungen, überhöhter Energieverbrauch und Bauschäden resultieren. Ursachen liegen in Alterungsprozessen, baulichen Umgestaltungen und veränderten Nutzungsformen.
So werden z.B. Kellerräume für verschiedenste Zwecke genutzt, beeinflussen die Energiebilanz des Gebäudes und sind Teil der Bauwerkskonstruktion. In Kellerräumen sollte eine relative Raumfeuchte von 50 – 65 % bei einer Temperatur von 10 – 15 °C eingehalten werden. Zunehmend erfolgen in Kellern von Mietobjekten die Lagerung von feuchteempfindlichen Materialien und die Absicherung durch blickdichte Türen. Da sowohl das Wissen als auch das Interesse an einer richtigen Kellerlüftung fehlt, verstärken sich die Effekte des eindringenden Wassers durch Alterungsprozesse durch den geringer werdenden Abtransport von Feuchtigkeit durch verminderten Luftwechsel bzw. zusätzlichen Feuchteeintrag durch fehlerhafte Lüftung. Im Ergebnis werden kostenintensive Sanierungsmaßnahmen notwendig.

Die Praxis zeigt, dass die Feuchte im Gebäude kaum kontrolliert wird, kaum bekannt ist, wie richtig zu lüften ist und schadhafte oder nicht vorhandene Sperren nicht erkannt werden. Die Folge sind Schimmel, Schäden an gelagerten Gegenständen, erhöhter Energieverbrauch und Bauschäden. Es ergibt sich deshalb die Forderung, Luftfeuchte und Temperatur und ggf. Schadstoffe wie Radon z. B. in Kellerräumen kontinuierlich zu überwachen und die erforderliche Raumluftfeuchte einzuhalten. Dies kann durch entsprechende manuelle Lüftung oder über entsprechende Zu- oder Abluftsysteme mit geeigneten Steuerungen erfolgen. Diese Systeme sind dann durch integrierte ebenfalls angesteuerte Heizungen und/oder Trockner erweiterbar. Darüber hinaus kommt es beim Betrieb des Gebäudes auch darauf an, rechtzeitig Nutzungsänderungen oder Wassereintritte detektieren und den Erfolg von zwischenzeitlich erforderlichen Sanierungsmaßnahmen kontrollieren oder zusammengefasst, die feuchtegefährdeten Räume und Bauteile kontinuierlich warten zu können.

## 3 Messtechnik

Für die Langzeituntersuchungen wird ein doppelwandiges Messrohr mit mehreren Messkammern verwendet (Bild 2). Damit werden die räumliche Verteilung von Bauteilfeuchte und Bauteiltemperatur sowie die Verteilung der Feuchte und Temperatur der Bauteilgrenzschicht und der Raumluft erfasst. In den Messkammern sind je ein Feuchte- und ein Temperatursensor sowie ein Heizelement angeordnet. Die Heizelemente dienen der Erweiterung des Messbereiches, indem bei Aktivierung der Heizelemente ein Ausgleichsvorgang generiert wird. Das dynamische Verhalten der Ausgleichsfeuchte gibt Aufschluss über den Wassergehalt eines stark durchfeuchteten Bauteils auch im überhygroskopischen Bereich [2].

Eine feste Positionierung des Außenrohres wird durch Anpresselemente auf der den Öffnungen gegenüberliegende Seite erreicht. Die Fixierung des Außenrohres erfolgt durch Befüllen der verbleibenden Räume mit einer aushärtenden Abdichtmasse. Das Innenrohr wird in das Außenrohr eingeschoben. Für die elektrische Verbindung der Sensoren und des Heizelementes sind Kabeldurchführungen in den Trennbereichen der Messkammern vorgesehen. Die elektrischen Verbindungen verlaufen aus jeder Messkammer parallel, seriell und/oder als Datenbus bis zum Anfang des Innenrohres und von dort zu einem Rechenwerk. Aufgabe des Rechenwerks ist es, die Abfrage der Sensoren sowie die Ansteuerung und Regelung der Heizelemente vorzunehmen, sowie die Datenübertragung sicherzustellen.

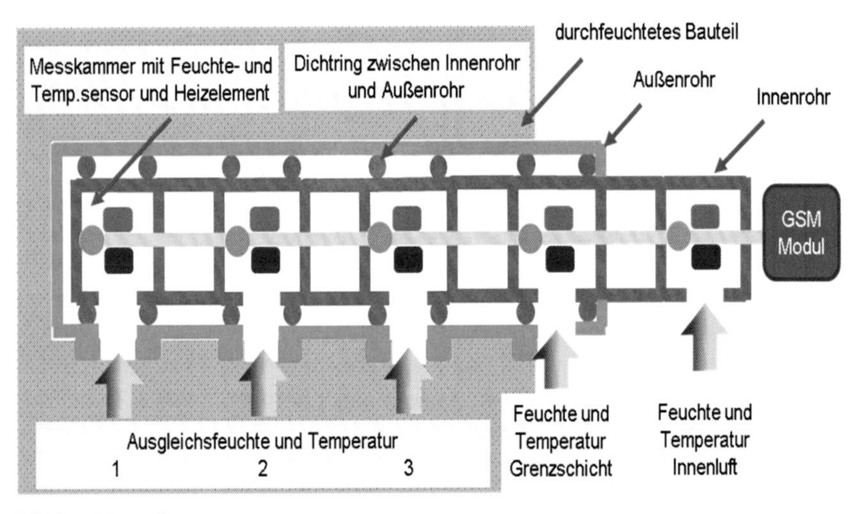


Bild 2 Messrohr

Tabelle 1 listet die wesentlichen Parameter des Messrohres, die aufgenommenen Messwerte und die möglichen Berechnungsergebnisse auf.

Tabelle 1 Parameter

| | |
|---|---|
| Betriebsspannung | 230 V / 50 Hz Netzteil |
| Leistungsaufnahme | max. 15 W |
| Anzeige | Smartphone, Laptop, PC |
| Datenübertragung | GSM, UMTS, LTE |
| Messrohrdurchmesser | 40 mm |
| Messrohrlänge | 250 mm ... 800 mm wählbar |
| Positionierung im Bauteil | frei wählbar |
| Zahl Messkammern | 1 ... 7 wählbar |
| Fixierung und Abdichtung Messrohr | Montageschaum |
| Ausgleichsfeuchte rel. (Bereich, Genauigk.) | 0% ... 100% rH (±3,5% rH (>25% rH)) |
| Temperatur (Bereich, Genauigkeit) | -10°C ... 80°C (±0,5°C) |
| Berechnungswerte im Bauteil | Dampfdruck [hPa], Taupunkt [°C], Wärmedurchgangswiderstand [$m^2K/W$] Wassergehalt [$g/dm^3$] |
| Berechnungswerte in Bauteilumgebung | Dampfdruck [hPa], Taupunkt [°C] |

## 4 Trocknungsunterstützung (z. B. Kellerwartung)

Neben der reinen Datenaufzeichnung wurde die Ansteuerung eines Belüftungssystems realisiert, welches z.B. der Kellerwartung dient. Dadurch wird eine Trocknungsunterstützung erzielt und es können weitere Messdaten aufgenommen werden, die für die Datenauswertung sowie Plausibilitätsprüfung äußerst interessant sind. Die Aufrechterhaltung der in der Praxis wichtigen, bestimmungsgemäßen Feuchte- und Temperaturwerte des Bauteils, der Bauteiloberfläche und der Raumluft können somit sichergestellt werden.

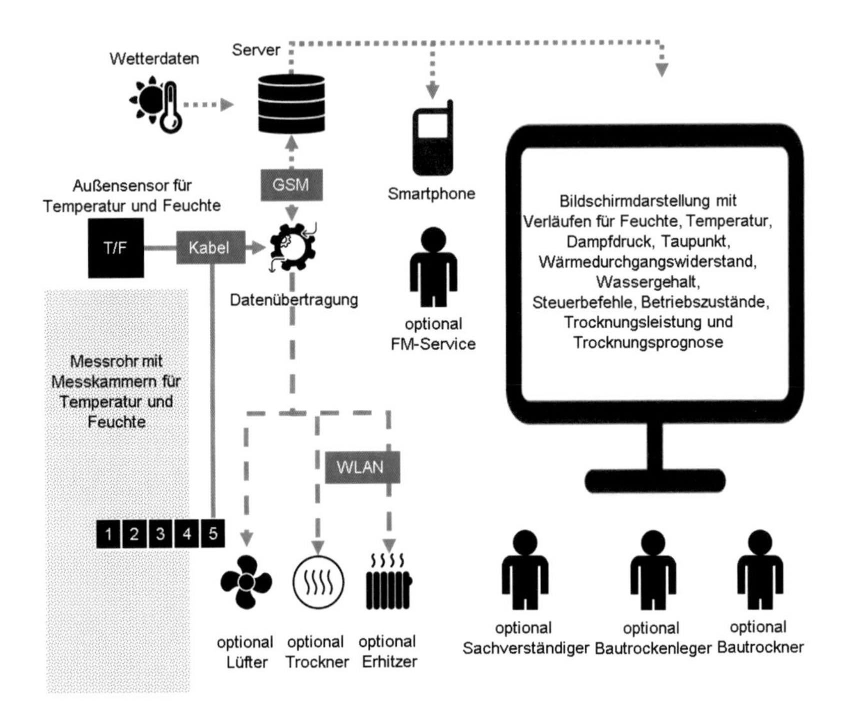


Bild 3 Kellerwartung

Bild 3 zeigt, wie dieses System aufgebaut ist. In der Kellerwand ist ein Messrohr mit 5 Kammern eingebaut, das mit drei Kammern die Feuchte- und Temperaturverteilung in der Wand selbst misst, weitere Kammern messen Feuchte und Temperatur in der Grenzschicht zwischen Wand und Innraumluft sowie der Raumluft selbst in einem Abstand von der Wand.
Hinzu kommen die Messwerte für Feuchte und Temperatur der Außenluft. Aus diesen Werten wird die Dampfdruckdifferenz zwischen durchfeuchteter Wand und Mischluft aus Außenluft und einströmender Innenluft ermittelt und ein Steuerbefehl an den Lüfter ausgelöst, wenn die Lüftung eine Abtrocknung bewirkt.
Zusätzlich kann ein Sensor für einen Schadstoff wie Radon in das System eingebunden werden, der bei Überschreiten des zulässigen Grenzwertes ebenfalls einen Steuerbefehl an den Lüfter sendet, eine Alarmmeldung erzeugt und die Grenzwertüberschreitung dokumentiert. Analog können Steuerbefehle für Trockner, Heizgeräte oder Handlungsempfehlungen für den Betriebsführer generiert werden. Die Ansteuerung der Geräte kann wahlweise drahtgebunden oder drahtlos über ein systemeigenes WLAN erfolgen. Die Kellertrocknung z.B.

mittels Belüftung erfolgt entsprechend den laufend berechneten Dampfdruckdifferenzen zwischen Außenluft und Innenluft oder Grenzschicht je nach Trocknungsfortschritt. Die Trocknung kann dabei energieoptimiert durchgeführt werden, da die jeweiligen Aggregate je nach Energieverbrauch und zu erwartendem Trocknungsfortschritt angesteuert werden können.
Der Energieverbrauch wird dabei berechnet oder gemessen und dokumentiert. Die Wassertransportleistung wird aus den Differenzen der absoluten Feuchten zwischen Abluft und Zuluft, den Lüfterlaufzeiten und Luftwechselraten ins Verhältnis gesetzt und mit den Feuchtewerten des Bauteils verrechnet.
Da somit permanent Mess- und Berechnungsdaten bereitgestellt werden, kann durch die zentrale Analyse und Steuerung ein Sanierungs- bzw. Trocknungs- und Trockenhaltungsprozess optimal überwacht und gesteuert werden. So ermöglichen die Daten der Lüftung und Veränderung der Feuchte die Berechnung des Zeitpunktes der Beendigung der Trocknung bzw. den Übergang in die Trockenhaltung.

## 5 Berechnungswerte und Anzeigemöglichkeiten

Zur Berechnung werden Messwerte mit Materialkennwerten verknüpft, die Bauteilgeometrie berücksichtigt, Messwerte und Berechnungswerte untereinander in der räumlichen und zeitlichen Verteilung in Beziehung gesetzt und extrapoliert (Bild 4).

Alle Mess- und Berechnungsdaten sowie Zustandsmeldungen und Steuerbefehle können auf zugewiesenen Displays (Bildschirm, Tablet, Smartphone) grafisch angezeigt werden. Für die Lüftung werden aus den prognostizierten Wetterdaten und Messwerten die geeigneten Lüftungszeiten berechnet und angegeben.
Zur Kontrolle eines Trocknungsverlaufes können die Mess- und Berechnungswerte je nach gewünschtem Zeitabschnitt auf einem Bildschirm abgelesen werden. Im Standardfall zeigt das Display das Messrohr in der Einbausituation mit den einzelnen Messkammern. Gezeigt werden auch die jeweils aktuellen Feuchtemesswerte und der Trocknungsverlauf über den vergangenen Monat.

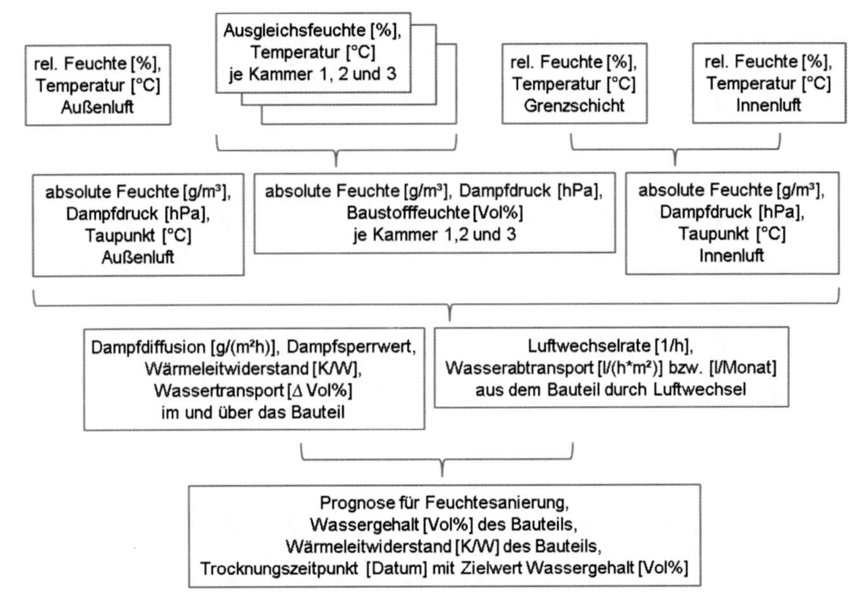


Bild 4 Berechnungschritte

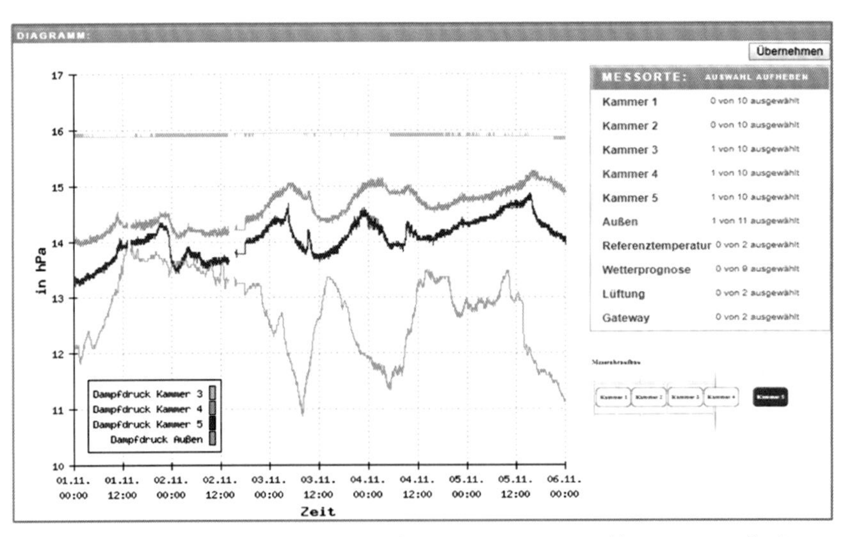


Bild 5 Bildschirmdarstellung in einem Web-Browser von ausgewählten Kurvenverläufen, hier Dampfdrücke Kammern 3 (Bauteil), 4 (Grenzschicht), 5 (Innenluft) und Außenluft

Für die Überwachung einer Langzeittrocknung sind regelmäßige und automatische Monatsberichte (Bild 6) mit für das zu trocknende Bauteil interessierenden Monatsdaten und einer Prognose sinnvoll.

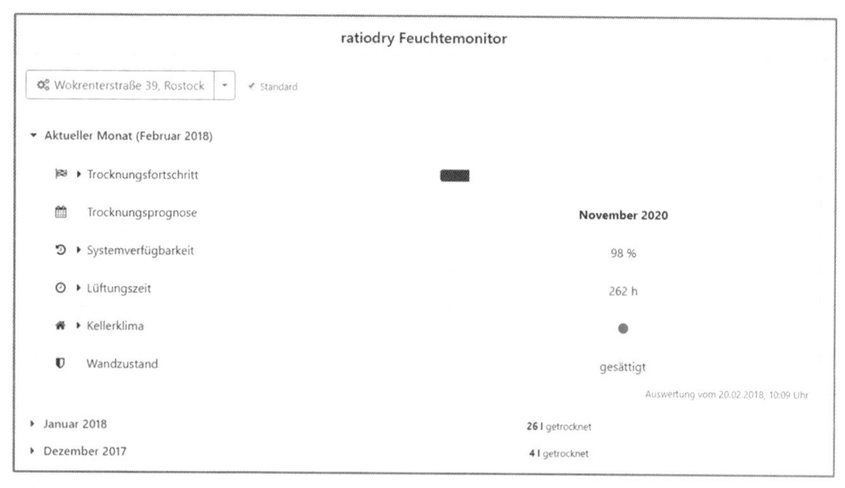


Bild 6 Monatsbericht, Stand Februar 2018

## 6 Praxisbeispiele und Ergebnisse

Objekte, Mess- und Berechnungsergebnisse der ausgewählten Testanlagen sollen mit dann aktuellem Stand am 02.11.2018 präsentiert werden. Bei den Anlagen handelt es sich um:

1. Modellversuch im Labor: gesteuerte Trocknung von Ziegelsteinen
2. Trocknung Kellerwand Wohngebäude Rostock: Überwachung einer gesteuerten Trocknung durch Belüftung einer unsanierten Kellerwand (Ziegel)
3. Trocknung Keller Wohngebäude Wernigerode: Überwachung einer gesteuerten Trocknung durch Belüftung des Kellers nach Einfügung einer Horizontalsperre ohne Sanierputz
4. Trocknung Keller Wohngebäude Rostock: Überwachung einer gesteuerten Trocknung durch Belüftung eines Kellers nach Einfügung einer Horizontalsperre mit anschließendem Aufbringen eines Sanierputzes
5. Dämmung Geschäftsgebäude Stralsund: Überwachung einer Innendämmschicht zwischen Trockenbauwand und feuchter Außenwand
6. Dämmung Wohngebäude Nienhagen: Überwachung einer nachträglich durchgeführten Einblasdämmung zwischen Trockenbauwand und Außenwand

Der Modellversuch mit einem geschlossenen Raumvolumen mit bekannten Größen dient der Prüfung des Systems und des Messaufbaus. Bild 7 zeigt die Messkurven inklusive der Trocknungsauswertung für eine freie, flache Wasseroberfläche.

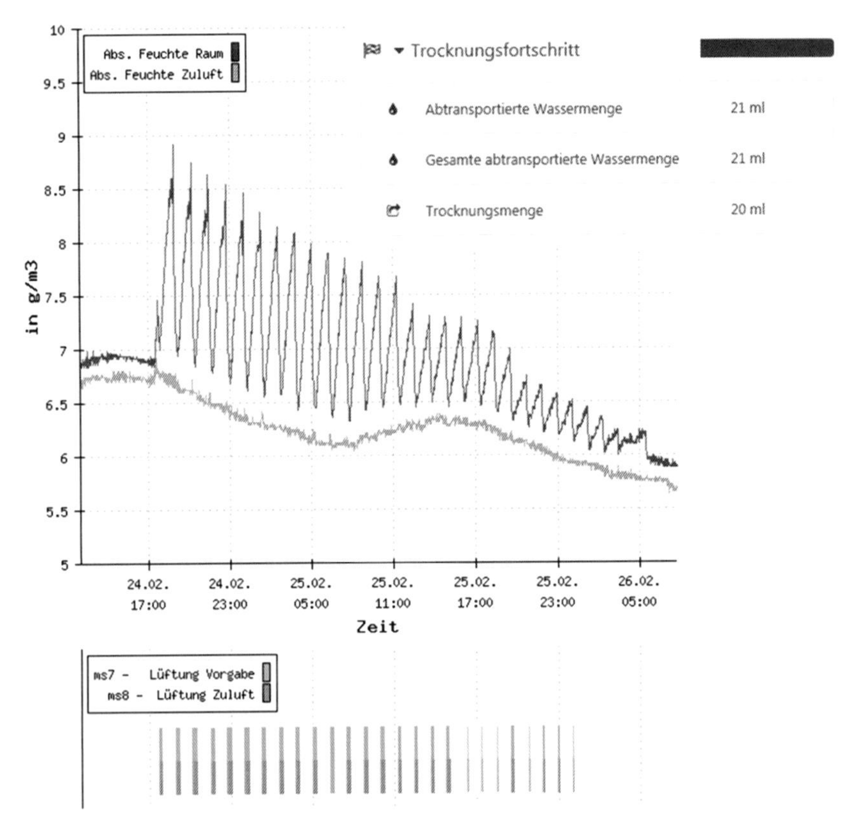


Bild 7 Daten Modellversuch, 20 ml, freie Oberfläche

Zu- und Abluftwerte sowie Messwerte innerhalb der Systemgrenzen werden gemessen, die Belüftungszeiträume und Luftaustauschraten sind bekannt und überprüfbar. Erwartungsgemäß sinkt die aufgenommene Feuchtigkeit in der Luft mit abnehmender Wassermenge, da gleichzeitig auch die Größe der Wasseroberfläche sinkt. Die berechnete Menge des abtransportierten Wassers entspricht sehr gut der zuvor eingefüllten Wassermenge. Bild 8 zeigt die Messwertverläufe für den Modellversuch mit zwei Ziegelsteinen. Die Wassermenge wird hier in einen Hohlraum gefüllt, so dass die Abtrocknung nur durch den

Wassertransport durch die Ziegelsteine erfolgen kann. Erwartungsgemäß ist die Feuchte im Hohlraum zunächst längere Zeit überhygroskopisch.

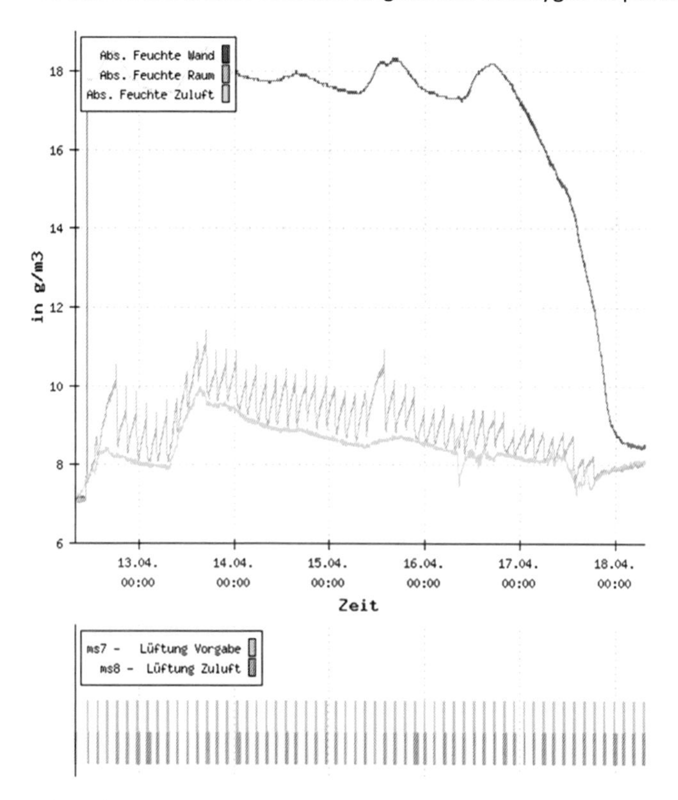


Bild 8 Modellversuch, 20 ml, Hohlraum zwischen 2 Ziegelsteinen, 0,0025 m³, 3,8 kg

Erst nach einer längeren Trocknungszeit fällt die Feuchtigkeit im Hohlraum in den hygroskopischen Bereich. Während dieser Trocknungszeit ist der Anstieg der Raumluftfeuchte bei zyklischer Belüftung zunächst relativ konstant, da die Abtrocknung immer durch Verdunstung an der Oberfläche der Ziegelsteine erfolgt und die Ausgleichsvorgänge innerhalb der Steine dafür sorgen, dass die Verdunstungsmenge gleichbleibt.
Daraus ergibt sich, dass bei Langzeitmessungen in realen Bedingungen ebensolche Vorgänge zu erwarten sind und eine stabile Prognose wichtig ist, um den Übergang zum hygroskopischen Bereich vorauszusagen. Bleibt dieser dann aus, ist der Trocknungsvorgang gestört bzw. verläuft nicht wie geplant.

Bild 9 zeigt zwei Messwertverläufe der relativen Feuchte in einer nach Süden ausgerichteten Kellerwand eines Wohngebäudes für Kammer 1 (ca. 15 cm von der Außenwandoberfläche) bzw. Kammer 3 (ca. 10 cm von Innenwandoberfläche) über 1 Jahr und belegt, dass bei Trocknung der hygroskopische Bereich bei beiden Messstellen erreicht wird. Dabei darf vermutet werden, dass eine Trocknung hier sowohl nach außen (unterstützt durch die Sonneneinstrahlung) als auch nach innen (unterstützt durch die Belüftung) erfolgt. Die Kurven zeigen aber auch, dass sinnvolle Zeiträume für eine Auswertung eine Länge über etliche Monate haben müssen.

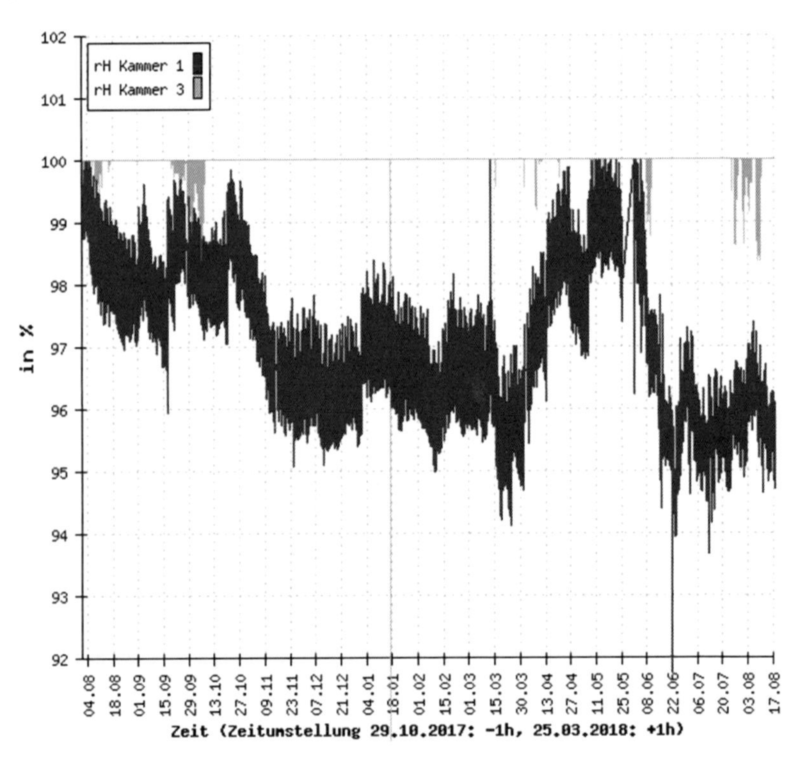


Bild 9 Daten Kellerwand Wohngebäude Rostock, Messrohr oberhalb Erdoberfläche

# 7 Ausblick

Die eingesetzte Technik zur Langzeitüberwachung von Trocknungsvorgängen arbeitet sehr zuverlässig und liefert die gewünschten Messdaten. Neben der Bereitstellung von Mess- und Berechnungsdaten erfolgt eine messdatenbasierte Steuerung von Trocknungsvorgängen wie z. B. Belüftung, wodurch die Interpretationsmöglichkeiten der Daten verbessert wird.

Die bisherigen Plausibilitätsprüfungen der Berechnungsergebnisse hinsichtlich ihrer Größenordnung zeigen, dass die theoretischen Modelle prinzipiell anwendbar sind. Die Validierung der Berechnungen und Prognosen von Trocknungen erfolgte in Modellversuchen und im Rahmen der Auswertung der Ergebnisse der Testanlagen. So soll zukünftig z. B. in Zusammenarbeit mit dem Lehrstuhl für Technische Thermodynamik der Universität Rostock die mehrdimensionale Modellierung instationärer Wärme- und Stoffübertragungsprozesse in der feuchten Wand mittels geeigneter Software erfolgen. Dazu werden weiterhin Parameterstudien für variierende Randbedingungen durchgeführt und aus dieser hochauflösenden dynamischen Simulation sollen vereinfachte Berechnungsansätze für die permanente automatisierte Bestimmung und Ausgabe des sich verändernden Wärmedurchgangskoeffizienten abgeleitet werden. Dadurch werden weitere Möglichkeiten für die Langzeituntersuchung von Trocknungsvorgängen geschaffen. Ziel ist es die langsamen Trocknungsvorgänge transparenter und besser prognostizierbar zu machen, um den Erfolg von Sanierungsmaßnahmen sicherzustellen.

Bild 10 zeigt die derzeitig angenommenen Erwartungsbilder der Anwender, wobei besonders die Interessen von Gebäudeeigentümer sowie die Bereitstellung von geeigneten Daten für Sachverständige, Architekten und Planer im Fokus stehen.

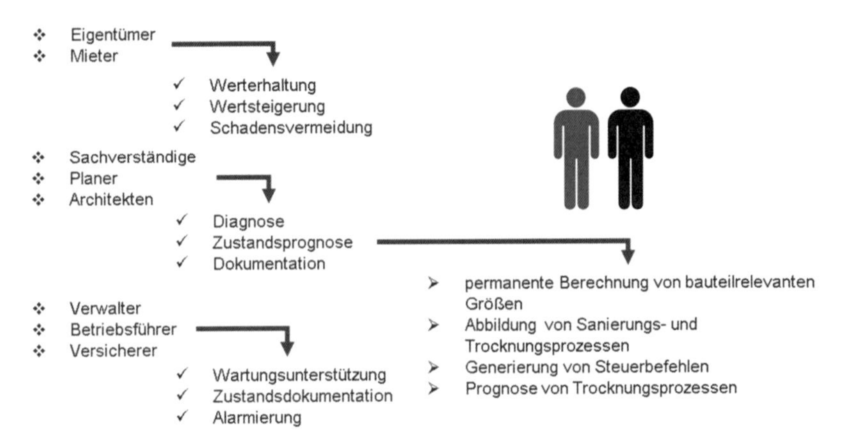


Bild 10 Erwartungsbilder der Anwender

## Literaturverzeichnis

[1] Norm DIN 18533-1:2017-07, Abdichtung von erdberührten Bauteilen – Teil 1: Anforderungen, Planungs- und Ausführungsgrundsätze, Beuth Verlag

[2] Dr.-Ing. Martin Donath, Dr.-Ing. Frank Grassert, Verfahren zur Permanentüberwachung eines Trocknungsprozesses von durchfeuchteten Bauteilen und Vorrichtung zur Durchführung des Verfahrens, Patentanmeldung

# Realität des Raumklimas – Erkenntnisse aus Langzeitmessungen

T. Ackermann, Minden

## Zusammenfassung

Als Folge der seit der ersten Wärmeschutzverordnung (WSchV) 1977 ständig gesteigerten Anforderungen an den baulichen Wärmeschutz führte die zunehmende Luftdichtheit der Gebäude zu einem Anstieg der Feuchtigkeit in Räumen. Im Rahmen eines Forschungsvorhabens werden seit nunmehr acht Jahren an 57 Standorten in der Bundesrepublik Daten der Raumlufttemperatur und Feuchte aufgezeichnet und mit den korrespondierenden Werten der Außenluft verglichen. Dabei handelt es sich um Bestandsgebäude

- bei deren Errichtung nur Anforderungen an den hygienischen Wärmeschutz bestanden und die sich immer noch im Originalzustand befinden
- für die es beim Bau zwar keine Anforderungen an den energiesparenden Wärmeschutz gab, bei denen aber nachträglich die Fenster erneuert wurden
- mit unterschiedlichen Anforderungen an den energiesparenden Wärmeschutz entsprechend der zum Zeitpunkt der Planung jeweils gelten WSchV bzw. EnEV.

Aus den gemessenen stündlichen Innen- und Außendaten der Temperatur und relativen Feuchte wurden Werte des absoluten Wassergehaltes der Luft, der Taupunkttemperatur, des Partialdampfdrucks und des Dampfdruckgefälles entwickelt. Zur besseren Vergleichbarkeit dieser Parameter erfolgte durch ein Regressionsverfahren die Umwandlung dieser Messergebnisse in Mittelwertkurven.

Wie ein Vergleich der Kurvenverläufe des absoluten Wassergehalts der Raumluft $c_i$ bei luftundichten Bestandsgebäuden (errichtet vor der WSchV 1977 und ohne

Sanierungsmaßnahmen) zeigt, sind die Werte im Gebäudeinneren nahezu deckungsgleich mit den Zyklen der Außenluft $c_e$ sind. Demgegenüber weisen „moderne“, luftdichte Gebäude mit Anforderungen an den energiesparenden Wärmeschutz durch den verminderten Austausch von Innenluft gegen Außenluft erhöhte Werte des absoluten Wassergehaltes in der Raumluft auf.
Die Analyse der Messergebnisse zeigte außerdem, dass mit Ausnahme extremer geographischer Lagen auf der schwäbischen Alb, im Alpengebiet bzw. im Fichtel- und Erzgebirge für das Bundesgebiet bei Untersuchungen zum hygienischen Wärmeschutz einheitliche Algorithmen der Außenlufttemperatur und Feuchtigkeit im Jahresgang verwendet werden können.
Durch die Auswertung der Messwerte über einen Zeitraum von mindestens sieben Jahren ist es darüber hinaus erstmals möglich mittels mathematischer Methoden Regressionskurven zur Darstellung des zeitlichen Temperatur- und Feuchteverlaufs der Innen- und Außenluft ohne den Einfluss einzelner Jahre zu generieren.

## 1 Einleitung

Anforderungen an den baulichen Wärmeschutz wurden in der Vergangenheit – und werden auch aktuell – immer nur eliminiert auf einzelne Fragestellungen bezogen, die dann ohne Berücksichtigung der Nachbardisziplinen fortgeschrieben wurden und werden. Im Wesentlich handelt es sich dabei um den hygienischen und den energiesparenden Wärmeschutz. Konsequenzen, z. B. in Bezug auf sich verändernde Innenraumtemperaturen und Feuchten die sich aus der Fortschreibung von Grenzwerten ergeben, wurden bisher ebenso wenig Ganzheitlich betrachtet wie der Einsatz unterschiedlicher gebäudetechnischer Anlagen und Ausrüstungen. Zur Analyse der Innenraumkonditionen von Gebäuden unterschiedlichen Alters an verschiedenen Standorten sowie mit bzw. ohne gebäudetechnischen Anlagen und Einrichtungen, werden im Rahmen eines Forschungsvorhabens seit 8 Jahren Daten der Raumlufttemperatur und relativen Luftfeuchte an 57 Standorten im gesamten Bundesgebiet gesammelt. Der vorliegende Beitrag stellt erste Ergebnisse aus dieser Untersuchung vor.

## 2 Messstellen

Um Aussagen über einen möglichen Einfluss des Standortes von Gebäuden auf die Temperatur und relative Feuchte im Inneren machen zu können war es erforderlich, parallel zu den Innenraumkonditionen auch die zugehörigen Werte der Außenluft an den Messpunkten zu erfassen. Durch die Unterstützung des

Deutschen Wetterdienstes (DWD) gelang es Teilnehmer für das Forschungsvorhaben zu gewinnen deren (Wohn)Gebäude sich in unmittelbarer Nähe zu einer Wetterstation des DWD befindet. Damit konnte eine Verfälschung des Bezugs der Außendaten auf die Werte im Gebäudeinneren ausgeschlossen werden.
Die im Rahmen des Forschungsvorhabens untersuchten Gebäude wurden in der Zeit von 1750 bis 2010 erstellt. Zum Zweck einer Systematisierung erfolgte die Einteilung der Gebäude in fünf Bau Alter Gruppen. Da die in der Literatur auffindbaren Einteilungen von Baualtersklassen nicht einheitlich sind, sondern sich an der der Betrachtung zu Grunde liegenden Fragestellung orientieren, basiert die vorliegende Systematik auf folgenden Gedanken:

- Bis zum Jahr 1900 folgten Baustoffe und Bautechniken traditionellen Wegen (Gruppe 1).
- Mit dem Fortschreiten der industriellen Revolution war eine Verbesserung von Materialien und Bauweisen verbunden. Bis zum Jahr 1944 gab es keine Anforderungen an den baulichen Wärmeschutz (Gruppe 2).
- Im Jahr 1944 wurden in DIN 4710 erstmalig Anforderungen an Wärmeschutz von Gebäuden definiert, die 1952 in DIN 4108 überführt wurden und mehr oder weniger bis 1981 Bestand hatten (Gruppe 3).
- Nach der Ölkrise im Oktober 1973 wurde das Streben nach Energieeinsparung auch auf den Bausektor ausgeweitet, woraus dann 1976 das Energieeinspargesetz und 1977 die erste Wärmeschutzverordnung folgte (Gruppe 4).
- Während DIN 4108-2 im Jahr 2001 überarbeitet und die Anforderungen an den hygienischen Wärmeschutz verschärft wurden, erfolgte eine Anpassung des energiesparenden Wärmeschutzes in den verschiedenen Novellen der WSchV und der EnEV. Mit Einführung der Energieeinsparverordnung im Jahr 2003 wurden auch Lüftungswärmeverluste in die Betrachtungen aufgenommen, sodass seit dieser Zeit angestrebt wird, Gebäude zunehmend luftdicht auszuführen (Gruppe 5).

Die Verteilung der untersuchten Gebäude in den so definierten Kategorien ist Tabelle 1 zu entnehmen.

Tabelle 1 Baualtersklassen und Anzahl der korrespondierenden Gebäude

| **Baujahr** | **Anzahl** |
|---|---|
| ≤ 1900 | 8 |
| 1900 bis ≤ 1945 | 11 |
| 1945 bis ≤ 1970 | 14 |
| 1970 bis ≤ 2000 | 17 |
| > 2000 | 6 |
| unbekannt | 1 |

Die örtliche Lage der Messstellen kann Bild 1 entnommen werden.

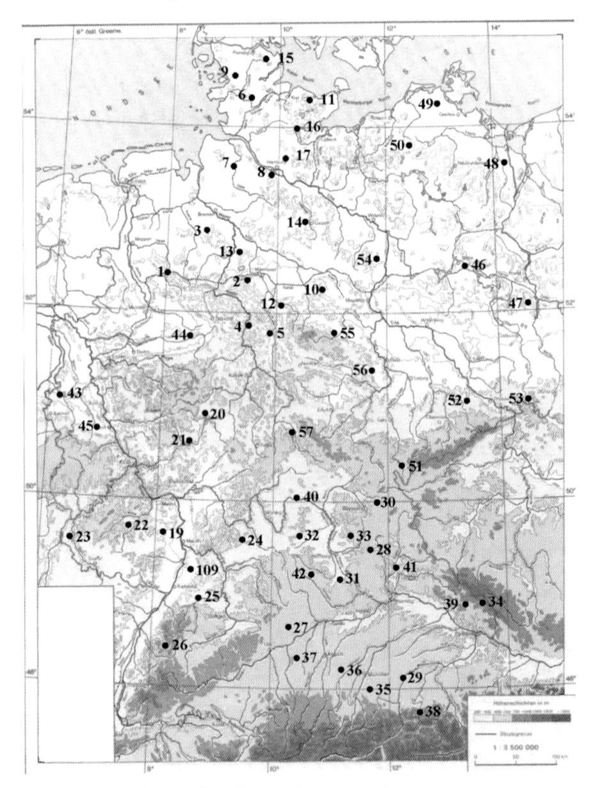


Bild 1 Standorte der Thermohygrographen

## 3 Einflüsse auf Innenraumkonditionen

Eine „punktgenaue" Aussage über Temperaturen und Feuchten in Gebäude ist nur auf der Basis von Messungen möglich. Es ist jedoch zu beachten, dass Festlegungen zu ganzen Gebäuden nur als ein grober Rahmen mit einer nicht zu unterschätzenden Schwankungsbreite der Daten aufgefasst werden können. Diese Schwankungen um einen Mittelwert sind darauf zurückzuführen, dass sich Angaben – eigentlich – nur auf einzelne Räume in Gebäuden beziehen können / sollen und diese meist unterschiedliche Abmessungen der Grundfläche und daraus resultierend unterschiedlich große raumbegrenzende Oberflächen aufweisen. Darüber hinaus weisen die zu betrachtenden Räume häufig abweichende Fensterflächen und Orientierungen auf. Neben diesen Aspekten sollten bei einer Analyse von Innenraumkonditionen mindestens auch folgende Aspekte beachtet werden:

- Nutzung des Raumes (Wohnen / Küche/ Bad / Schlafen / Arbeiten)
- Nutzerverhalten (hohe bzw. geringe Luftwechselrate / Raumtemperaturen)
- Standort (Küste /Binnenland / Kontinentalklima / mediterranes Klima)
- Bau Alter (alter Bestandsbau / neuerer Bestandsbau / Neubau)
- Bauweise (schwere Bauweise / leichte Bauweise)
- gebäudetechnische Anlagen (Lüftungsanlage / Kaminofen / offener Kamin)
- Modernisierung (Fenster / Türen / Fassade / Dach / andere wärmeübertragende Bauteile).

Aber nicht nur die einzelnen aufgeführten Punkte, sondern auch ihrer Kombination beeinflussen die Temperaturen in Räumen und den Gehalt an Wasser in der Raumluft. Aus dieser Erkenntnis heraus geben die vorliegenden Forschungsergebnisse – wie übrigens die Ergebnisse aus Messungen vor Ort generell – nur Bilder einzelner Situationen wider aus den Trends und Tendenzen abgeleitet werden können.

## 4 Messgeräte

Im Rahmen des Forschungsvorhabens wurden Datenlogger der Firma Trotec Typ DL 100 und der Firma Lufft Typ Opus 10 verwendet.

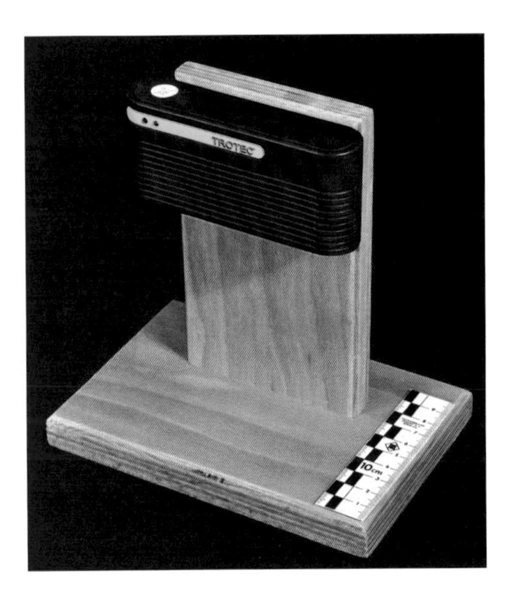


Bild 2 Datenlogger

Um die Zugänglichkeit des Sensors an die Raumluft zu gewährleisten, wurden die Geräte, wie in Bild 2 dargestellt, auf einem Ständer platziert. Alle Datenlogger messen die Temperatur und relative Feuchte am Standort im Minutentakt. In Hinblick auf die Kapazität des Messwertspeichers und den sich daraus ergebenden notwendigen Gerätewechsel erfolgte die Einstellung so, dass jeweils alle 15 Minuten Messwerte abgespeichert werden, wobei für die beiden o. g. Parameter eine Aufzeichnung des Mittelwerts aus den 15 Einzelangaben sowie des maximalen und der minimalen Messwerts im Zeitintervall erfolgt; d. h. die Datenlogger zeichnen alle 15 Minuten sechs Werte auf.
Da die korrespondierenden Außendaten des DWD nur im Stundenintervall vorliegen, erfolgte zur Auswertung der raumseitigen Daten die Mittelwertbildung aus vier 15 Minutenintervallen und die Erfassung des Maximums und des Minimums während der betrachteten Stunde.

## 5 Parameter

Wie bereits dargestellt, zeichnen die Messgeräte die Temperatur $\theta_i$ und die relative Feuchte $\varphi_i$ am jeweiligen Standort auf. Während die Temperatur im Raum – im Wesentlich – von keinem weiteren Einfluss abhängig ist, wird die relative Feuchte $\varphi_i$ aus der Temperatur $\theta_i$ und dem absoluten Wassergehalt $c_i$ bestimmt.

Die relative Feuchte $\varphi$ kann daher stets nur im Zusammenhang mit der Temperatur $\theta$ und dem absoluten Wassergehalt c gesehen und interpretiert werden. Um über den Feuchtegehalt der Raumluft eine Aussage machen zu können die von keiner weiteren Einflussgröße abhängt, erfolgt im Weiteren der Bezug auf den absoluten Wassergehalt c. Aus den Messwerten vor Ort wurden daher folgende Parameter für die Innen- und die Außenverhältnisse exzerpiert:

Lufttemperatur $\theta_i$ und $\theta_e$ [ °C ]
absoluter Wassergehalt der Luft $c_i$ und $c_e$ [ g/m³ ]
relative Luftfeuchte $\varphi_i$ und $\varphi_e$ [ ]
Taupunkttemperatur $\theta_{Tau,i}$ und $\theta_{Tau,i}$ [ °C ]
Partialdampfdruck $p_i$ und $p_e$ [ Pa ]
Dampfdruckgefälle $\Delta p$ [ Pa ]

Da die Messwerte aufgrund der meteorologischen Schwankungen stark variieren, ist auf dieser Datenbasis ein Vergleich nicht oder nur schwer möglich. Für eine Analyse der Messergebnisse wurden daher durch Regressionen Mittelwertkurven für die o. g. Parameter im jeweiligen Auswertezeitraum generiert.

## 6 Auswertezeiträume

Um aus instationären meteorologischen Daten Angaben zu maximalen oder minimalen Ereignissen oder – wie im vorliegenden Fall – Mittelwertkurven entwickeln zu können die von den Ereignissen in einzelnen Jahren unabhängig sind, ist es erforderlich eine ausreichend lange Zeitspannen zu untersuchen. Für Extremwertbetrachtungen sollte – idealerweise – auf einen Zeitraum von 20 bis 50 Jahren, jedoch auf nicht weniger als 10 Jahre zurückgegriffen werden.
Für die Bestimmung von Mittelwertkurven der Innenraumkonditionen sollte ebenfalls auf Datenstämme über einen Zeitraum von 10 bis 50 Jahre zurückgegriffen werden, allgemeingültigen Vorgaben gibt es derzeit jedoch nicht. Die einzigen verfügbaren Angaben zur relativen Feuchte in Gebäuden bezogen sich in der Vergangenheit auf eine Untersuchung in zehn Räumen in Gebäuden am Standort Holzkirchen und erstreckten sich über einen Zeitraum von einem Jahr [1]. Daraus folgt aber, dass die so erzielten Ergebnisse sehr stark die Verhältnisse im Untersuchungszeitraum und am Standort widerspiegeln. Das vorliegende Forschungsvorhaben erstreckt sich dagegen derzeit über einen Zeitraum von mehr als 8 Jahren (Beginn Mitte 2010, die Datenerhebung ist noch nicht abgeschlossen) und umfasst 57 Standorte im gesamten Bundesgebiet. Die dabei ermittelten Daten wurden sowohl für einzelne Jahre als auch für die Kombination hintereinanderliegender Jahre durch Regression in mathematischen Kurven abgebildet

(siehe Tabelle 2). Die Beschreibung der Grundschwingung der Kurven erfolgte über eine Sinusfunktion. Zur Darstellung des Algorithmus sind der Mittelwert, die Amplitude und die Phasenverschiebung erforderlich.

Tabelle 2 Parameter der Regressionskurven des Gesamtwassergehaltes am Standort 109 in verschiedenen Zeiträumen

| Zeit | Gesamtwassergehalt | | | | | |
|---|---|---|---|---|---|---|
| | Phasenverschiebung [ h ] | | Amplitude [ g/m³ ] | | Mittelwert [ g/m³ ] | |
| | innen | außen | innen | außen | innen | außen |
| 2011 | -2865 | -2590 | 1,65 | 3,07 | 9,29 | 7,84 |
| 2012 | -2333 | -2451 | 1,76 | 3,12 | 8,58 | 7,72 |
| 2013 | -2691 | -2560 | 2,13 | 3,27 | 9,24 | 7,83 |
| 2014 | -2864 | -2715 | 1,74 | 2,82 | 9,61 | 8,42 |
| 2015 | -2747 | -2523 | 1,69 | 2,67 | 9,21 | 7,86 |
| 2016 | -2638 | -2556 | 2,51 | 3,53 | 9,58 | 8,16 |
| 2011 - 2012 | -3269 | -2824 | 2,21 | 3,35 | 9,31 | 7,77 |
| 2012 - 2013 | -3226 | -2798 | 2,50 | 3,43 | 9,29 | 7,77 |
| 2013 - 2014 | -3205 | -2896 | 2,37 | 3,30 | 9,42 | 8,12 |
| 2014 - 2015 | -3376 | -3076 | 2,34 | 3,25 | 9,61 | 8,42 |
| 2011 - 2013 | -3298 | -2879 | 2,45 | 3,48 | 9,28 | 7,79 |
| 2012 - 2014 | -3302 | -2893 | 2,50 | 3,37 | 9,39 | 7,99 |
| 2013 - 2015 | -3312 | -2996 | 2,55 | 3,44 | 9,42 | 8,13 |
| 2011 - 2014 | -3333 | -2928 | 2,45 | 3,42 | 9,36 | 7,95 |
| 2012 - 2015 | -3339 | -2935 | 2,57 | 3,42 | 9,40 | 7,98 |
| 2011 - 2015 | -3351 | -2947 | 2,49 | 3,44 | 9,37 | 7,95 |
| 2011 - 2016 | -3353 | -2952 | 2,49 | 3,45 | 9,36 | 7,95 |

Dehnt man diese Betrachtungen auf die Gesamtheit der Regressionskurven an den zur Verfügung stehenden Standorten, die in Abschnitt 6 aufgelisteten Auswertegrößen innen und außen sowie auf die Auswertezeiträume aus dann wird deutlich, dass erst nach einem Zeitraum von mindestens 7 Jahren mit einer Verstetigung der Kurvenverläufe und damit der Parameter gerechnet werden kann. Kürze Betrachtungszeiträume weisen jeweils einen starken Einfluss der meteorologischen Außenverhältnisse einzelner Jahre auf die Innenraumkonditionen auf.

# 7 Analyse der Messergebnisse

In Abschnitt 4 wurden bereits einige der Einflussfaktoren für Innenraumkonditionen von Gebäuden aufgelistet. Da die Fülle dieser Möglichkeiten den in der vorliegenden Publikation zur Verfügung stehenden Rahmen sprengt, wird im Folgenden den Fragen nachgegangen, ob

- der Standort der Messstationen
- das Baualter der Gebäude
- mögliche Sanierungen
- gebäudetechnische Anlagen und Einrichtungen

Einfluss auf die Temperatur $\theta_i$, insbesondere aber auf den absoluten Wassergehalt $c_i$ in Gebäuden haben.

## 7.1 Außenluftdaten

Wie in Bild 1 zu sehen ist, sind die Standorte der Thermohygrographen über das gesamte Bundesgebiet verteilt. Sie reichen von der Nord- und Ostseeküste bis ins Alpengebiet, vom östlichen Brandenburg bis an die Westgrenze Nordrhein-Westfalens und erfassen das Erzgebirge ebenso wie den Oberrheingraben. Aufgrund dieser großen Flächenabdeckung kann der Frage nachgegangen werden, ob sich die Außenlufttemperatur $\theta_e$ und der absolute Wassergehalt $c_e$ der Außenluft an den verschiedenen Standorten so stark unterscheiden, dass für den Kurvenverlauf eine Differenzierung nach Standorten erforderlich ist. Zur Analyse dieses Problems wurden die Regressionskurven an 33 Standorten für den Zeitraum vom 1. Januar 2011 bis 31. Dezember 2015, also über 5 Jahren hinweg, in den Bildern 3 und 4 dargestellt. Die Daten der Außenlufttemperatur $\theta_e$ basieren auf Messwerten von Stationen des Deutschen Wetterdienstes (DWD) an den untersuchten Standorten, während der absolute Wassergehalt $c_e$ aus der Außenlufttemperatur $\theta_e$ und den Messwerten der relativen Feuchte der Außenluft $\varphi_e$ bestimmt wurde.

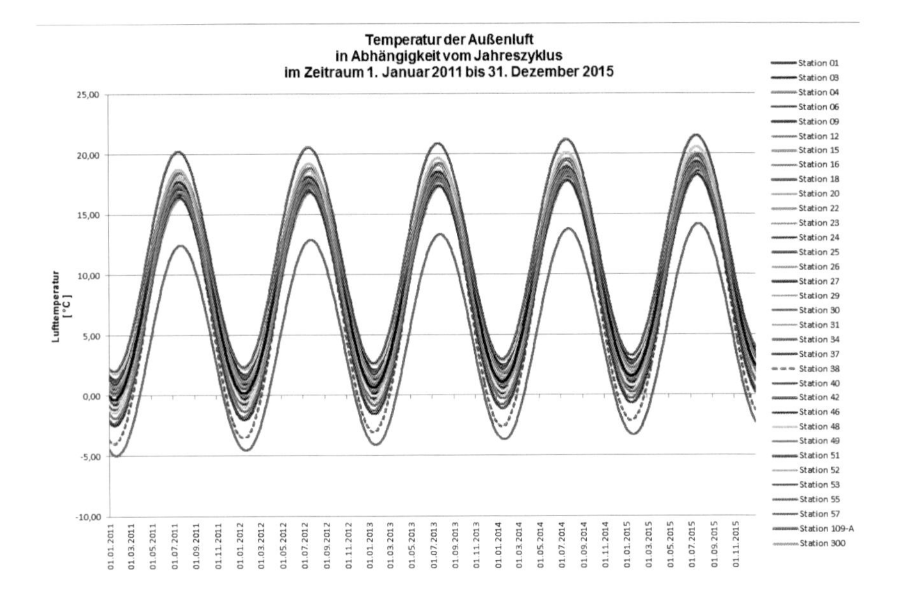


Bild 3 Regressionskurven der Außenluft θe

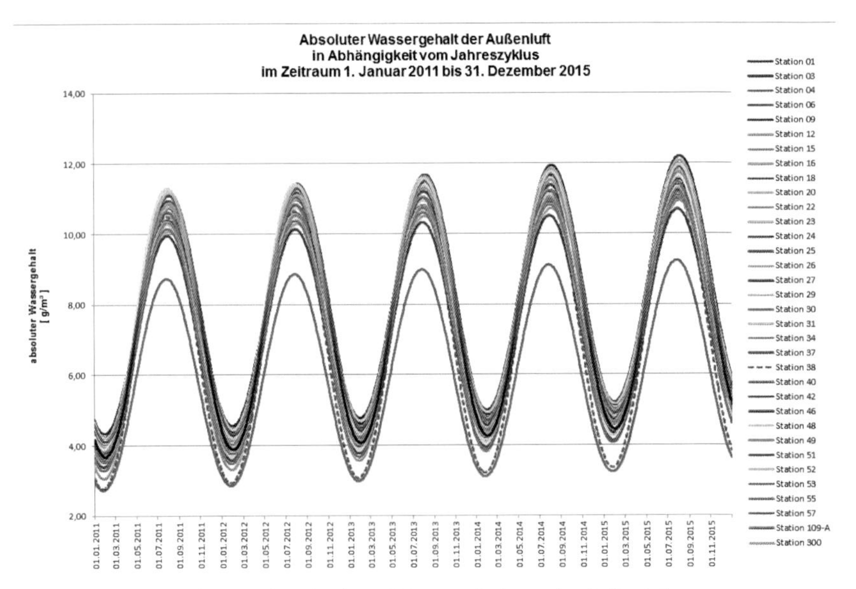


Bild 4 Regressionskurven des absoluten Wassergehalts ce der Außenluft

Aus der Betrachtung der Bilder 3 und 4 wird folgendes deutlich:

- Sowohl die Außenlufttemperaturen $\theta_e$ als auch der absolute Wassergehalt $c_e$ schwingen harmonisch
- der Mittelwert der Kurvenverläufe ist in beiden Fällen nicht waagerecht, sondern weist eine Steigung auf

Sowohl die Außenlufttemperaturen $\theta_e$ als auch der absolute Wassergehalt $c_e$ zeigen zwar am oberen und unteren Durchgang der Kurven Spreizungen von ca. 2,0 bis 4,5 K bei der Außenlufttemperatur und ca. 1,0 bis 1,3 g/m³ beim absoluten Wassergehalt. Lässt man jedoch die extremen Standorte 109, 30 und 38 unberücksichtigt, dann kann man aus den Kurvenscharen sowohl für die Außenlufttemperatur $\theta_e$ als auch für den absoluten Wassergehalt $c_e$ folgern, dass – außer bei klimatischen Extremlagen – bei „üblichen" Untersuchungen im Bundesgebiet ein Mittelwert aus den gezeigten Kurvenverläufen ausreichend ist.
Für Untersuchen mit dem Fokus auf hohe Außenlufttemperaturen $\theta_e$ und Feuchten $c_e$ kann der Standort 109 herangezogen werden der in der Nähe von Mannheim liegt. Aufgrund der häufigen Südwest-Strömungen liegen im Oberrheingraben teilweise fast mediterrane Verhältnisse vor, da bei dieser Wetterlage über das Rhone Tal Luftmassen aus dem Mittelmeerraum herbeigeführt werden. Bei Fragestellungen mit dem Augenmerk auf niedrige Außenlufttemperaturen $\theta_e$ und absolute Feuchten $c_e$ sollte der Standort 38 herangezogen werden. Die beiden unteren Kurvenverläufe in den Bildern 3 und 4 wurden an den Standorten 30 und 38 ermittelt. Die Messstation am Standort 30 liegt im Erzgebirge, während sich der Standort 38 in den Alpen befindet. Es ist jedoch zu beachten, dass am Standort 30 die DWD-Station in 1213 m Höhe über NN liegt, der zugehörige Aufstellungsort des Thermohygrographen aber nur in ca. 800 m Höhe über NN. Am Standort 38 befindet sich dagegen sowohl die Wetterstation als auch das korrespondierende Wohngebäude in Ortsrandlage in einer Höhe von ca. 690 m über NN.
Da bei einer ganzen Reihe baurechtlicher Anforderungen aus dem Bereich der Bauphysik auf den Standort Potsdam Bezug genommen wird, sind zur Information in den Bildern 3 und 4 mit der Standortnummer 300 auch dessen Verläufe der Außenlufttemperatur $\theta_e$ und des absoluten Wassergehaltes $c_e$ im Betrachtungszeitraum dargestellt.

## 7.2 Innenluftdaten

Wie groß die Abweichungen zwischen Innen- und Außenverhältnissen sind, kann man sehen, wenn man die in den Bildern 5 und 6 dargestellten Kurvenverläufe der Innenraumkonditionen der Lufttemperatur $\theta_i$ und absolute Feuchten $c_i$ mit den korrespondierenden Darstellungen für $\theta_e$ und $c_e$ vergleicht.

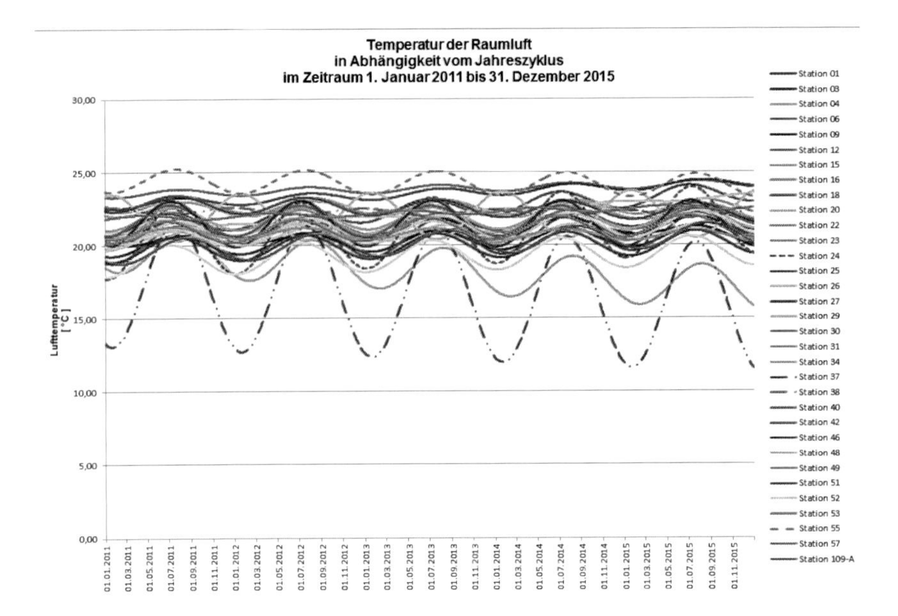


Bild 5 Regressionskurven der Raumluft $\theta_i$

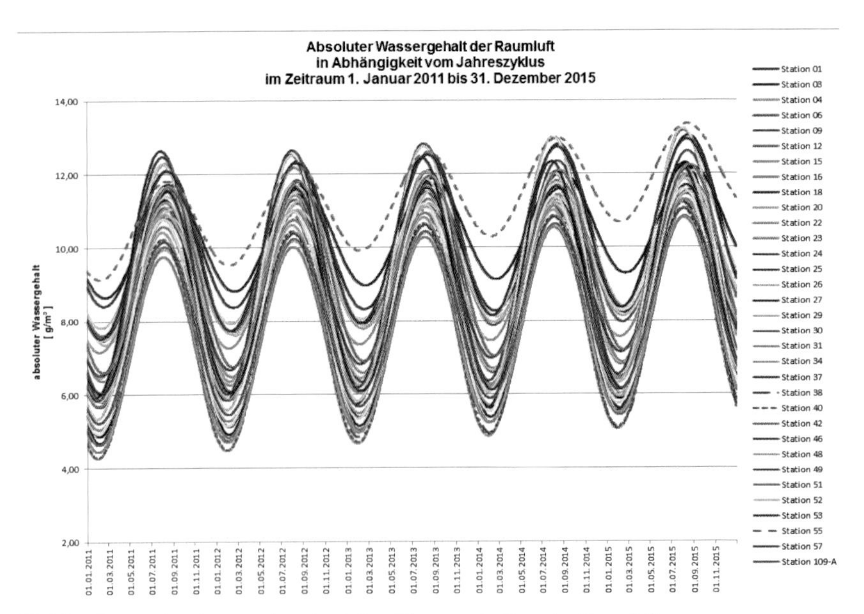


Bild 6 Regressionskurven des absoluten Wassergehalts $c_i$ der Raumluft

Wie nicht anders zu erwarten war, macht ein Vergleich der Bilder 3 und 4 mit den Bildern 5 und 6 deutlich, dass die Innenraumkonditionen – an fast allen Standorten – in ähnlich Zyklen wie die Außenwerte schwanken. Betrachtet man die Kurven etwas genauer – und hierbei insbesondere die Verteilungen der Temperaturen $\theta_i$ in Bild 5 – dann kann man erkennen, dass es teilweise zu Phasenverschiebungen zwischen den einzelnen Verläufen kommt. Da ein solches Phänomen bei den Außenlufttemperaturen $\theta_e$ in Bild 3 nicht auftritt liegt der Schluss nahe, dass diese Verschiebung auf bauliche Gegebenheiten und nutzerbedingtes Verhalten zurückzuführen ist. Bauseits sind für derartige Effekte die Wärmespeicherfähigkeit der raumumschließenden Bauteile ursächlich, das Nutzerverhalten bezieht sich auf die Lüftungsgewohnheiten. Ein ähnliches Bild zeigt sich auch bei der Betrachtung des absoluten Wassergehaltes. Auch hier werden Phasenverschiebungen zwischen den verschiedenen Standorten deutlich. Diese sind im Wesentlichen auf den Luftwechsel im Gebäude – Nutzer oder anlagentechnisch bedingt – zurückzuführen. Bei luftdichten Gebäuden mit geringer Luftwechselrate dauert die Abfuhr von Feuchteeinträgen aus der Nutzung und der Außenluft länger im Vergleich zu Gebäuden mit geringer Luftdichtheit. Der Effekt der Phasenverschiebung kann zwar durch den Einsatz lüftungstechnischer Anlagen und Einrichtungen vermindert oder beseitigt werden, aber hinsichtlich des absolut Wertes der Innenraumfeuchte zeigen die Untersuchungen, dass auch bei mechanisch belüfteten Gebäuden der absolute Wassergehalt der Innenluft deutlich über den Werten undichter Gebäude liegt.
Als ein weiteres Ergebnis der Auswertungen konnte festgestellt werden, dass nicht das Bau Alter eines Gebäudes entscheidend ist für den Feuchtegehalt der sich darin einstellt, sondern dass der Austausch bzw. die Erneuerung von Fenstern einen wesentlichen Einfluss auf die relative Feuchte $\varphi_i$ und den absoluten Wassergehalt $c_i$ im Gebäude hat.

## 7.3 Vergleich von Gebäudetypen

Um die Auswirkung auf die absolute Feuchte in Gebäuden, die sich aus deren Bau Alter und der technischen Ausführung ergibt deutlich zu machen, werden im Folgenden die Standorte 18, 63 und 109 mit einander verglichen.
Alle drei Gebäude befinden sich im Oberrheingraben zwischen Frankfurt und Karlsruhe, wobei die Standorte hinsichtlich der Außenluftkonditionen (Temperatur und Feuchte) keine nennenswerten Unterschiede aufweisen.
Das Gebäude am Standort 18 wurde im Jahr 1960 errichtet, seitdem nicht saniert oder bautechnisch auf- oder nachgerüstet und verfügt noch über die ursprünglichen Fenster mit Einfachverglasung. Es stellt somit einen Stand dar, der die ursprünglichen Anforderungen an den hygienischen Wärmeschutz nach DIN

4108:1952 widerspiegelt. Das Gebäude am Standort 109 wurde im Jahr 2009 fertiggestellt, weist U-Werte der wärmeübertragenden Bauteile auf die über dem Niveau der zum Zeitpunkt der Ausführung geltenden Energieeinsparverordnung lagen und erzielte bei einer Messung der Luftdichtheit nach dem Druckdifferenzenverfahren einen Wert von $n_{50} \approx 0{,}9\ h^{-1}$. Beim Gebäude am Standort 63 handelt es sich um ein Passivhaus. Es erfüllt die Anforderungen des Passivhausinstituts Darmstadt und verfügt über eine mechanische Be- und Entlüftungsanlage mit Wärmerückgewinnung.
Da für das Passivhaus erst seit dem Jahr 2013 Daten vorliegen, beziehen sich die Vergleiche der drei Gebäudetypen auf den Zeitraum vom 1. Januar 2014 bis zum 31. Dezember 2016. Im Folgenden werden zunächst die Gebäude an den drei Standorten einzeln und anschließend im Vergleich dargestellt. Die Analyse bezieht sich dabei auf den absoluten Wassergehalt c.

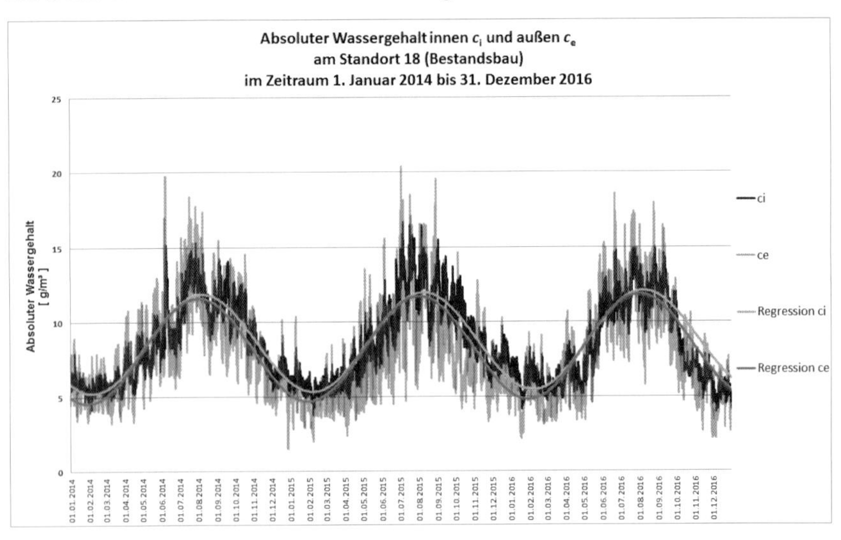


Bild 7 Absoluter Wassergehalt der Raumluft $c_i$ am Standort 18

Bild 7 zeigt, dass sowohl die stündlichen Werte des absoluten Wassergehaltes der Raumluft $c_i$ als auch die korrespondierenden Außenwerte $c_e$ nahezu deckungsgleich sind. Dies spiegelt sich auch in der Kongruenz der Regressionskurven wider. Der Grund hierfür liegt in der Luftdurchlässigkeit der Außenbauteile, insbesondere der Fenster; d. h. nimmt der absolute Wassergehalt in der Außenluft $c_e$ zu, dann steigt, aufgrund der hohen Luftwechselrate, auch der Wert der Innenluft $c_i$ – und umgekehrt. Aus Sicht des hygienischen Wärmeschutzes liegt somit für ein thermisch träges, d. h. schweres Gebäude in der kritischen Phase im Januar bis Februar eine niedrige Feuchtelast vor. Das Schimmelpilzrisiko wäre daher – bei einer Vernachlässigung der Bauteil Oberflächentemperaturen $\theta_{si}$ – eher gering, während die hohe Luftwechselrate auf einen erhöhten Heizwärmebedarf schließen lässt.

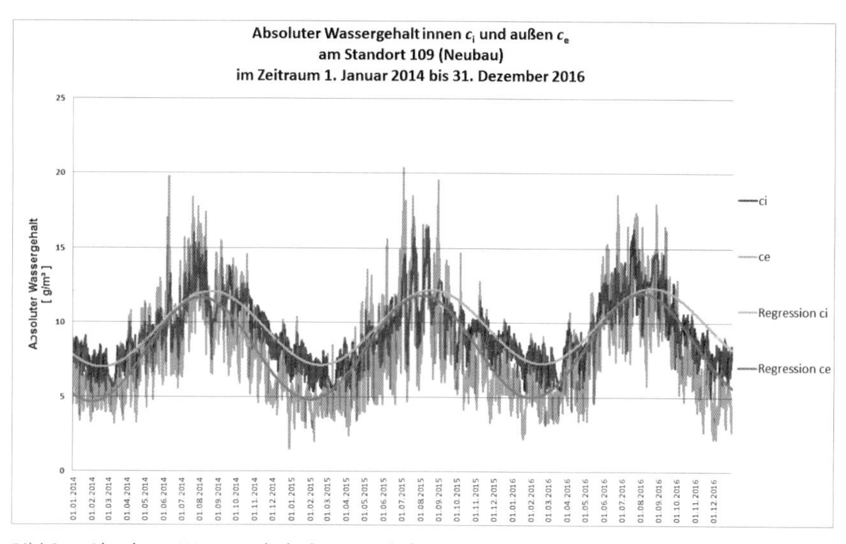


Bild 8 Absoluter Wassergehalt der Raumluft $c_i$ am Standort 109

Beim Gebäude am Standort 109 unterscheiden sich die Verhältnisse des absoluten Wassergehaltes $c_i$ deutlich von den im Gebäude am Standort 18 gemessenen Werten. Aufgrund der Luftdichtheit erfolgt hier nur ein geringer Austausch von Raumluft gegen Außenluft, sodass die Feuchtigkeit die in das Gebäude eingetragen wird bzw. die im Gebäude entsteht, nicht durch trockenere Außenluft ersetzt werden kann. Außerdem steigt der absolute Wassergehalt der Raumluft $c_i$ auch dann noch weiter an, wenn die Werte der Außenluft im Mittel bereits abnehmen. Dies ist auf einen verminderten Luftaustausch über Undichtheiten, aber auch auf eingeschränkte Möglichkeiten zur Lüftung durch die Nutzer zurückzuführen. Für thermisch träge, d. h. schwere Gebäude führt dies während der kalten Jahreszeit zu einer erhöhten Raumluftfeuchte und damit zu einem vermehrten Risiko in Hinblick auf den hygienischen Wärmeschutz. Auch bei thermisch dynamischen, also leichten Gebäuden steigt durch den verminderten Luftwechsel das Risiko der Schimmelpilzbildung. In diesem Fall liegt die kritische Phase allerdings nicht in der der Zeit von Januar bis Februar mit niedrigen Außenlufttemperaturen, sondern in der Zeit von August bis September (teilweise bis Oktober), also in der Periode während der die Feuchtigkeit im Gebäude durch mangelnden Luftaustausch sogar noch zunimmt. Das erhöhte Schimmelpilzrisiko bei thermisch dynamischen Gebäuden resultiert aus dem Umstand, dass es schon im Herbst bei einem Absinken der Außenlufttemperatur durch die geringe speicherfähige Masse der wärmeübertragenden Bauteile zu einem raschen Abfall der Innenoberflächen kommen kann, während zu dieser Zeit im Gebäude Zeit noch hohe Feuchtigkeitswerte gegeben sind. Als positiv ist beim Gebäude am Standort 109 ein verminderter Heizwärmebedarf durch geringe Lüftungswärmeverluste festzustellen.

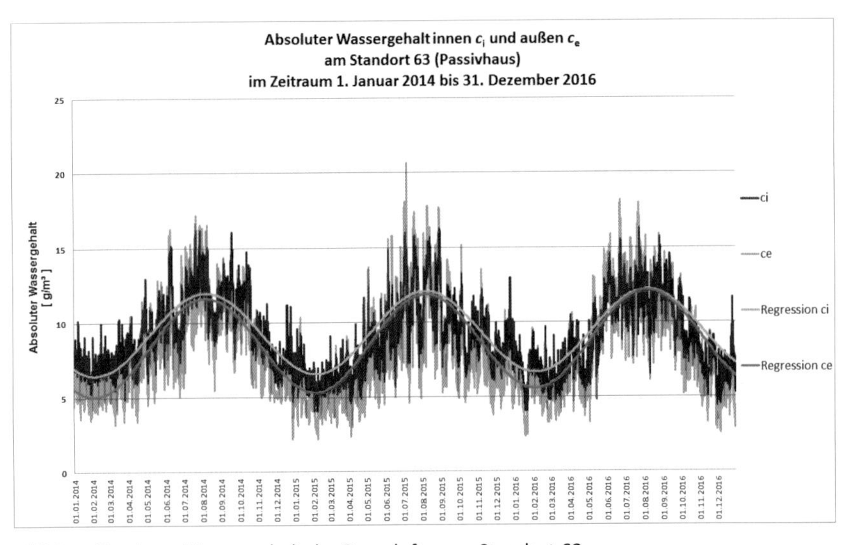


Bild 9 Absoluter Wassergehalt der Raumluft $c_i$ am Standort 63

Wie die Auswertung von Bild 9 zeigt, liegt auch im Fall eines Passivhauses der absolute Feuchtegehalt der Raumluft über den Werten der Außenluft. Daraus folgt, dass auch durch den Einsatz von Anlagen zur mechanischen Be- und Entlüftung die Innenraumkonditionen eines stark belüfteten Gebäudes nicht erreicht werden können. Jedoch sind die Minimalwerte der Feuchte in diesem Gebäude bedingt durch die raumlufttechnische Anlage geringer im Vergleich zu einem „energiesparenden" Gebäude ohne Lüftungsanlage, ein Umstand, der sich positiv auf den hygienischen Wärmeschutz auswirkt. Aus Bild 9 geht aber auch hervor, dass es, im Gegensatz zu Bild 8, zu keiner Phasenverschiebung zwischen Innen- und Außenwerten kommt, d. h. bei einer geregelten Belüftung nimmt die Feuchtigkeit im Gebäude ab wenn die Außenwerte fallen. Damit liegt ein Verhalten vor, welches dem des luftundichten Gebäudes am Standort 18 stark ähnelt.

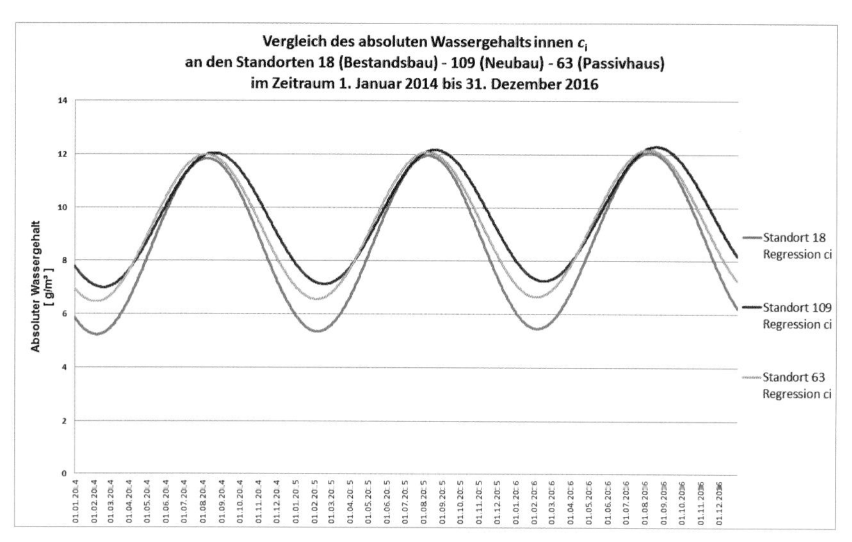


Bild 10 Vergleich des absoluten Wassergehalts der Raumluft $c_i$

Eigentlich sollte man davon ausgehen können, dass beim Gebäude am Standort 63 durch die luftdichte Ausführung in Kombination mit einer mechanischen Anlage zur Be- und Entlüftung die positive Wirkung einer hohen Luftwechselrate analog zum Standort 18 mit dem geringen Heizwärmebedarf wie bei Gebäude 109 kombiniert wird. Bild 10 macht jedoch deutlich, dass beim Standort 63 zwar im Vergleich zum Gebäude am Standort 109 ein niedrigerer absoluter Wasserhalt ci zu verzeichnen ist, die Werte aber immer noch über dem Kurvenverlauf des Gebäudes am Standort 18 liegen. Dies bedeutet, dass lüftungstechnische Anlagen in Gebäuden zwar zu einer Verminderung der Feuchtigkeit in Gebäuden beitragen, aber auch durch den Einsatz haustechnischer Anlagen nicht die Wirkung einer unkontrollierten, natürlichen Lüftung erreicht wird.

## 8 Fazit

Mit dem laufenden Forschungsvorhaben zur Untersuchung der Temperatur und Feuchte in Gebäuden konnten erstmals Werte der Innenraumverhältnisse über einen Zeitraum ermittelt werden, die eine von einzelnen Jahren unabhängige mathematische Darstellung von Regressionskurven an verschiedenen Standort in der Bundesrepublik und von Gebäuden unterschiedlichen Bau Alters ermöglichen. Die Untersuchungen zeigen, dass es für die Darstellung des zeitlichen Verlaufs der Außenlufttemperatur und Feuchte im Bundesgebiet, mit Ausnahme

von extremen Lagen auf der schwäbischen Alb, im Alpengebiet, dem Fichtel- und Erzgebirge ausreichend ist, einen Algorithmus anzugeben.
Die Analyse von Gebäuden unterschiedlichen Bau Alters, unterschiedlicher Sanierungsstadien und unterschiedlicher Ausführungen bei gebäudetechnischen Anlagen lässt erkennen, dass die vermehrten Anstrengungen zum energiesparenden Wärmeschutz in vergangenen Jahrzehnten zu einer Zunahme der Feuchte in Gebäuden geführt haben. Bei „modernen" Gebäuden kann diese ungünstige Wirkung erhöhter Feuchtigkeit in Bezug auf den hygienischen Wärmeschutz zwar durch die höheren Oberflächentemperaturen – in der Regel – kompensiert werden. Fehlstellen der thermischen Qualität in der Gebäudehülle bei Neubauten oder mangelnder Wärmeschutz bei Bestandsbauten, z. B. nach einem Austausch von Fenstern, können jedoch dessen ungeachtet zur Bildung von Schimmelpilzen auf Bauteil-Innenoberflächen führen.
Die Untersuchungen zeigen, dass Berechnungen zur Planung von Bauteilen und Anschlüssen nur auf der Basis von Daten aus ausreichend langen Zeitreihen erfolgen sollten und dass bei der Festlegung von Grenzwerten ein genügend großer Sicherheitszuschlag berücksichtigt werden sollte. Berechnungen die diese Aspekte nicht oder nur unzureichend berücksichtigen bergen das Risiko, dass es trotz eingehaltener Nachweise zu einem Mangel am Bau kommt.

## Literaturverzeichnis

[1] H. M. Künzel, Raumluftfeuchteverhältnisse in Wohnräumen. In IBP-Mitteilungen 314. Neue Forschungsergebnisse kurzgefasst, Nr. 24 1997

# Aktuelle Schadstoffproblematik – Umgang mit Fogging und Chloranisol

*Peter Neuling, Berlin*

## Zusammenfassung

**Fogging**: Als Fogging im Innenraum wird eine Abscheidung von Staub in Kombination mit einer schmierig-öligen Oberfläche an Raumoberflächen bezeichnet. Nachfolgend werden solche Faktoren und Beobachtungen gelistet, bei welchen das Auftreten des Fogging-Phänomens zumeist beobachtet worden war: So z.B. bei vorausgegangenen Renovierungsarbeiten nach Verwendung von Farben, Lacken und Klebern – heute immer mit schwerflüchtigen org. Verbindungen versetzt mit sog. SVOCs. Diese Stoffklasse befindet sich aber auch in Duftstoffen, Reinigungsmitteln und Kunststoffen aller Art. Es sind klebrige Substanzen, die sich an Staub oder Rußpartikeln andocken. Fogging tritt insbesondere im nachfolgenden Winter zu Beginn der Heizperiode auf und damit der Existenz von Wärmebrücken an Außenwänden. Sehr häufig waren bei Fogging entsprechende Ruß- und Staubquellen – wie Kerzen, Öllämpchen, Kamin, verbleibender Kochdunst – in entsprechend belasteten Wohnungen festzustellen. Speziell zu Beginn der Heizungsperiode ist zunächst die Raumluft wärmer als an den angrenzenden Wänden: Das führt zum Effekt der Thermophorese. Ebenfalls in den Wintermonaten werden häufig Kerzen, Kamine und andere Rußquellen in Gang gesetzt, das führt zu vermehrtem Feinststaub. Insbesondere bei wärmegedämmten Wohnungen und, einhergehend mit luftwechseldichten Fenstern (Luftwechsel heute üblich bei < 0,1 bis 0,5 pro Std.), verbleiben Staub, Ruß, Aerosolpartikel, schwerflüchtige organische Verbindungen (SVOC) und Feuchtigkeit verstärkt in den Wohnungen. Eigentlich unsichtbare SVOC-Moleküle lagern sich zuerst an Feinststaubpartikel an. Durch Wiederholung des Vorganges an einem Partikel wachsen diese bis zur Sichtbar-Werdung. Parallel laufen ab die Prozesse der Thermophorese, der Prallflächen-Turbulenzen an Ixeln, das Fehlen von Stoff-Senken (minimales Lüften) und erhöhte Raumluftfeuchten.

**Chloranisole** wurden etwa vor 30 Jahren in „riechenden Weinen“ festgestellt. Der Kontaminant wurde über den Korkverschluss „eingeschleust“. Solche bereits in Flaschen abgefüllten Weine hatten dann den Makel des „Korktons“. Die Chloranisole werden durch Biomethylierung von Chlor-Phenolen gebildet, welche sich durch entsprechende Behandlung des Korkmaterials „eingeschlichen“ haben. Die Substanzklasse der Chloranisole – mehrfach chlorierte Phenyl-Methyl-Äther- sind geruchlich höchst auffällige Verbindungen, deren Eigengeruch als muffig-schimmelig beschrieben wird. Neuerdings stehen sie vehement im Fokus, da sie sehr häufig in Fertighäusern mit Baujahren bis zu 1985 wahrgenommen werden. Um die Durchschnittskonzentrationen der geruchsstärksten Chloranisole zu ermitteln, hat sich besonders das Labor IfAU in Oberursel verdient gemacht. Hier wurden aus speziell untersuchten Häuserkollektiven (klassisch gebauten Häusern aus Stein und Fertighäuser aus überwiegend Holzmaterial) die jeweiligen Raumluft-Konzentrationen ermittelt. In einem cleveren Laborversuch mit reinen Chloranisol-Kristallen wurden über selektive Geruchswahrnehmungen Geruchsschwellen ermittelt. Über die ermittelten Messbefunde wurden die ersten Orientierungswerte berechnet. Als Orientierungswerte-Paar OW1und OW2 haben sich insoweit (jeweils in der Einheit [ng/m$^3$]) für TCA 0,05 und 0,30, für TeCA 4,1 und 91 und für PCA 14 und 34 ergeben. Über die Summe aller Quotienten – Konzentration zu Geruchsschwelle – wurden sog. Geruchswerte ermittelt.
Bei einer Komplett-Sanierung von Fertighäusern mit Chloranisol-Geruch sind in den meisten Fällen die Materialien in den Hohlräumen der Außenwände zu sanieren, und hier das Holzständerwerk mit Alkalien bzw. kompletter Beseitigung und Substitution der Isolierstoffe in den Holzständerwerken. Des Weiteren ist zumeist das Dachstuhl-Gehölz mit PCP imprägniert. Hier genügt ggf. eine Kapselung mit einer Alu-kaschierten Tapete. Gesamt-Sanierungskosten liegen bei rund 150 – 175.000 € netto;
Eine Kapselung der Chloranisol-Gerüche mit Alu-kaschierter Tapete plus Kapselung des PCP-imprägnierten Dachstuhlgehölzes hingegen bei rund 35.000 € netto.

# 1 Fogging

## 1.1 Einleitung

Als Fogging im Innenraum wird eine Abscheidung von Staub mit einer schmierig-öligen Konsistenz an Raumoberflächen bezeichnet. Hierbei handelt es sich um ein relativ neues Phänomen, das über das Umweltbundesamt etwa seit Mitte der 1990er Jahre bekannt gemacht wurde [1].

Das Schwarzstaub Phänomen ist jedoch bis heute in seinen Ursachen noch nicht vollständig aufgeklärt. Bekannt sind allerdings einige begünstigende oder auslösende Faktoren.

## 1.2 Typische Bilder des Phänomens

Die Ablagerungen bilden über den Heizkörpern und anderen Wärmequellen, wie Lampen oder Netzgeräten, typische dunkle Fahnen. Direkt über der Heizquelle ist die Ablagerung geringer, über den Auflagepunkten der Heizkörper dunkler (Bild 2). An Hindernissen, wie etwa den Balken oder an Schellen von Heizungsrohren wird viel Staub durch Prallwirkung abgeschieden (Bild 3). Im Bereich der geometrischen Wärmebrücken im Winkel von Wand und Decke ist die Abscheidung besonders hoch, im äußersten Winkel (Ixel), wo die Luftbewegung gegen Null geht, ist die Abscheidung gering (Bild 1) [2].
Wie eine Schwarz-Weiß-Fotographie bilden sich sofern vorhanden mitunter die Deckenbalken und die Schrauben der Gipskartonplatten ab (Bild 4). Dies ist dann nicht eine Folge der Anströmgeschwindigkeit der feinstaubbeladenen Luft, sondern ein Effekt der Oberflächentemperatur. Deshalb ist die Schwarzfärbung in der Regel an Außenwänden oder im Deckenbereich von ausgebauten Dachgeschossen am stärksten ausgeprägt [2].
Aber auch andere Oberflächen können in Räumen betroffen sein. In erster Linie sind dies Vorhänge, Teppichböden, Sitzmöbel sowie Kunststoffoberflächen wie Fensterrahmen und Kücheneinrichtungen (Bild 5; 6). Selbst in Schränken und in Kühlschränken kommt es zu schwarzen Filmen (Bild 6).
Typische Staubweben sind in den betroffenen Wohnungen von ganz besonderer Wirkung, da sie tiefschwarz werden (Bild 8). Wo Luft durch Ritzen und Wände tritt wird Staub abgeschieden. Durch Pumpeffekte der Bodenplatte auf der elastischen Trittschalldämmung wird z.B.: Schwarzstaub im Bereich der Dehnungsfuge auf der Auslegware abgeschieden und sichtbar (Bild 7).

## 1.3 Ursachen des Auftretens

Nach vielerlei bisherigen Beobachtungen und Untersuchungen werden folgende Faktoren als Ursache der Entstehung des Fogging diskutiert [3].

### Vorausgegangene Renovierungsarbeiten bzw. Neubau

In ca. 86% der beobachteten "Fogging"-Fälle handelte es sich um renovierte Wohnungen bzw. um einen Neubau. In 52% der Fälle wurden Malerarbeiten vorgenommen, in 34% Fußbodenarbeiten und in 23% Dichtungsmaßnahmen.

**Zeitlicher Verlauf**
Das Auftreten des Foggings findet in 41% der Fälle innerhalb von 12 Monaten nach der letzten Renovierung bzw. nach dem Einzug statt. Manchmal mit Überraschung wird das Fogging – Phänomen aber auch innerhalb eines Tages festgestellt oder nach längerer Abwesenheit der Bewohner (z.B. durch Urlaub).

**Heizphase**
In 92% der Fälle trat das Staubphänomen in der Heizphase auf. Dies wird dem Einfluss der verringerten rel. Luftfeuchte in den Wintermonaten zugeschrieben Insoweit führen isolierende Oberflächen wie Vinyltapeten, Laminatfußboden oder Kunststoffe zu elektrostatischen Effekten und in Folge zu Staubabscheidung. Betroffen sind deswegen häufig Fensterrahmen, Türen oder Möbel aus Kunststoffen, ebenso Latexanstriche an Wand- und Deckenflächen (Bild 1).

**Wohnungsnutzung**
Auffallend häufig wird die Vergrauung der Wohnung nach der Rückkehr von einer längeren Abwesenheit oder seltener Nutzung der Wohnung festgestellt. Auffallend ist auch, dass überdurchschnittlich Wohnungen ohne Kinder betroffen sind. Am häufigsten findet sich der Niederschlag auf Oberflächen im Wohnzimmer [3]. Neuester Terminus: Fogging ist weiblich (Verwendung von mehr Kosmetika, Kerzenbeleuchtung, Reinigungsmittel) [4].

**Bauphysikalische Gegebenheiten:**
Kalte Außenwände und insbesondere Wärmebrücken stellen eine bevorzugte Kondensationsfläche dar. Dachschrägen und die Ixel-Bereiche sind klassische Örtlichkeiten für Fogging-Phänomene (Bild 1). für den mit der warmen Heizungsluft aufsteigenden Staub (Prallwände) (Bild 3).

**Ruß- und Staubquellen:**
Wohnungsintern: Verschiedene Quellen innerhalb einer Wohnung trage zu verstärkter Freisetzung von Staub- und Rußquellen bei: Zigarettenrauch, Kerzen, Essenszubereitung, Teppichböden mit Faserfreisetzung und intensive Wohnungspflege (oberflächenaktive Substanzen) (Bild 9).
Wohnungsextern: Rußbeladene Außenluft (durch verkehrsreiche Straßen, Industrieemissionen, Wohngebiete mit Kleinfeuerungsanlagen).

## 1.4 Physikalische Erklärungsversuche

**Thermophorese**
Thermophorese bezeichnet den Vorgang eines Stofftransportes als resultierende Kraft der unterschiedlichen thermischen Bewegung von Luftmolekülen. An einer Wandfläche, deren Temperatur nicht oder noch nicht der Innenraumluft-

Temperatur entspricht, besteht ein Temperaturgefälle zur Wand hin. Die „wärmere Luft" also Moleküle mit größerer kinetischer Energie („Temperatur") bewegen sich schnell entlang der kalten Wand. Sie kühlen sich in der Nähe der Wand mehr ab, als raumseitig, haben sodann eine geringere kinetische Energie und bewegen sich dann deutlich langsamer in Richtung Oberfläche – mit dem Effekt ggf. an der kalten Wand anzuhaften. Wärmebrücken erscheinen daher vordergründig als Auslöser des Foggings (Bild 1).

### Feinstaub, Feinststaub

Da die Ablagerungen mikroskopisch als Ansammlung von Feinstaub-Partikeln erscheinen, wird dem Aufkommen von Feinstaub und Feinststaub per se eine Fogging auslösende Wirkung zugeschrieben. Ein gemeinsames Merkmal der Untersuchungen mittels Röntgenelektronenmikroskopie war ein hoher Kohlenstoffanteil der schwärzenden Partikel, ähnlich dem von Ruß oder Graphit (Bild 8).

### Wärmedämmung

Der eingeschränkte Luftaustausch bei sozusagen „ideal isolierten Räumen" führt in Verbindung mit dem Wärmezuwachs und den sowieso vorhandenen Fogging bildenden Substanzen verstärkt zu schwarzen Flächen.

### Klebefilm-Effekt

Luftgetragene Staubpartikel strömen an weichmacherhaltigen Oberflächen vorbei und bilden sodann einen schmierigen Belag. Insoweit müssten bei absolut gleichartigen Wohnungen – wie sie z.B. in einer Wohnanlage vorkommen können – jeweils dasselbe Phänomen sichtbar werden. Ist aber nicht so, denn bei ein und demselben Wohnungstyp entstehen nicht unbedingt dieselben Fogging-Phänomene. Absolut gleiche Wohnungssituationen ggf. sogar vergleichbares Nutzerverhalten (Lage an verkehrsreichen Straßen, Raucher, Kerzenabbrand) müssen nicht a priori zum Fogging-Phänomen führen. Das macht die Bewertung solcher Fälle oftmals schwer. Herauszufinden ist insoweit ein anderes Charakteristikum, welches den kleinen aber markanten Unterschied zwischen gleichen Wohnungen ausmacht. Das können ggf. Unterschiede bei den Mengen an Fein- und Feinststäuben in Raum- oder Umgebungsluft sein oder auch nutzungsspezifische Unterschiede bei den Bewohnern oder vielleicht doch geringfügige bauliche Unterschiede (Bild 9).

## 1.5 Entstehung

Der entscheidende Vorgang für Fogging ist die Anlagerung schwerflüchtiger organischer Verbindung (SVOC) an die Feinstpartikel in der Raumluft.

### Primäre Kondensation

Durch primäre Kondensations-Anlagerung von SVOC auf der Partikeloberfläche erhält diese neue Oberfläche auch neue chemische Eigenschaften. Es kann nun aus diesen Kondensationskernen durch weitere Anlagerung ein Wachstum des Kerns erfolgen. Mit dem Kernwachstum vergrößert sich auch die Oberfläche des Partikels, was eine weitere Anlagerung von SVOC begünstigt.

### Sekundäre Kondensation

Im makroskopischen Maßstab kommen mittelbar die folgenden, sich überlagernde physikalische Tatbestände zur Geltung: z.B. Thermophorese, Kontakt mit Prallflächen, Kontakt mit Latex-Anstrich geglätteten Oberflächen, elektrostatische Aufladung an Kunststoffen, Fehlen von Senken, sedimentierter oder nicht aufgewirbelter Grobstaub und Möbeltextilien aus Kunstfaser (Bild 11).

## 1.6 Probenahme

Probenahmen für die Fogging-Substanzen sollten generell als Wischproben auf inerten Flächen durchgeführt werden, wie z.B. auf Glas (Fenster, Vitrinen, Leuchten) oder Fliesen (Badezimmer) oder auf Bildschirmen von Fernsehapparaten.
Dazu werden extra gereinigte Tücher und ein organisches Lösemittel wie z.B. Toluol oder Isopropanol verwendet. Mit diesen Hilfsmitteln werden sog. Wischproben hergestellt, und zwar auf genau ausgemessenen Flächen. Die Proben werden kontaminationsgeschützt in Glasbehälter verpackt (Bild 12).

## 1.7 Analytik

Nach aktuellem Kenntnisstand sollte die Analytik von Fogging-Proben mindestens folgende schwerflüchtigen Substanzen umfassen:
Alkane/Paraffine, Weichmacher, Phthalate/Anhydride, Fettsäuren, Fettsäureester, Fettalkohole, Benzo(a)pyren [3].

## 1.8 Bisher anerkannte und übliche Sanierungsempfehlungen

Um die Fogging-Einfärbungen zu entfernen, ist generell Folgendes zu planen: Vor einem Neuanstrich von „befallenen Oberflächen“ sollten die sichtbar eingefärbten Wandflächen mit einem geeigneten Staubsauger der Klasse K1 oder H1 abgesaugt werden. Der Teppichboden sollte mit Trockenschaum gereinigt werden. Alle glatten Oberflächen wie Türen Fensterrahmen, Möbel, Fenster (ggf. auch in Kühlschränken) sollten sorgfältig mit fettlösenden/oberflächenaktiven Reinigern gesäubert werden. Für den Neuanstrich sind Farben zu verwenden, die die Bezeichnung „Weichmacherfrei“, „frei von fog-

ging-aktiven Substanzen", „Allergikerfarbe" o.ä. tragen. Vorsorglich ist zusätzlich das Entfernen der Tapeten zu überdenken. Boden- und Wandbeläge aus PVC, Linoleum oder Vinyl und bestimmte Teppichboden-materialien enthalten selbst ausgasende SVOC-Stoffe und sollten im Einzelnen überprüft und gegen weichmacherfreie Boden- und Wandbeläge ausgetauscht werden. Küchen- und Badabzüge sollten auf Funktionstüchtigkeit überprüft und regelmäßig gewartet werden [5].
Auf den Erkenntnissen des Forschungsvorhabens des Umweltbundesamtes in Hamburg und Berlin aufbauend, sollte nach Renovierung und/oder Sanierungen einer Wohnung – vor der ersten kommenden Heizperiode – ein Luftwäscher in der Wohnung aufgestellt werden. Für die Auswahl geeigneter Geräte stehen Sachverständige und spezialisierte Ingenieurbüros für Lüftungstechnik zur Verfügung [6].

## 1.9 Mietrechtliche Fragen

Da die Ursachen komplexer Natur sind, ist die mietrechtliche Frage, wer für Schäden aufzukommen hat, noch schwieriger zu beantworten als bei Schimmelbefall und von der Einzelfalluntersuchung abhängig. Um einen Mietmangel sollte es sich nach den Auffassungen der Landgerichte Berlin und Ellwangen sowie des Bundesgerichtshofs handeln [7].
Der Bundesgerichtshof klassifizierte 2008 auf Basis eines Sachverständigengutachtens die möglichen Ursachen (die Ausstattung der Wohnung mit einem handelsüblichen Teppich, das Streichen der Wände mit handelsüblichen Farben und das Reinigen der Fenster im Winter als „vertragsgemäßen Gebrauch der Mietsache" [7].

## 1.10 Gesundheitsgefährdung

Eine gesundheitliche Gefährdung geht von den Schwarzstaubablagerungen nicht aus [5]. Ebenfalls existieren keine Richt- oder Orientierungswerte für das Phänomen.

## 1.11 Fotodokumentation Fogging (aus [8])

Bild 1 Typisch erkennbare helle Ixel an der Außenwand

Bild 2 Flämmchenmuster über Heizkörper

Bild 3 Fogging über dem Heizungsrohr

Bild 4 Sichtbare Deckenstruktur durch Fogging

Bild 5 Geschwärzter Vorhang

Bild 6 Foggingspuren im Kühlschrank

Bild 7 Abbildung der Luftströmung auf Teppich

Bild 8 Schwarze Spinnweben an der Decke

Bild 9 Foggingquellen in einem Wohnzimmer

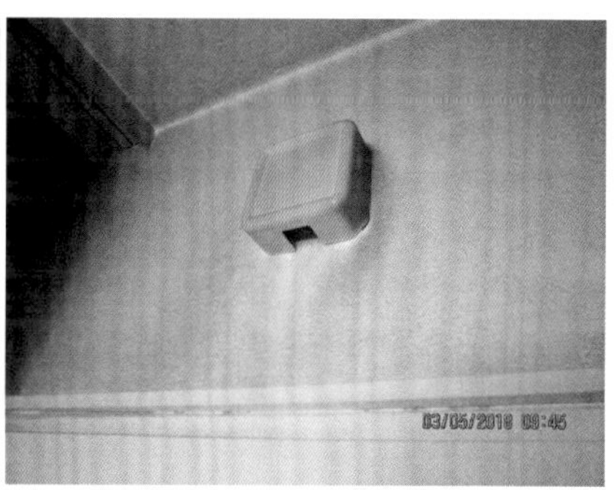


Bild 10 Strömungsbild um eine Anschlussdose

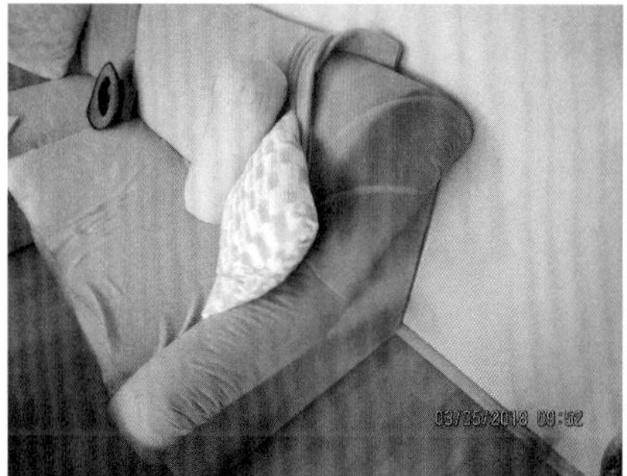

Bild 11 Plötzliche Schwärzung eines Sofas

Bild 12 Probenahme durch Wischtücher

## 2 Chloranisole

Erste Kenntnisse über die Existenz von Chloranisolen stammen aus der Lebensmittelbranche, genau der Weinbranche. Hier gab es bei manchen Weinabfüllungen oder länger gelagerten Weinen den als Geschmacks- und Geruchsnote als schimmelig-muffig empfundenen sog. „Korkton". Herausgefunden wurde schließlich, dass mit diesem Korkton ganz bestimmte chemische Substanzen in Verbindung zu bringen waren – nämlich die Substanzklasse der Chloranisole [9]. Derselbe Geruch wurde dann – immer häufiger – auch in Fertighäusern registriert, und zwar in solchen, welche etwa bis Ende der 70iger Jahre errichtet worden waren. Dem Geruchs-Phänomen nachgehend, wurde realisiert, dass diese Häuser in überwiegender Weise aus Naturholz und Spanplatten hergestellt worden waren. Um sie gegen Schimmel- und Schwammbefall zu schützen, wurden insbesondere die sog. Holzständerwerke und Dachstühle mit Holzschutzmitteln behandelt – darunter in überwiegender Weise mit dem Wirkstoff Pentachlorphenol. So konnte z.B. für OKAL-Häuser ein Dokument gefunden werden, in dem versichert worden war, dass das Holz der Ständerwerke mit Pentachlorphenol behandelt worden wäre und damit absolut sicherer Schimmel- und Schwamm-Schutz bestünde (Bild 14). Die Markt-Bezeichnung dieses Holzschutzmittels war das später berüchtigte „Xylamon". Dieses enthielt bis 1978 das PCP zu 6 %, das Lindan zu 0,6 % und Chlornaphthaline zu 10 % [10].

Tabelle 1 Holzschutzmittelprodukte mit anteiliger Wirkstoffzusammensetzung (aus [10])

| Name des Präparates | Zusammensetzung und Gehalte in % |
|---|---|
| Xylamon-Echtbraun | 5,4 PCP / 0,5 Lindan / 10 Chlornaphthalin |
| Xylamon-Braun | 5,4 PCP / 2,0 Carbamat / 10 Chlornaphthalin |
| Xyladecor | 5,0 T-/PCP-Gemisch / 0,55 Lindan / 0,4 Dichlofluanid |
| Xyladecor 200 (ab 1978) | 1,0 Furmecyclox / 0,4 Lindan / 0,6 Dichlofluanid |
| Xyladecor 200 (ab 1984) | 1,0 Furmecyclox / 0,4 Lindan / 0,1 Permethrin |

Die wichtigsten Chloranisole und ihre Abkürzungen sind aufgeführt in Bild 13:

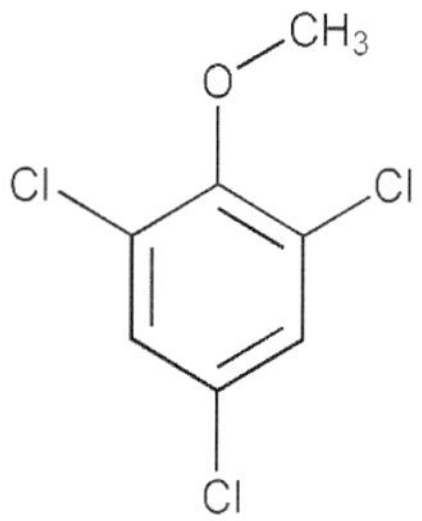

2,4,6-Trichloranisol: TCA
2,3,6- Trichloranisol: 2,3,6-TCA
2,3,4- Trichloranisol: 2,3,4-TCA
2,3,4,6-Tetrachloranisol: TeCA
2,3,4,5,6-Pentachloranisol: PCA

Bild 13 2,4,6-Trichloranisol

## 2.1 Die Substanzklasse der Chloranisole und deren Entstehung

Seit etwa drei Jahrzehnten ist der „Verursacher" der „muffig-schimmeligen" Gerüche in Fertighäusern bekannt: Es ist die Substanzklasse der Chloranisole und in der Hauptsache ist es das schon in geringsten Konzentrationen riechbare 2,4,6-Trichloranisol (TCA). Diese und noch andere Kongenere entstehen in einer Sekundärreaktion, einer sog. „mikrobiellen Methylierung" – im Falle der Fertighäuser an dort eingebrachten Chlorphenolen und Chlorbenzolen. Aus der OH-Gruppe am Benzolkern wird eine O-CH3-Gruppe, dem charakteristischen Substituenten bei den Chloranisolen (Bild 13). Beteiligt an dieser chemischen Reaktion sind maßgeblich Schimmelpilze der Gattung Penicillium und Trichoderma bzw. eine Pseudomonas-Bakterienart [11].
Die Schimmelpilz-Gattung Trichoderma hat eine weite Verbreitung im Boden, Pflanzenmaterial, in abgestorbenen Pflanzenteilen und auf Holz, ist also sehr ubiquitär verteilt. Die besten Wachstumstemperaturen liegen zwischen 0°C und 37°C mit einem Optimum bei 20–28°C. Im Innenraum können Trichoderma-Spezies auf zellulosereichen Materialien wie feuchtem Papier, Tapete, Gipskartonplatten aber auch auf Putz, Fliesen und Silikondichtmassen sowie Spanplatten und Isoliermaterialien gefunden werden [11].
Pseudomonas ist eine Gattung von gramnegativen Gammaproteobakterien, die zur Familie der Pseudomonadaceae gehören und 191 gültig beschriebene Arten enthalten. Die Mitglieder der Gattung weisen eine große metabolische Diversität auf und sind folglich in der Lage, eine Vielzahl von Nischen zu besiedeln. Siehe zur Beschreibung des Begriffs „gramnegativ" [12].
Unter „metabolischer Diversität" – aus dem Griechischen mit „Stoffwechsel" übersetzt – werden die gesamten chemischen und physikalischen Vorgänge der Umwandlung chemischer Stoffe bzw. Substrate (z. B. Nahrungsmittel und Sauerstoff) in Zwischenprodukte (Metaboliten) und Endprodukte im Organismus von Lebewesen bezeichnet. Diese biochemischen Vorgänge dienen dem Aufbau, dem Abbau und dem Ersatz bzw. Erhalt der Körpersubstanz (Baustoff-

wechsel) sowie der Energiegewinnung für energieverbrauchende Aktivitäten (Energiestoffwechsel) und damit der Aufrechterhaltung der Körperfunktionen und damit des Lebens. Werden von außen aufgenommene, fremde Stoffe umgesetzt, so spricht man auch von Fremdstoffmetabolismus. Der Umbau organismenfremder Stoffe in organismeneigene Stoffe wird Assimilation genannt. Das Gegenteil ist die Dissimilation (Abbau organismuseigener Stoffe). Zum Stoffwechsel gehört auch die Umwandlung schädlicher Stoffe in ausscheidbare Stoffe (Biotransformation) [12].
Unter dem Aspekt, dass Pentachlorphenol sowohl sehr wirkungsvolle fungizide als auch bakterizide Eigenschaften hat und dass z.B. die Pseudomonas extrem keimresistent sind, ist zu verstehen, dass diese Pilzgattung das PCP gut metabolisieren kann. Bleibt die Frage, wie gelangt diese Pilzgattung z.B. an die Holzständerwerke in Fertighäusern. Es ist zu vermuten, dass durch die steten Wechsel von barometrischem Luftdruck, relativer Luftfeuchte und zeitweiligen Temperaturunterschieden jeweils im Aufenthaltsbereich der (imprägnierten) Holzständerwerke entsprechende mit Pseudomonas und anderen Pilzgattungen befrachtete Außenluft an Ort und Stelle getragen wird.

## 2.2 Eigenschaften der Chloranisole

Der Wein wird durch die Chloranisole ungenießbar, aber nicht giftig. Das Fertighaus und dessen Bewohner dagegen werden durch die gleiche Substanzklasse geruchlich hochgradig und ggf. mit Konsequenzen belastet. Die geruchlich abstoßenden Konzentrationen sind zwar gesundheitlich als nicht toxisch abgeleitet worden, aber sie enthalten offensichtlich eine „soziale Toxizität". Die Chloranisol-Gerüche kontaminieren Haut, Haare und Kleidung nämlich derart abstoßend, dass die Gefahr einer sozialen und ggf. beruflichen Ausgrenzung zu befürchten ist und in Vereinsamung enden könnte [11].
Insoweit ist beim Erwerb eines Fertighauses die sachverständige Begehung und Probenahme/Analytik ein nahezu unerlässliches Gebot.
In Reinsubstanz sind Chloranisole bei Raumtemperatur fest. Der Schmelzpunkt von z.B. TCA liegt bei 60° C, der Siedepunkt bei rund 240° C [11].

## 2.3 Ermittlung von Geruchsschwellen

Bis vor etwa 15 Jahren konnten keine Geruchsschwellen für Chloranisole in der Raumluft (also in der Gasphase) der Literatur entnommen werden. Zum damaligen Zeitpunkt wurde von den schon erwähnten Laboratorien IfAU und ARGUK in nachfolgend beschriebener Weise die ersten Geruchsschwellen für die geruchsintensivsten Verbindungen Trichloranisol (TCA), Tetrachloranisol (TeCA) und Pentachloranisol (PCA) in erster Annäherung bestimmt. [11] Dazu wurden

einige Chloranisol-Kristalle auf einer Porzellanschale im Laboratorium ausgelegt, solange bis im Raum der entsprechend charakteristisch schimmelig-muffige Geruch wahrnehmbar war. Nach Entfernen der Quelle wurde die Raumluft beprobt, und diese Beprobung wurde an weiteren Folgetagen wiederholt. Als Geruchsschwelle wurde der Zeitpunkt bestimmt, an dem vom Laborpersonal-Kollektiv (mindestens 2 Personen) ein Geruch gerade eben noch wahrgenommen wurde [11].
Aus diesen Laborversuchen resultierten folgende Geruchsschwellen (in erster Annäherung): Für TCA (das geruchsintensivste Chloranisol) wurde eine Geruchsschwelle von 2 ng/m³ definiert, für TeCA etwa 100 ng/m³ [11].

## 2.4 Konzentrationen in Fertighäusern

Nach Ermittlung der Geruchsschwellen folgten die praktischen analytischen Bestimmungen der Substanzklasse in Häuser. Das Gesamt-Häuserkollektiv bestand dabei aus 41 Häusern, davon ein Teil-Kollektiv aus 7 Fertighäusern (Holzständerwerk) und ein Teilkollektiv aus 34 Nicht-Fertighäusern (klassische Bauweise).
Bei der Betrachtung des Gesamtkollektivs fiel auf, dass die untersuchten Chloranisole TCA, TeCA und PCA in stark unterschiedlichen Konzentrationen vorkamen (Bestimmungsgrenze 0,1 ng/m³). Dabei war die Konzentration von TeCA am höchsten und in 36 (88 %) Häusern mit bis zu 740 ng/m³ nachweisbar. Das TCA in 13 Häuser (32 %) mit bis zu 25 ng/m³ nachweisbar. Das PCA schließlich war in allen Häusern des Kollektivs nachweisbar (100%), und zwar mit Konzentrationen bis zu 75 ng/m³ [11].

Tabelle 2 Vorkommen von Chloranisolen in der Raumluft von Fertighäusern, n = 300 [11]

| Bezeichnung | Spannweite | Mittelwert | 50. Perzentil | 90. Perzentil |
|---|---|---|---|---|
| TCA | < 0,3 – 76 | 3,8 | 1,6 | 8,1 |
| TeCA | < 0,3 – 1500 | 95 | 37 | 240 |
| PCA | < 0,3 – 759 | 22 | 8,1 | 38 |
| Geruchswert | < 0,3 – 53 | 2,8 | 1,3 | 6,5 |

Achtung: Die jeweils analysierten (unterschiedlichen) Konzentrationen sind nicht identisch mit den definierten Geruchsschwellen.

Die untersuchten Chloranisole treten üblicherweise in der Innenraumluft in einem Gemisch von zwei bis drei Substanzen auf. Die Wahrnehmung hängt sodann mit drei Kriterien zusammen: 1) der Raumluftkonzentration der Einzel-

stoffe, 2) den Geruchsschwellen der Einzelstoffe und 3) dem Geruchswert (Erklärung später). Die Geruchsschwelle von TCA besitzt nach den Messungen von IfAU und ARGUK mit 2 ng/m³ die niedrigste Geruchschwelle aller untersuchten Chloranisole. Das TeCA folgt mit 100 ng/m³. Für PCA wurde die Geruchsschwelle bei etwa dem 100.000-fachen von TCA ermittelt und fiel bei den Geruchswahrnehmungen insofern nicht ins Gewicht [11].
Die statistische Auswertung der Chloranisol-Konzentrationen in den beiden Haus-Kollektiven a) in Fertigbauweise bzw. b) in klassischer Bauweise ergab eine eindeutig höhere Chloranisol-Konzentration für Kollektiv a). So wurde für TCA im Kollektiv a) ein Mittelwert von 7,3 ng/m³ und vergleichsweise beim Kollektiv b) für TCA ein Mittelwert von 0,15 ng/m³ analysiert. Beim TeCA verhielten sich die Mittelwerte von Kollektiv a) zu Kollektiv b) wie 180 ng/m³ zu 23 ng/m³ [11].
Fazit: Die zitierten Konzentrationen mögen in der Kürze der Wiedergabe etwas „unübersichtlich" sein, sie zeigen aber, dass die Untersuchung auf Chloranisole in Fertighäusern zu sehr eindeutigen Ergebnissen und Nachweisen führt.

## 2.5 Zum Geruchswert GW

Über den Geruchswert – ganz allgemein – wurde von IfAU referiert [11]. Der Geruchswert (GW) eines Gemisches in einer homologen Reihe von Substanzen aus einer Substanzklasse gibt an, ob und inwieweit das Gemisch in der Raumluft geruchlich wahrgenommen wird. Dabei müssen die Einzelstoffe nicht unbedingt die Geruchsschwelle überschritten haben. Berechnet wird der GW durch die Summierung der Quotienten aus gemessener Raumluft-Konzentration dividiert durch die Geruchsschwelle. Bei einem Geruchswert größer 1 kann die Mischung gerochen werden. Für ähnliche Substanzen – in der vorgenannten Substanzklasse – kann diese Annahme als gesichert gelten.

## 2.6 Orientierungswerte für Chloranisole

Die bei IfAU abgeleiteten Orientierungswerte (OW) für Einzel-Chloranisole beruhen noch immer auf Pionierarbeit. Die OW´s sind statistisch – nicht aber toxikologisch – abgeleitet und insoweit zunächst rein unter dem Aspekt der Gesundheitsvorsorge zu sehen. Das Auftreten von gesundheitlichen Beschwerden sollte – in diesem Ermittlungsstadium – nicht mit der Überschreitung eines OW in Zusammenhang gebracht werden [11].
Der **IfAU-OW 1-Wert** besagt, dass dieser Richtwert in etwa dem 50. Perzentil einer statistischen Untersuchung entspricht: Das heißt, dass 50 % aller zur Verfügung stehenden Proben (aus geruchlich auffälligen Fertighäusern) den

50. Perzentilwert nicht überschritten haben. Ein Messwert in dieser Größenordnung kann als normal eingestuft werden.
Der **IfAU-OW 2-Wert** besagt, dass 90 % aller untersuchten Proben diesen Wert unterschritten haben bzw. dass nur 10 % aller Werte über diesen errechneten statistischen Wert liegen. Messwerte über diesem Wert können als auffällig betrachtet werden.
Für die in Tabelle 3 gelisteten Werte wurde ausschließlich das „Gesamtkollektiv ohne Fertighäuser“ herangezogen, Die Werte entsprechen der sog. Normalsituation in Innenräumen.

Tabelle 3 IfAU-Orientierungswerte für Chloranisole in der Raumluft

| Verbindung | IfAU-Orientierungswert OW 1 [ng/m³] | IfAU-Orientierungswert OW 2 [ng/m³] | Geruchsschwelle [ng/m³] | Geruchswert* |
|---|---|---|---|---|
| TCA | 0,05 | 0,30 | 2 | 0,15 |
| TeCA | 4,1 | 91 | 100 | 0,91 |
| PCA | 14 | 34 | 200.000 | 0,00017 |

Der Tabelle ist entnehmbar, dass bei Auftreten des Choranisol-Paares TCA und TeCA mit Werten jeweils über dem OW 2 auch der Geruchswert von 1 überschritten und die Mischung geruchsaktiv sein sollte.
Die vorgenannten Ausführungen sollten dazu beitragen, einen kleinen Einblick in den Chemismus und die Schwierigkeit der Behandlung von Gerüchen zu bekommen – insbesondere einen Einblick in den Aufwand für die Plausibilität und die Reproduzierbarkeit für eine Vielzahl von Raumluftuntersuchungen.

## 2.7 Ein reales Beispiel aus 2017

Eine Typische Geschichte: Es geht um den Verkauf/Kauf eines Fertighauses aus den 70iger Jahren. Das Haus war zum Zeitpunkt des Verkaufes rund 40 Jahre alt. Es war auf den ersten Blick ein Haus zum Verlieben (Bild 15). Die Käufer berichteten, dass dann, wenn sie das Haus besichtigen wollten, immer Türen und Fenster geöffnet waren. Die Käufer wunderten sich – aber es war Sommer. Auch baten die Verkäufer die Käufer immer schnell in den Garten, um Fragen zu klären. Hin und wieder fiele ein muffiger Geruch beim Durchschreiten der Wohnung raus zur Terrasse auf, der aber wurde dem hohen Alter der Verkäufer unterstellt. Für 450.000 € schließlich wechselte das Haus die Eigentümer.
Als wir gerufen worden waren, war über die Käuferfamilie das gesamte Ausmaß der „geruchlichen Katastrophe“ hereingebrochen: Schon kurz nach Einzug

entfaltete sich der charakteristische Geruch der Chloranisole in vollem Ausmaß und „kontaminierte sowohl die Raumluft als auch die Kleidungsstücke und Stoffmöbel".
Nachfolgend wird die Vorgehensweise, wie wir den Quellen von PCP und den Quellen der Chloranisole auf die Spur gekommen waren, beschrieben:

**Eigene Raumluftmessungen**
Auf Basis der voran gegangenen Ausführungen wurde der Geruchswert ermittelt. Dazu wurden 4 Liter Luft auf ein Adsorbens, das sog. „TENAX" gezogen und diese Probe mittels GC/MS-Technik analysiert. Siehe Tabelle 4.

Tabelle 4 Ergebnisse eigener Untersuchungen

| Stoff | Befund Raum [ng/m³] | Befund Wand [ng/m³] | Geruchs-schwelle [ng/m³] | Geruchswert* = Befund. / Ger.Schw. Raum. | Geruchswert* = Befund. / Ger.Schw. Wand. | OW1 | OW2 |
|---|---|---|---|---|---|---|---|
| Trichloranisol | 8 | 72 | 2 | 8 / 2 = 4 | 72 / 2 = 36 | 0,05 | 0,30 |
| Tetrachloranisol | 87 | 1.390 | 100 | 87 / 100 = 0,87 | 1.390 / 100 = 13,9 | 4,1 | 9,1 |
| Ges. Geruchswert* | | | | 4,87 | 49,9 | | |

Der kritische Geruchswert von 1 war im Objekt an den beiden Probenahmepositionen, d.h. in der Raumluft im Wohnzimmer mit 4,87 bzw. im Hohlraum der Gebäudewand mit 49,9 sogar erheblich überschritten. Zur Untersuchung im Gebäudehohlraum, s. (Bild 16).

**Untersuchung im Hausstaub**
Im selben Raum, in dem die Raumluftprobe gezogen worden war, wurde auch eine Hausstaubprobe (Altstaub) entnommen. Deren Untersuchung auf PCP ergab eine Konzentration von 1,3 mg/kg. Der Orientierungswert liegt bei 5 mg/kg gemäß PCP-Richtlinie [13].

**Untersuchung von HSM im Dachstuhl**
Ein nächster kritischer Bereich mit Verdacht auf typische Holzschutzmittel – auch hier PCP – war der Dachstuhl (Bild 17).
Hier wurden Proben an verschiedenen Stellen mittels Stechbeitel gewonnen und zu einer Mischprobe zusammengefasst. Der Untersuchungsumfang entsprach dem der Zusammensetzung von Xylamon bis 1978, nämlich PCP, Lindan und Chlornaphtalinen. Gefunden wurden 110 mg PCP/kg bzw. 9,8 mg Lindan/kg. Gemäß PCP-Richtlinie wären 50 mg PCP/kg Holz zulässig [13].

Als weiteres Kriterium für den Tatbestand einer PCP-Belastung mit > 50 mg/kg (gefunden 110 mg/kg) war das Verhältnis von Holzfläche zu Raumvolumen zu errechnen [13]. Die mit PCP-belastete Holzfläche wurde mit 150 $m^2$ errechnet, das Raum Volumen mit 170 $m^3$. Der resultierende Quotient betrug 150/170 = 0,91/m. Als Richtwert gilt 0,2/m und damit war auch das Fläche/Volumen-Kriterium deutlich überschritten. Fazit: Das Haus entpuppte sich als Sanierungsfall, denn die dort existierenden Gerüche hatten einerseits den Charakter der schon genannten sozialen Toxizität und andererseits eine nicht zu unterschätzende PCP-Belastung.

## 2.8 Möglichkeiten der Sanierung und deren Kosten

### Durch Kapselung der Chloranisolgerüche

Valutect ist z.B. einer der Hersteller von Aluminium-kaschierten Tapeten. Bei Annahme der Anbringung einer solchen Tapete an alle Innenraumwände, hinter denen sich ein Holzständerwerk befindet, wäre eine Kostennote von 25 – 30.000 € netto anzusetzen.

Fazit: Kostengünstig, aber der Kontaminations-Zustand bliebe erhalten. Des Weiteren besteht keine 100%ige Sicherheit, dass nicht durch Ritzen, Spalten, Fugen, Steckdosen, ggf. nach dem Setzen eines Dübels in die Wand doch noch Chloranissol-Substanzen in die Raumluft gelangen. Sollte der Dachstuhl zu Wohnzwecken genutzt werden, wären hier die PCP-ausdünstenden Holzteile zu isolieren.

### Durch Komplettsanierung

Eine Komplettsanierung betrifft in den meisten Fällen zwei Vorgehensweisen.

- Sanierung der Holzständerwerke
  Es sollte zunächst geprüft werden ob und inwieweit das Fertighaus ggf. von außen mit einer Asbestzementfassade eingehaust ist. Wenn JA, dann ziemt es sich, die Sanierung von außen zu gestalten. Die Gebäudeaußenwände werden abgenommen. Sodann liegen die Rahmen des Ständerwerke frei. Üblicherweise sind diese mit KMF-Isoliermaterial ausgefacht. Und genau in diesem Baubereich, nämlich Ständerwerk und KMF, „geschehen" die Biomethylierungen: Aus den PCP-imprägnierten Holzständerwerken diffundieren gasförmige PCP-Moleküle auf die riesengroße Oberfläche der Künstlichen-Mineral-Faser-Isolierungen und hier, in diesem Milieu finden die entsprechenden Bakterien- und Schimmelgattungen sozusagen ihre Nahrung für die metabolische Derivatisung vom PCP zu den Chloranisolen. Fazit: Das PCP in den Holzständerwerken muss

mittels Alkalien zu PCP-Salz umgebaut werden und die Chloranisol behafteten KMF – Ausfachungen müssen sehr sorgfältig beseitigt und ersetzt werden. Zu prüfen wäre noch, ob und inwieweit die Press-Spanplatten in Richtung Wohnräume ggf. auch behandelt oder bedarfsweise ausgetauscht werden müssen (Bild 18).

- Sanierung des Dachstuhls
  Hier entscheiden die PCP-Konzentration im Hausstaub bzw. die resultierende Maßzahl aus dem Quotienten Dachstuhlgrundfläche zu Dachstuhlrauminhalt die weitere Vorgehensweise. Gegebenenfalls reicht eine Kapselung der PCP-Imprägnierung mittels eines Anstrichs oder abdichtenden Tapete. Kosten für eine Komplettsanierung (inkl. Dachstuhl) liegen zurzeit bei rund 150 – 175.000 € netto.

## 2.9 Fotodokumentation Chloranisol (aus [8])

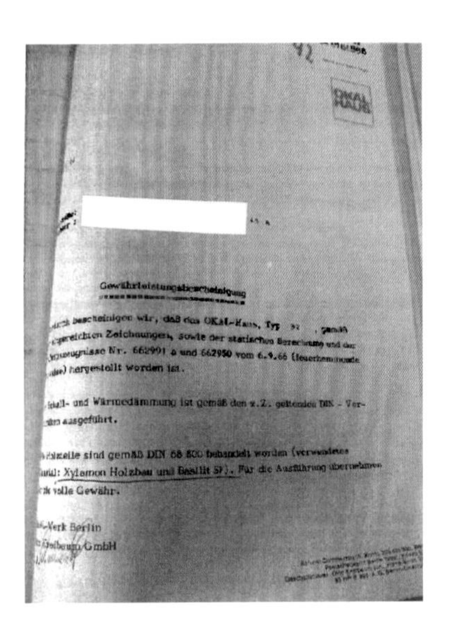

Gewährleistungsbescheinigung

...rch bescheinigen wir, daß das OKAL-Haus, Typ 92, gemäß ...gereichten Zeichnungen, sowie der statischen Berechnung und der ...zeugnisse Nr. 662991 a und 662950 vom 6.9.66 (feuerhemmende ...weise) hergestellt worden ist.

...chall- und Wärmedämmung ist gemäß den z.Z. geltenden DIN - Vor...ten ausgeführt.

...olzteile sind gemäß DIN 68 800 behandelt worden (verwendetes ...rial: Xylamon Holzbau und Basilit SF). Für die Ausführung übernehmen ...ie volle Gewähr.

...-Werk Berlin
...eibaum GmbH

Bild 14 „Gewährleistungsbescheinigung – Hierdurch bescheinigen wir, daß das OKAL-Haus, Typ 92, gemäß den eingereichten Zeichnungen, sowie der statischen Berechnungen und der ...gszeugnisse Nr. 662991 und 662950 vom 6.9.66 (feuerhemmende ...weise) hergestellt worden ist. ...Schall- und Wärmedämmung ist gemäß den z.Z. geltenden DIN – Vorschriften ausgeführt. ...Holzteile sind gemäß DIN 68 800 behandelt worden (verwendetes Material: Xylamon Holzbau und Basilit SF). Für die Ausführungen übernehmen wir die volle Gewähr. OKAL-Werk Berlin. Otto Kreibaum GmbH“

Bild 15 Ein Haus zum Verlieben

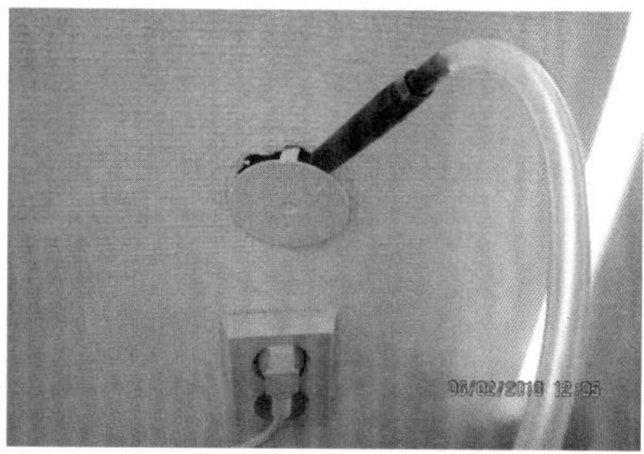

Bild 16 Chloranisolmessung in der Außenwand

Bild 17 Dachgeschoß entkernt

Bild 18 Gefache während der Sanierung

## Literaturverzeichnis


[1] Umweltbundesamt (UBA): Schwarze Wohnungen, „Fogging-Effekt", 17.12.2013 mit Hinweis auf: Attacke des schwarzen Staubes – Das Phänomen „Schwarze Wohnungen" Ursachen – Wirkungen – Abhilfe. 2004

[2] P. Plieninger: „Schwarzstaub: Ruß, Dreck oder Spuk?", Ergebnisse des 6. Fachkongresses der Arbeitsgemeinschaft Ökologischer Forschungsinstitute, AGÖF-Tagungsband 2001: S. 319

[3] W. Maraun: „Fogging: Adhäsion als primärer Auslöser der „Schwarzstaub"-Ablagerung", Ergebnisse des 11. Fachkongresses der Arbeitsgemeinschaft Ökologischer Forschungsinstitute, AGÖF-Tagungsband 2016: S. 259

[4] B. Gräber; M. Wesselmann: WELT: Mysteriöses Fogging ,,Warum der rußige Staub dort entsteht, wo Frauen wohnen", 06.01.2016

[5] H.-J. Moriske, et al: „Zum Phänomen der „Schwarzen Wohnungen“ – aktueller Sachstandsbericht, gi-Gesundheitsingenieur 121 (2000) Nr. 6, S. 305

[6] M. Wesselmann: „Das Phänomen der schwarzen Wohnungen“. Ergebnisse des 11. Fachkongresses der Arbeitsgemeinschaft Ökologischer Forschungsinstitute, AGÖF-Tagungsband 2016: S. 64

[7] Mieterschutzbund-Berlin e.V.: „Fogging – einer Erscheinung auf der Spur – Schwarze Wände und Decken mit noch nicht geklärter Ursache (mit Urteil vom AG-Charlottenburg und Kommentar zum Urteil)“, Mieterschutz, Heft 5/2011

[8] P. Neuling: Auszüge aus diversen Gerichtsgutachten zu Beweissicherungs-aufträgen (geschwärzt, bzw. verschlüsselt), abzufragen über 0172 326 39 56

[9] C. Fischer, U. Fischer (1997): Analysis of cork taint in wine and cork material at olfactory subthreshold levels by solid phase microextraction. Journal of Agricultural and Food Chemistry, 45(6):1995 – 1997

[10] G. Zwiener: Handbuch Gebäude-Schadstoffe für Architekten und Behörden, VG Rudolf Müller, 1997, ISBN: 3481011768

[11] M. Binder, H. Obenland und W. Maraun: „Chloranisole als Verursacher von schimmelähnlichem Geruch in älteren Fertighäusern“, Ergebnisse des 7. Fachkongresses der Arbeitsgemeinschaft Ökologischer Forschungsinstitute, AGÖF-Tagungsband 2004: S. 112 – 121 (mit Stand 09.2015: www.agoef.de/schadstoffe/chemische-schadstoffe/chloranisole.html

[12] H. Fiedler et al (1996): Stoffbericht Pentachlorphenol (PCP). Texte und Berichte zur Altlastenbearbeitung 25/96, Landesanstalt für Umweltschutz Baden-Württemberg, Karlsruhe (Download als PDF-Datei: www4.lubw.baden-wuerttemberg.de/servlet/is/16784/stoffbericht _pcp.pdf?command=downloadContent&filename=stoffbericht_pcp.pdf

[13] PCP-Richtlinie: Richtlinie für die Bewertung und Sanierung Pentachlorphenol (PCP)-belasteter Baustoffe und Bauteile in Gebäuden, Fassung Oktober 1996

# Radonsicheres Bauen unter Berücksichtigung des neuen Deutschen Strahlenschutzgesetzes

*W.-R. Uhlig, Dresden*

## Zusammenfassung

Radon ist ein radioaktives Edelgas und die Hauptquelle der natürlichen Strahlenexposition des Menschen. Hohe Radonkonzentrationen in der Raumluft erhöhen das Risiko, an Lungenkrebs zu erkranken und sind nach dem Rauchen die zweithäufigste Ursache für Todesfälle durch Lungenkrebs. Für Deutschland kann davon ausgegangen werden, dass etwa 1.900 jährliche Todesfälle auf Radon zurückzuführen sind.
Im Jahre 2017 wurde das neue deutsche Strahlenschutzgesetz durch Bundestag und Bundesrat beschlossen. In diesem sind erstmalig für Deutschland umfassend geltende Regelungen zum Radonschutz enthalten. So wird u.a. ein Referenzwert für die Radonkonzentration in Aufenthalts- und Arbeitsräumen von 300 Bq/m³ eingeführt. Mit dem Strahlenschutzgesetz sowie der verstärkten öffentlichen Wahrnehmungen der Gesundheitsgefahren durch Radon rückt der bauliche Radonschutz verstärkt in den Fokus bei Neubau- und Sanierungsmaßnahmen.
Im Rahmen dieses Beitrages werden die prinzipiellen Wirkmechanismen erläutert, die zu einer hohen Radonkonzentration in der Raumluft führen, sowie welche Möglichkeiten für deren Absenkung bestehen. Im Anschluss an diese grundlegenden Erläuterungen werden die typischen Lösungen des Radonschutzes im Neubau sowie der Sanierung vorgestellt und wird die Eingliederung des Radonschutzes in den Planungs- und Bauablauf erläutert.

# 1 Grundlagen

## 1.1 Radioaktivität und Radon

Der Begriff „Radioaktivität" ist eine Wortschöpfung aus den lateinischen Begriffen „radiare" (strahlen) und „activus" (tätig sein). Unter Radioaktivität wird die spontane Umwandlung instabiler Atomkerne unter Abgabe von Energie verstanden. Dabei entsteht ionisierende Strahlung, die im Körper biologisch wirksam werden kann. Die wichtigsten Strahlungsarten sind Alpha-, Beta- oder Gammastrahlung, die unterschiedliche Reichweiten und Wirkungen auf den menschlichen Körper haben. Neben der Strahlungsart werden radioaktive Stoffe durch deren Halbwertszeit charakterisiert.
Die korrekte Bezeichnung eines radioaktiven Stoffes ist – am Beispiel von Radon gezeigt – folgende:

$$^{222}_{86}\mathbf{Rn} \quad \text{oder} \quad \mathbf{Rn\text{-}222}$$

In der links aufgeführten Schreibweise steht die untere Ziffer (86) für die Ordnungs- oder Ladungszahl, die obere Ziffer (222) für die Anzahl von Protonen und Neutronen (Isotopen). Die rechts aufgeführte vereinfachte Darstellung berücksichtigt, dass ein Element unterschiedliche Isotope haben kann, die Ladungs- oder Ordnungszahl aber immer gleich ist und deshalb nicht notwendiger Weise aufgeführt werden muss. Die Aktivität hat die Maßeinheit Becquerel [Bq], wobei 1 Bq durch einen Zerfall pro Sekunde beschrieben ist. Wird die Maßeinheit z.B. auf ein Volumen bezogen, heißt die Maßeinheit dann $Bq/m^3$.
Radon ist ein natürliches radioaktives Edelgas, das geruch-, geschmack- und farblos ist. Es tritt als Rn-219 (auch als „Actinon" bezeichnet), als Rn-220 (auch als „Thoron" bezeichnet) sowie als Rn-222 (in der Regel als „Radon" bezeichnet) auf. Für die Betrachtung im Rahmen des baulichen Radonschutzes ist vor allem letzteres Isotop wichtig. Rn-222 ist Teil der sogenannten Uran-Radium-Reihe (Bild 1).

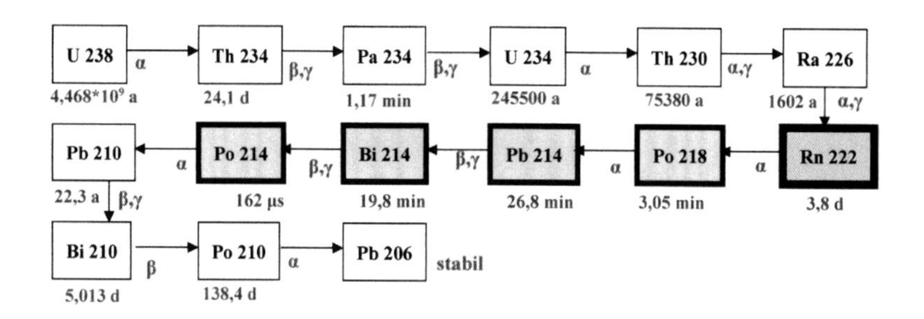


Bild 1 Uran-Radium-Atomreihe. Die Zeitangabe unterhalb der Kästchen ist die Halbwertszeit, die Symbole am Pfeil weisen auf die Strahlungsart hin.

In Bild 1 sind Radon und deren sogenannte Folgeprodukte (FP) hervorgehoben. Im Folgenden wird vereinfachend, aber in der Praxis durchaus üblich, für die Bezeichnung „Radon" das in der Uran-Radium-Reihe enthaltene Rn-222 herangezogen.

## 1.2 Quellen von Radon

Radon entsteht überall dort, wo das Mutternuklid Radium vorhanden ist. Es kann im Grunde genommen überall auftreten, die weitaus wichtigste Quelle ist aber die Bodenluft im Erdreich. Aus dem Boden gelangt Radon ins Freie, aber auch in Gebäude. Weitere, für das Bauen zu beachtende, aber deutlich weniger wichtige Quellen sind einige Baustoffe sowie Wasser.
In der folgenden Übersicht sind typische Wertebereiche für die Radonkonzentration zusammengefasst:

- Radonkonzentration in der Bodenluft: 10.000 bis 1.000.000 Bq/m³
- Radonkonzentration in der Außenluft: 15 bis 30 Bq/m³
- Radonkonzentration in der Raumluft: 20 bis 10.000 Bq/m³

Diese Zusammenstellung zeigt, dass sehr große Spannweiten vorliegen. Sie zeigt auch, dass Radon immer vorhanden ist, wenn auch in der Außenluft in geringer Konzentration. Die Radonkonzentration in der Bodenluft – erkennbar die Hauptquelle – ist durch geologische, aber auch durch menschliche Eingriffe (Bergbau) beeinflusst. Die durch das Bundesamt für Strahlenschutz [1] herausgegebene Radonkarte Deutschland (Bild 2) verdeutlicht eindrucksvoll die unterschiedliche Verteilung der Radonkonzentration in der Bodenluft. Es fällt auf, dass vor allen Dingen Mittel- und Hochgebirgsregionen ein erhöhtes Potential

in der Bodenluft aufweisen. Überall dort, wo Bergbau betrieben wurde oder noch wird, ist zudem mit besonders hohen Belastungen zu rechnen.
Weite Teile von Sachsen, aber auch Bayern und Thüringen weisen für Deutschland die höchsten Belastungswerte aus. Aber auch in weiteren Bundesländern muss die „Radonproblematik" beachtet werden. Und selbst in Gebieten, die durch die Radonkarte als eher gering belastet gekennzeichnet sind, kann es zu hohen Radonbelastungen in Gebäuden kommen. Warum und in welcher Form das geschehen kann, wird in Abschnitt 3. erläutert.

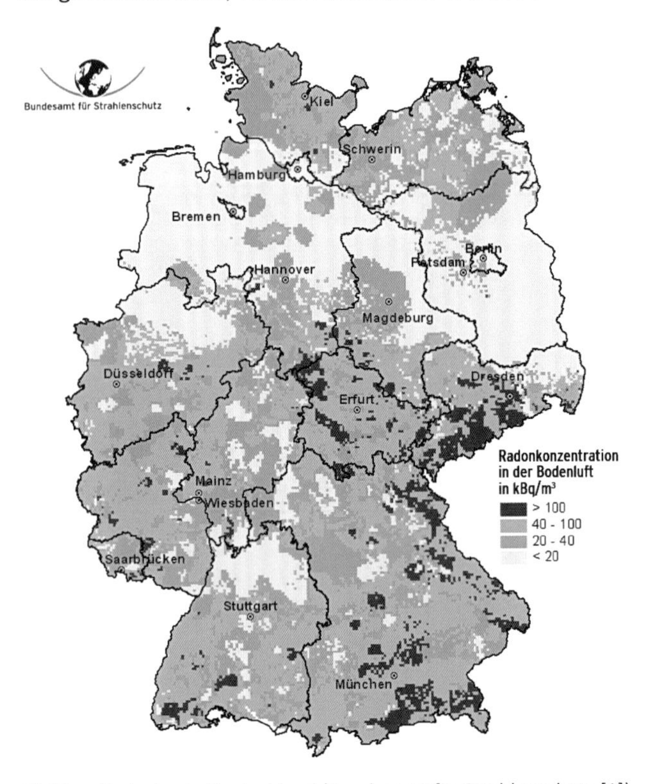


Bild 2 Radonkarte Deutschland (Bundesamt für Strahlenschutz [1])

## 1.3 Gesundheitsrisiko Radon

Es dürfte bekannt sein, dass eine hohe Strahlenexposition des Menschen unterschiedliche Krankheiten auslösen bzw. befördern kann. Dabei spielt für die Einschätzung, ob eine gefährdende Situation vorliegt, die Dosis der Strahlung eine entscheidende Rolle. Die Dosis wird in der Maßeinheit Milli-Sievert (mSv) angegeben, für diese existieren nationale und internationale Grenzwerte und Empfehlungen (für Deutschland sind diese u.a. in [2] zusammengestellt). In die Berechnung der Dosis gehen die Strahlungsintensität, die Dauer der Strahlung und weitere Werte, die die gesundheitlichen Gefährdungen unterschiedlicher Strahlungsarten berücksichtigen, ein. Der Mensch ist ständig einer Strahlung ausgesetzt, die aus natürlichen oder künstlichen Quellen stammt (s. Bild 3). Wie aus dieser Abbildung zu ersehen ist, bilden Radon und seine Folgeprodukte die Hauptquelle der natürlichen Strahlenexposition des Menschen.

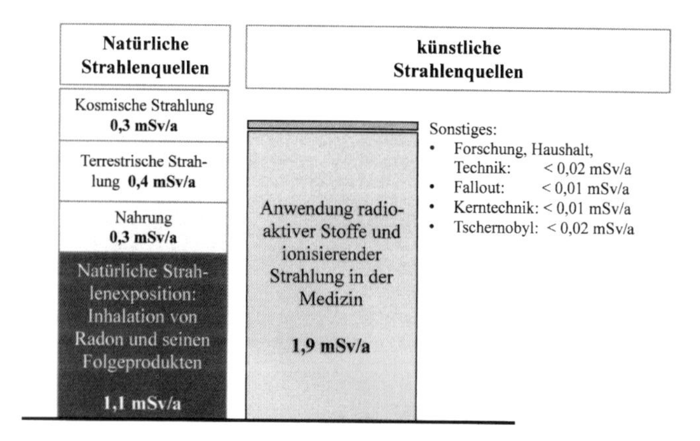


Bild 3 Durchschnittliche Strahlenexposition der Bevölkerung in Deutschland (nach T. Schönmuth [3])

Eine hohe Radonkonzentration im Wohn- und Arbeitsbereich steht in direkter Beziehung zur Wahrscheinlichkeit, an Lungenkrebs zu erkranken, wobei die eigentliche Gesundheitsgefahr durch die Radon-Folgeprodukte (s. Bild 1) und weniger durch das Radon selbst entsteht. Die Folgeprodukte lagern sich an Aerosole und Staubpartikel in der Luft an und können so in die Lunge gelangen, wo sie auf Grund ihrer kurzen Halbwertszeit deutlich häufiger als Radon zerfallen und durch die dabei ausgesendete Strahlung zu Veränderungen im Erbgut beitragen können.

Die gesundheitlichen Auswirkungen von Radon und seinen Folgeprodukten sind durch mehrere weltweite Studien gut belegt. Danach kann als gesichert angesehen werden, dass Radon nach dem Rauchen die zweithäufigste Ursache für Lungenkrebs ist. Nach Angaben der WHO sind weltweit zwischen 3 und 16% aller Todesfälle durch Lungenkrebs auf Radon zurückzuführen. Unter Zugrundelegung der Ergebnisse der unterschiedlichen Studien und Erhebungen kann für

Deutschland von ca. 1.900 jährlicher Todesfälle durch Radon ausgegangen werden. Zum Vergleich: Im Jahre 2017 kamen im Straßenverkehr in ganz Deutschland ca. 3.200 Menschen ums Leben.
Die Zusammenstellung in Tabelle 1 zeigt den Einfluss der Radonkonzentration auf das Risiko, an Lungenkrebs zu erkranken für Nichtraucher und Raucher. Die Werte in Tabelle 1 verdeutlichen, dass es keinen Hinweis auf einen Schwellenwert, unterhalb dessen kein Risiko besteht, gibt. Der Vergleich zwischen Nichtrauchern und Rauchern zeigt eindrücklich den großen Einfluss des Rauchens auf eine mögliche Lungenkrebserkrankung. Die Zahlen verdeutlichen zudem, dass sich Radon und Rauchen potenzieren.

Tabelle 1 Risiko, bis zum Alter von 75 Jahren an Lungenkrebs zu sterben (nach Darby et al. [4])

| **Radonkonzentration in Bq/m³** | **Todesfälle pro 1000 lebenslange Nichtraucher** | **Todesfälle pro 1000 aktuelle Raucher** |
|---|---|---|
| 0 | 4,1 | 101 |
| 100 | 4,7 | 116 |
| 200 | 5,4 | 130 |
| 400 | 6,7 | 160 |
| 800 | 9,3 | 216 |

Nach Einschätzung des „Ausschusses für Innenraumrichtwerte" des Umweltbundesamtes [5] geht von Radon im Vergleich zu allen anderen Verunreinigungen der Innenluft (z.B. Formaldehyd) das weitaus größte Krebsrisiko aus.

## 2 Gesetzliche Regelungen und Normen

### 2.1 Das deutsche Strahlenschutzgesetz

Es ist schon erstaunlich, dass es in Deutschland trotz der hohen und wissenschaftlich belegten Gesundheitsgefährdung durch Radon bisher keine Regelungen zur Begrenzung der Konzentration in der Raumluft gibt. Erst in dem im Juni 2017 beschlossenen „Gesetz zur Neuordnung des Rechts zum Schutz vor der schädlichen Wirkung ionisierender Strahlung (Strahlenschutzgesetz)" [6] ist der Schutz vor Radon in Gebäuden geregelt worden. Das Strahlenschutzgesetz enthält in Teil 4, Kapitel 2 „Schutz vor Radon" u.a. Regelungen zum Schutz von Ra-

don in Aufenthaltsräumen und an Arbeitsplätzen in Innenräumen. Grundlage für diese gesetzliche Regelung ist die Europäische Grundnorm 2013/59 Euratom [7], in der erstmalig Anforderungen an den baulichen Radonschutz aufgenommen sind. Mit dem Inkrafttreten der EU-Grundnorm 2013/59 wurden die Mitgliedsstaaten der EU verpflichtet, diese Regelungen in nationales Recht zu überführen, was mit dem Strahlenschutzgesetz für Deutschland inzwischen erfolgt ist.
Aufenthaltsräume sind nach der Definition im deutschen Strahlenschutzgesetz Innenräume, die nicht nur zum vorübergehenden Aufenthalt von Einzelpersonen aus der Bevölkerung bestimmt sind. Sie können sich sowohl in einem Wohngebäude als auch z.B. in einem Kindergarten, einer Schule oder in einem Krankenhaus befinden. Als Arbeitsplätze sind alle Orte definiert, an denen sich eine Arbeitskraft während ihrer Berufsausübung regelmäßig oder wiederholt aufhält.
Wichtige Inhalte des Gesetzes sind die Festlegung eines Referenzwertes für die Radonkonzentration in Aufenthaltsräumen und an Arbeitsplätzen, die Ausweisung von sogenannten Radonvorsorgegebieten (das sind Gebiete mit erhöhtem Radonpotential im Boden), Festlegungen zur Umsetzung des Radonschutzes in Neubauten und Sanierungsvorhaben, Hinweise zur Durchführung von Messungen sowie die Pflicht zur Information der Bevölkerung.
Der im Strahlenschutzgesetz festgelegte Referenzwert für die über das Jahr gemittelte Radon-222-Aktivitätskonzentration in der Luft in Aufenthaltsräumen (§ 124) und an Arbeitsplätzen (§ 126) beträgt 300 Bq/m$^3$. Aus verschiedenen Gründen wurde kein Grenzwert festgelegt, es kann aber als wahrscheinlich angenommen werden, dass der Referenzwert in der Bau- und Gerichtspraxis analog eines Grenzwertes gehandhabt wird. Andere Gremien, wie z.B. der Ausschuss für Innenraumrichtwerte [5] sowie die WHO fordern den deutlich niedrigeren Referenzwert 100 Bq/m$^3$ einzuführen, da nach deren Erkenntnissen nur mit diesem Wert ein ausreichender Gesundheitsschutz gewährleistet werden kann. Der im Strahlenschutzgesetz verankerte Referenzwert stellt dagegen einen Kompromiss zwischen Gesundheitsvorsorge und wirtschaftlicher Machbarkeit dar.
Entsprechend § 125 des o.g. Gesetzes ist die Bevölkerung über die Exposition durch Radon und die damit verbundenen Gesundheitsrisiken sowie über die Wichtigkeit von Messungen und die Möglichkeiten zur Verringerung vorhandener Radonkonzentrationen zu unterrichten. Auch ist in § 123 geregelt, dass neue Gebäude radonsicher zu errichten sind. Dazu wird noch eine konkretisierende Verordnung erarbeitet.

Des Weiteren wird festgelegt, dass die Radonkonzentration an Arbeitsplätzen im Keller und im Erdgeschoss von Gebäuden, die sich in den noch auszuweisenden Gebieten mit erhöhten Radonkonzentrationen befinden, verpflichtend zu bestimmen ist. Sofern erhöhte Radonkonzentrationen vorgefunden werden, sind diese mit geeigneten Maßnahmen zu reduzieren. Wird der Referenzwert trotz dieser Maßnahmen nicht erreicht, müssen die betroffenen Beschäftigten strahlenschutzrechtlich überwacht werden.

## 2.2 DIN-Normen und Planungsgrundlagen zum baulichen Radonschutz

Im Jahre 2015 wurde der DIN-Ausschuss NA 005-01-38 GA zur Erarbeitung der DIN SPEC 18117 „Radongeschütztes Bauen" ins Leben gerufen. Es ist ein Gemeinschaftsausschuss von NaBau und NHRS. Der Begriff DIN SPEC verweist darauf, dass der bauliche Radonschutz bisher nicht als „allgemein anerkannte Regel der Technik" bezeichnet werden kann und somit die hohen Anforderungen an eine DIN aktuell noch nicht erfüllt sind.
Die bisherigen Ergebnisse der Normenarbeit können wie folgt zusammengefasst werden:

- In der Norm werden die heute bekannten bau- und lüftungstechnischen Maßnahmen des Radonschutzes sowie deren Durchführung beschrieben
- Es sollen sowohl Maßnahmen für Neubauten als auch für die Gebäudesanierung erfasst werden
- Regelungen zur Radonmessung werden voraussichtlich nicht in die Norm einfließen, da hierfür bereits Normen aus dem Bereich des Strahlenschutzes vorliegen [8].
- Es ist geplant, die Norm in zwei Teile zu untergliedern
- Die vorläufigen Bezeichnungen der Teile lauten: Teil 1: Begriffe, Grundlagen und Beschreibung von Maßnahmen" und Teil 2: „Klassifizierung, Auswahl und Handlungsempfehlungen"

Der Normenausschuss hat sich zum Ziel gesetzt, für den Teil 1 noch in diesem Jahr einen ersten Entwurf vorzulegen. Der Teil 2 wird im Anschluss bearbeitet.
Diese kurzen Ausführungen zum Stand der Normenbearbeitung verdeutlichen, dass aktuell noch keine verwertbaren Ergebnisse vorliegen. Das ist insofern problematisch, da – wie in Abschnitt 2.1 beschrieben – der Radonschutz mit dem Strahlenschutzgesetz einen deutlich höheren Stellenwert erhält. Da zudem bisher im deutschsprachigen Raum noch keine abgeschlossenen Veröffentlichungen in Buchform zum baulichen und lüftungstechnischen Radonschutz vorliegen, muss auf andere Quellen zurückgegriffen werden. So findet sich hierzu im Internet eine Reihe von mehr oder weniger ausführlichen Veröffentlichungen. Die aktuell umfassendste ist die vom Sächsischen Ministerium

für Umwelt und Landwirtschaft (SMUL) veröffentlichte Broschüre „Radonschutzmaßnahmen-Planungshilfe für Neu- und Bestandsbauten“ [9].

# 3 Grundlagen des Radonschutzes in Gebäuden

## 3.1 Überblick und Einführung

Ziel des baulichen und lüftungstechnischen Radonschutzes in Gebäuden muss es sein, dass die Radonkonzentration in den genutzten Räumen im Durchschnitt unterhalb eines vereinbarten Zielwertes liegt. In der Regel wird der im Strahlenschutzgesetz verankerte Referenzwert von 300 Bq/m³ als Zielwert definiert, es können aber auch niedrigere Werte, z.B. 100 Bq/m³ vereinbart werden (siehe Hinweise in Abschnitt 1.3). Um den baulichen Radonschutz korrekt und kostengünstig planen und bauen zu können, muss bekannt sein, welche Prozesse zu einer Erhöhung der Radonkonzentration führen und welche Möglichkeiten bestehen, die Radonkonzentration zu senken. In Bild 4 sind die Quellen und Senken beispielhaft für ein Einraum-Modell dargestellt.

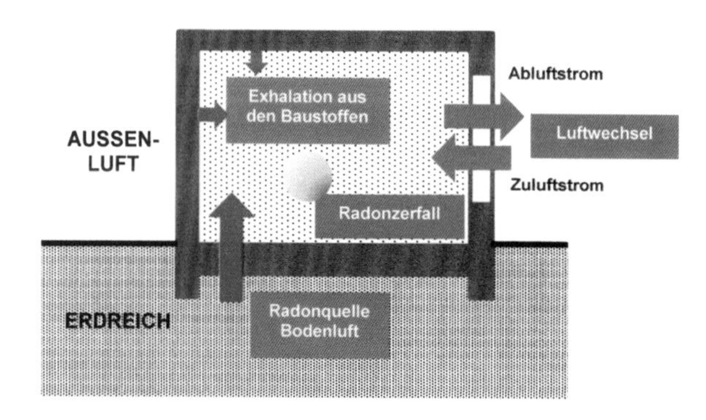


Bild 4 Quellen und Senken der Radonkonzentration in der Raumluft am Beispiel eines Einraummodells (rot: Quellen, blau: Senken)

## 3.2 Quellen der Radonbelastung in Gebäuden

Die weitaus wichtigste Quelle stellt die Radonkonzentration in der Bodenluft dar. Die Exhalation aus Baustoffen kann dagegen für in Deutschland zugelassenen Baustoffe vernachlässigt werden. Ausnahmen können in Bestandsgebäuden beobachtet werden, wenn z.B. Abraummaterial aus dem Bergbau für Schlackefüllungen in Geschossdecken oder als Beimischung zu Putzmörteln usw. verwendet worden ist. Diese regional begrenzten Fälle bleiben in diesem

Beitrag unberücksichtigt. Dagegen ist die Frage, wie das Radon aus dem Boden in das Gebäudeinnere eindringt, genauer zu betrachten. Hier sind mit der Diffusion sowie Konvektion zwei Wirkmechanismen zu betrachten. Auslöser für diffusive Ströme sind Konzentrationsunterschiede, für die Konvektion Luftdruckunterschiede (s. Bild 5)

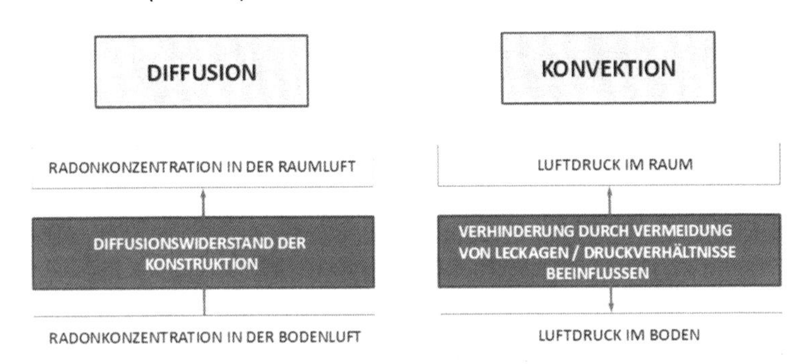


Bild 5 Prinzipielle Darstellung der Transportprozesse radonhaltiger Bodenluft zwischen Erdreich und Gebäudeinnerem

Die Radonkonzentration in der Bodenluft wird immer deutlich höher sein als die im Gebäudeinnerem, sodass der Diffusionsstrom immer vom Boden ins Gebäude führen wird. Voraussetzung für die Möglichkeit eines konvektiven Stromes sind Undichtheiten in der erdberührten Gebäudehülle. Es ist bekannt, dass im unteren Bereich eines Gebäudes (Keller, unterste Geschossebene) tendenziell ein (geringer) Unterdruck herrscht. Dadurch wird die Konvektionsrichtung zumeist vom Erdreich ins Gebäude weisen.

Um die Diffusion zu begrenzen, muss die erdberührte Gebäudehülle einen genügend hohen Diffusionswiderstand aufweisen. Umfangreiche Untersuchungen haben gezeigt, dass diese Forderung mit den heute üblichen baulichen Lösungen ohne Probleme erfüllt werden kann.

Etwas überspitzt kann geschlussfolgert werden, dass Diffusionsprozesse für den baulichen Radonschutz keine oder nur eine sehr untergeordnete Bedeutung haben. Wesentlich kritischer ist das Einströmen der Bodenluft ins Gebäude durch Konvektion zu bewerten. Vor allen Dingen in Bestandsgebäuden ist eine luftdichte Gebäudehülle in der Regel nicht vorhanden und auch nicht zu gewährleisten (Bild 6). Zudem genügen sehr geringe Luftdruckunterschiede von wenigen Pascal, um einen genügend großen Luftstrom auszulösen, der zu hohen Radonkonzentrationen im Gebäudeinnerem führt.

**Radoneintrittspfade**

1. Hohlräume und vertikale Risse
2. Spalten in Holzfussböden
3. Außenwände
4. Bauteildurchführungen
5. Wandanschlüsse
6. Risse in Fußböden
7. undichte Deckenanschlüsse

Bild 6 Mögliche konvektive Eintrittspfade für radonhaltige Bodenluft (nach [9])

Die durch Konvektion verursachte Radonkonzentration in der Raumluft ist in der Regel um mindestens eine Dimension höher als bei ausschließlicher Diffusion. In der folgenden Tabelle sind Ergebnisse eines Studentenprojektes an der HTW Dresden zusammengefasst. Hier wurden Messungen der Radonkonzentration in Neubauten sowie sanierten Altbauten durchgeführt und das Verhältnis zwischen Radonkonzentration in der Bodenluft und im Innenraum errechnet.

Tabelle 2 Ergebnisse von Radonmessungen in Wohngebäuden (Studentenarbeit HTW Dresden 2011/12)

| Bezeichnung | Qualität, Art der Abdichtung | Gemessene Bodenradonkonzentration | Maximalwert der Radonkonzentration in der Raumluft | Verhältnis der Radonkonzentration zwischen Innen und Erdreich |
|---|---|---|---|---|
| | | kBq/m³ | Bq/m³ | ‰ |
| EF-Haus in Hänichen | Neubau, DIN 18195 | 111 | 84 | 0,8 |
| EF-Haus in Pesterwitz | Neubau, DIN 18195 | 77 | 82 | 1,1 |
| EF-Haus in Bad Elster | Neubau, Passivhaus | 121 | 240 | 2,0 |
| | Alter Keller, vermutlich keine Abdichtung nach DIN 18195 | | 720 | 6,0 |
| EF-Haus in Oederan | Neubau, Passivhaus | 139 | 82 | 0,6 |
| EF-Haus in Olbersdorf | Altbau, Obergeschosse energetisch saniert, Keller unsaniert | 25 | 2.800 | 90,3 |

Während in den gut abgedichteten Neubauten das Verhältnis von Radonkonzentration in der Raumluft zu dem in der Bodenluft im Bereich von 1 bis 2 ‰ liegt, verändert sich dieser Wert bei dem im Keller nicht abgedichteten Altbau auf ca. 90 ‰ und erhärtet die Aussage, dass die Konvektion der maßgebende Faktor für die Radonbelastung in Gebäuden ist, eindrücklich.

## 3.3 Senken der Radonbelastung in Gebäuden

Absenkende Faktoren der Radonkonzentration in der Raumluft sind zum einen der radioaktive Zerfall sowie der Luftaustausch von Innenraumluft mit der Außenluft. Nur letzteres ist für die Betrachtung interessant. Der in Bild 7 dargestellte Verlauf der Radonkonzentration in einem Büroraum verdeutlicht den großen Einfluss des Luftwechsels auf die Radonkonzentration in der Raumluft eindrucksvoll: So ist in diesem Beispiel deutlich erkennbar, wann die Räume ungenutzt sind (Nachtstunden, Wochenenden) und damit kein Luftwechsel über Fenster und Türen entsteht und wann durch die natürliche Nutzung die Luftwechselrate deutlich höher ist.

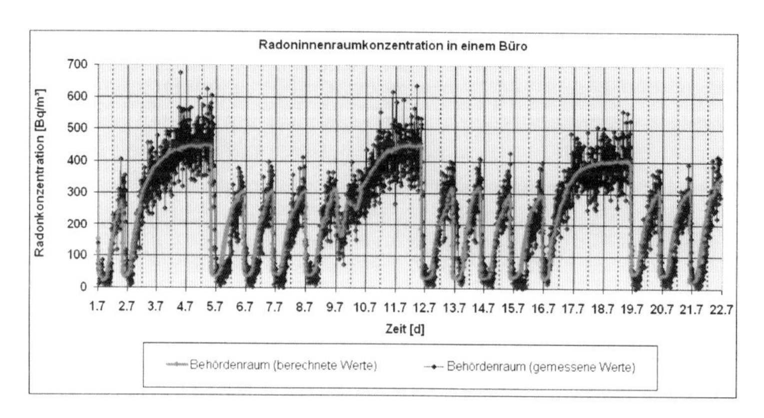


Bild 7 Einfluss des Luftwechsels auf die Radonkonzentration in der Raumluft (nach [10])

## 3.4 Zusammenfassung und Schlussfolgerungen

Die wichtigste Quelle für eine erhöhte Radonkonzentration in der Raumluft ist die Konvektion von Bodenluft in das Gebäude über eine undichte Gebäudehülle und bei Unterdruck im Gebäude gegenüber dem Erdreich. Die Verhinderung der Konvektion ist in nahezu allen Anwendungsfällen ausreichend für den Radonschutz. Somit muss Ziel aller Radonschutzmaßnahmen sein, konvektive Luftströmungen durch Abdichtung der Gebäudehülle zu unterbinden. Ist das – z. B. bei bestehenden Gebäuden – nicht möglich, wird das Eindringen von Bodenluft in das Gebäude durch Umkehrung der Druckverhältnisse zwischen Innenraum und Boden verhindert. Genauer wird hierauf in Abschnitt 6 eingegangen.

Für die Absenkung der Radonkonzentration in der Raumluft ist die Größe des Luftwechsels das ausschlaggebende Kriterium.

## 4 Radonmessungen

Radonmessungen sind in der Normengruppe DIN EN ISO 1165 [8] geregelt.
Im Rahmen des radonsicheren Bauens und Sanierens sind drei Messaufgaben zu betrachten:

- die Messung der Bodenradonkonzentration
- die Messung der Radonkonzentration in Räumen
- die Messung der radioaktiven Strahlung von Baustoffen

Während die Messung der Bodenradonkonzentration vor allen Dingen für Neubauvorhaben in Betracht kommt, ist die Messung der Radonkonzentration in Räumen im Vorfeld von Sanierungsvorhaben erforderlich. Die Messung der radioaktiven Strahlung aus Baustoffen ist eine Sonderaufgabe, die vor allen Dingen für die Baustoffindustrie von Interesse ist.
Alle Messungen sind mit dem Problem konfrontiert, dass die Radonkonzentration sowohl im Erdreich als auch in der Raumluft erheblichen Schwankungen unterliegt. Insbesondere sind zwischen Sommer- und Winterhalbjahr erhebliche Unterschiede zu berücksichtigen, wobei tendenziell die Werte im Winterhalbjahr höher liegen als im Sommerhalbjahr. Auf den Einfluss der Nutzung auf die Radonkonzentration in der Raumluft wurde bereits in Abschnitt 3 eingegangen (Bild 7).
Grundsätzlich stehen zwei Messverfahren zur Verfügung:
Als vergleichsweise kostengünstiges Verfahren kann mit sogenannten Dosimetern ein Durchschnittswert über einen längeren Zeitraum ermittelt werden. Dieses Verfahren wird auch als passives Messverfahren bezeichnet. Dabei sind relativ lange Messdauern (idealer Weise ein Jahr) anzustreben, um jahreszeitliche Schwankungen der Konzentrationswerte zu kompensieren.
Werden Aussagen über den genauen Verlauf der Radonkonzentration benötigt, sind sogenannte aktive, d.h. zeitaufgelöste Messungen durchzuführen. Als Ergebnis wird über eine Messkurve der zeitliche Verlauf der Radonkonzentration in $Bq/m^3$ angegeben (ein Beispiel ist die Kurve in Bild 7). Die Messdauer ist in der Regel gegenüber den passiven Messungen deutlich kürzer und sehr stark von der konkreten Messaufgabe bestimmt. Sie liegt zwischen einem Tag und mehreren Monaten.

## 5 Radonschutz im Neubau

Im Grunde ist es einfach, einen ausreichenden Radonschutz im Neubau zu realisieren. Eine hohe Qualität bei der Abdichtung der Gebäudehülle, z.B. nach DIN 18533 [11] erfüllt bereits die Anforderungen an den baulichen Radonschutz, allerdings mit einer wichtigen Einschränkung: Im Lastfall W1-E (Bodenfeuchte und nichtdrückendes Wasser) ist es zulässig, für Mediendurchführungen sowie die Verbindung der Abdichtungsbahnen untereinander auf die Luftdichtigkeit zu verzichten. Für eine so ausgeführte Abdichtung können die Anforderungen an den baulichen Radonschutz nicht gewährleistet werden. Es ist vielmehr notwendig, alle Anschlüsse an die Abdichtungsebene luftdicht auszubilden, z.B. durch den Einbau von Abdichtungsmanschetten sowie durch die luftdichte Verklebung bzw. Verschweißung der Abdichtungsbahnen untereinander. Wichtig ist es, die Radonschutzmaßnahmen gut zu planen (Bild 8) sowie die Qualität der Ausführung aller Abdichtungsmaßnahmen zu überwachen.

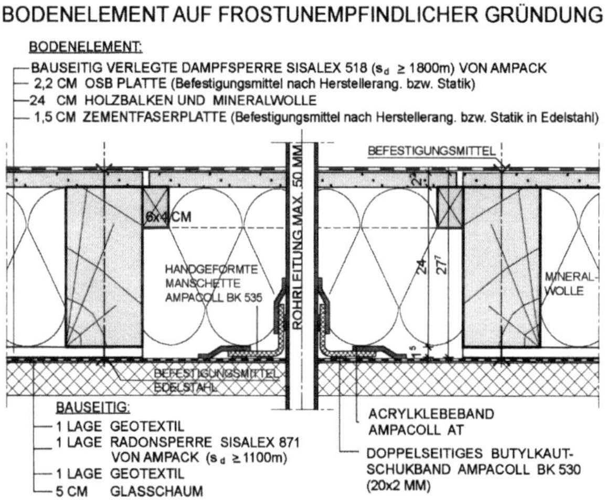

BODENELEMENT AUF FROSTUNEMPFINDLICHER GRÜNDUNG
BODENELEMENT:
BAUSEITIG VERLEGTE DAMPFSPERRE SISALEX 518 ($s_d \geq 1800m$) VON AMPACK
2,2 CM OSB PLATTE (Befestigungsmittel nach Herstellerang. bzw. Statik)
24 CM HOLZBALKEN UND MINERALWOLLE
1,5 CM ZEMENTFASERPLATTE (Befestigungsmittel nach Herstellerang. bzw. Statik in Edelstahl)
BEFESTIGUNGSMITTEL
ROHRLEITUNG MAX. 50 MM
6x4 CM
HANDGEFORMTE MANSCHETTE AMPACOLL BK 535
MINERALWOLLE
BEFESTIGUNGSMITTEL EDELSTAHL
BAUSEITIG:
1 LAGE GEOTEXTIL
1 LAGE RADONSPERRE SISALEX 871 VON AMPACK ($s_d \geq 1100m$)
1 LAGE GEOTEXTIL
5 CM GLASSCHAUM
ACRYLKLEBEBAND AMPACOLL AT
DOPPELSEITIGES BUTYLKAUTSCHUKBAND AMPACOLL BK 530 (20x2 MM)

Bild 8 Beispiellösung für eine exakte Detailbearbeitung unter Berücksichtigung des baulichen Radonschutzes (nach [12])

In einigen Ländern wird bei einem hohen Radonpotential in der Bodenluft zusätzlich der Einbau einer Radondränage unter der Bodenplatte gefordert oder empfohlen. Auch in Deutschland wird diese Lösung diskutiert, bis heute ohne eindeutiges Ergebnis. Die Radondränage ist eine häufig angewendete Bauform, die vor allen Dingen in der Gebäudesanierung zur Anwendung kommt (s. Abschnitt 6).

## 6 Radonschutzmaßnahmen in Bestandsgebäuden

Radonsanierungen in Bestandsgebäuden sind im Vergleich zum Radonschutz in Neubauten wesentlich aufwändiger und schwieriger zu realisieren. Die Gründe hierfür sind mannigfaltig. Die wichtigste Unterscheidung zum Neubau liegt in der Tatsache begründet, dass in der Regel eine dichte Gebäudehülle im erdangeschütteten Bereich nicht oder nur mit erheblichem Aufwand realisiert werden kann. Zwar sollten in einem ersten Schritt offensichtlich erkennbare Undichtheiten in der erdberührten Gebäudehülle geschlossen werden, trotzdem wird das in den meisten Fällen nicht zu einer dem Neubau vergleichbaren Dichtheit führen. In diesen Fällen stehen folgende Möglichkeiten zur Reduzierung der Radonkonzentration in der Raumluft zur Verfügung, auf die im Folgenden näher eingegangen werden soll:

- Erhöhung der Luftwechselrate;
- Reduzierung bzw. Umkehr des konvektiven Luftstromes zwischen Erdreich

  und im Gebäudeinneren durch

o Beseitigung von luftdruckreduzierenden Situationen im Gebäude,
o Aufbau eines Unterdruckes im gebäudeangrenzenden Boden,
o Erhöhung des Luftdruckes im Gebäude.

Durch die Erhöhung der Luftwechselrate in hoch belasteten Räumen (z.B. Kellerräumen) kann die Radonbelastung ohne großen finanziellen Aufwand reduziert werden. Diese Maßnahme bietet sich vor allen Dingen für unbeheizte Räume an, da in beheizten Räumen die Luftwechselrate durch die Anforderungen an das energiesparende Bauen begrenzt ist. Bei gemessenen sehr hohen Radonkonzentrationen in ständig genutzten Räumen (über 1000 $Bq/m^3$) sollte als Sofortmaßnahme bis zur Realisierung einer baulichen bzw. lüftungstechnischen Radonsanierung der Luftwechsel erhöht werden, auch wenn sich dadurch für diesen Zeitraum der Energieverbrauch erhöht. Als guter Kompromiss zwischen Radonschutz und den energetischen Anforderungen wird in diesem Zusammenhang eine mehrmalige Stoßlüftung (mindestens 3 Mal pro Tag) vorgeschlagen. Als dauerhafte Lösung ist die Erhöhung der Luftwechselrate allerdings nicht geeignet.
Als erste Möglichkeit, die Radonkonzentration in der Raumluft zu reduzieren ohne eine dichte Gebäudehülle zu realisieren, soll die Beseitigung von luftdruckreduzierenden Situationen im Gebäude vorgestellt werden. Unterdrucksituationen entstehen vor allen Dingen durch den Kamineffekt, der z.B. in durchgehenden Treppenhäusern, Lichtschächten, aber auch über nicht luftdicht abgeschlossene Kamine entsteht. Reduziert werden können diese Unterdrucksituationen demnach durch die Beseitigung von vertikalen Verbindungen im Haus (Abschluss der Kellertreppen von den weiteren Geschossen durch luft-

dichte Türen, Verschluss von Undichtheiten in Kaminen usw.). Eine Besonderheit bilden im Keller aufgestellte Heizungen, da diese zur Verbrennung Luft benötigen, die aus dem Raum angesaugt wird. Der dadurch entstehende Unterdruck kann durch eine direkte Luftansaugung aus der Außenluft verhindert werden (Bild 9). Mit den hier beispielhaft genannten Möglichkeiten zur Reduzierung des Unterdruckes im Gebäude wird zwar eine Reduzierung der Radonbelastung erreicht, in der Regel sind aber für eine umfassende Lösung nicht ausreichend.

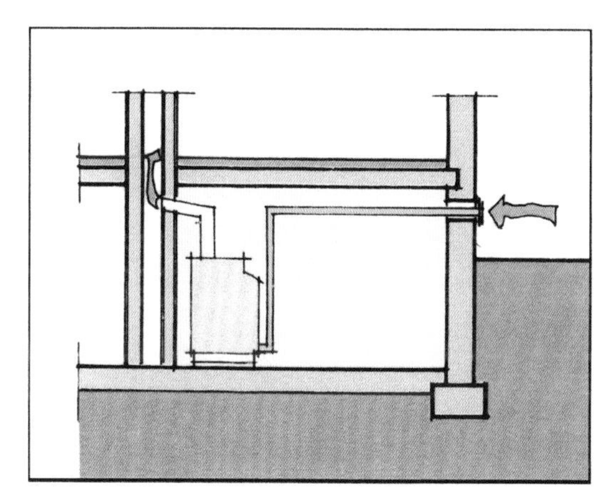

Bild 9 Vermeidung einer Unterdrucksituation im Heizungsraum durch Direktansaugung der Verbrennungsluft

Als Standardmethode der Radonsanierungen hat sich der Aufbau eines Unterdruckes im gebäudeangrenzenden Erdreich durchgesetzt. Wird der Luftdruck direkt unter und neben dem Gebäude soweit reduziert, dass dieser unter dem Wert des Luftdruckes im Gebäude liegt, kehrt sich der konvektive Luftstrom um und es strömt keine hochangereichte Bodenluft mehr ins Gebäude. Hierzu wird entweder punktuell oder flächig die Luft unter dem Gebäude abgesaugt. Die entsprechenden Bauformen sind Flächendränagen (Abb. 10) oder sogenannte Radonbrunnen (Abb. 11 und 12).

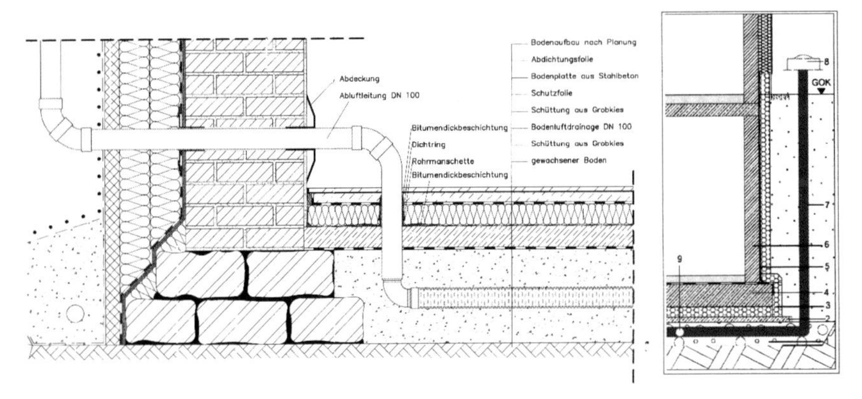


Bild 10 Typischer Aufbau einer Radondränage in der Sanierung (nach [13]), (linkes Bild) und im Neubau (nach [9]), (rechtes Bild)

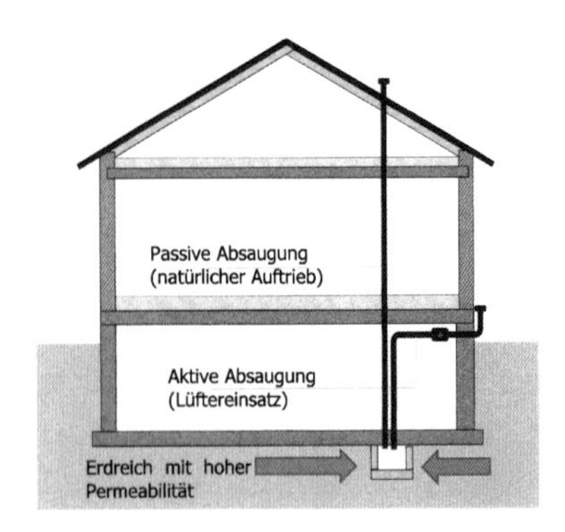


Bild 11 Prinziplösung für einen Radonbrunnen unterhalb der Bodenplatte

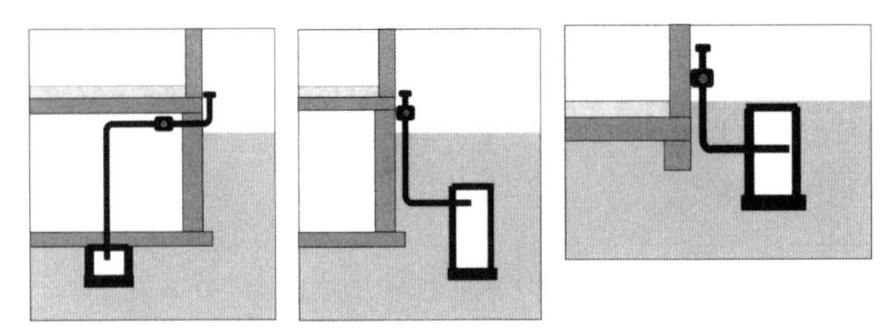

Bild 12 Prinzipdarstellungen für mögliche Anordnungsvarianten von Radonbrunnen für unterkellerte und nicht unterkellerte Gebäude

Eine Modifizierung des Prinzips Radonbrunnen ist die Direktabsaugung der Bodenluft, ohne den Bau eines Brunnenschachtes. Die Anzahl der erforderlichen Radonbrunnen ist von der Größe und Geometrie des Gebäudes sowie der Durchlässigkeit des anstehenden Erdreiches abhängig. Besonders problematisch sind Situationen mit Teilunterkellerung und/oder unterschiedlichen Höhen der Bodenplatte. Das Funktionieren aller Formen der punktuellen Absaugung setzt eine genügende Durchlässigkeit des Bodens voraus.
Die Luftabsaugung in allen hier vorgestellten Fällen erfolgt über Abluftrohre entweder durch die Ausnutzung des Kamineffektes oder aber durch den Einbau von Lüftern. Dabei genügt im Allgemeinen eine relativ geringe Lüfterleistung, um den erforderlichen Unterdruck aufzubauen.
Vor allen Dingen der Einbau von Radonbrunnen erbringt bei vergleichsweise geringem Kostenaufwand zumeist gute Ergebnisse. Der Einbau einer Flächendränage unter der Gebäudesohle bietet sich vor allen Dingen dort an, wo ohnehin eine Erneuerung des Kellerfußbodens geplant ist. Der Erfolg der hier dargestellten Lösungen kann vor allen Dingen für die punktuelle Absaugung nicht mit Sicherheit geplant werden. Deshalb wird häufig in einem ersten Schritt eine provisorische Lösung errichtet (wie das genau vonstattengeht, kann hier nicht ausführlich beschrieben werden. Eine detaillierte Beschreibung der Vorgehensweise ist z. B. in [9] enthalten) und erst nach Überprüfung der Wirksamkeit durch zeitaufgelöste Messung der Radonkonzentration in den Räumen wird die endgültige Lösung realisiert.
Eine weitere Möglichkeit zur Reduzierung hoher Radonkonzentrationen in Gebäuden stellt der Aufbau eines Überdruckes in Gebäuden dar. In hochgedämmten Häusern (z. B. Passivhäusern) kommen zunehmend Lüftungsanlagen mit Wärmerückgewinnung zum Einsatz. Diese sollten immer – auch, um weitere Luftschadstoffe und Krankheitskeime nicht in die Raumluft zu ziehen – mit einem geringen Überdruck von wenigen Pascal betrieben werden. Umfangreiche Messungen in Passivhäusern [14] haben ergeben, dass sich bei ordnungsgemäßem Betrieb einer Lüftungsanlage mit Wärmerückgewinnung Radonkonzentrationen in der Raumluft einstellen, die im Bereich der Außenluftkonzentration und damit deutlich unter den kritischen Werten liegen.

## 7 Einordnung der Radonschutzmaßnahmen in den Planungs- und Bauprozess

Radon riecht, fühlt und schmeckt man nicht, es ist durch sinnliche Wahrnehmung nicht zu erfassen. Welche Radonbelastung vorhanden ist, kann also nur durch Messungen ermittelt werden. Im Folgenden soll die Frage, wann und mit welcher Methode gemessen werden sollte, im Mittelpunkt der Ausführungen

stehen. Dabei ist auch hier wiederum zwischen Neubau- und Sanierungsmaßnahmen zu unterscheiden.
Leider kann aktuell noch nicht eingeschätzt werden, ob es in nächster Zeit eine Messpflicht geben wird und, falls ja, welche Voraussetzungen hierfür vorliegen müssen, damit diese greift sowie welche Vorgaben für die Messdurchführung aufgestellt werden. Das Strahlenschutzgesetz gibt dazu keine eindeutigen Vorgaben und es ist zu erwarten, dass auch in den Durchführungsbestimmungen zum Strahlenschutzgesetz, die aktuell erarbeitet werden, keine solchen Festlegungen enthalten sind. Messpflichten sind bisher lediglich für ausgewählte, besonders gefährdete Arbeitsplätze im Strahlenschutz verbindlich.
Um Radonmessungen wird man aber nicht herumkommen, wenn für konkrete Vorhaben die Erfüllung der Anforderungen zum baulichen Radonschutz gefordert ist.
Ablaufschema für Neubaumaßnahmen:

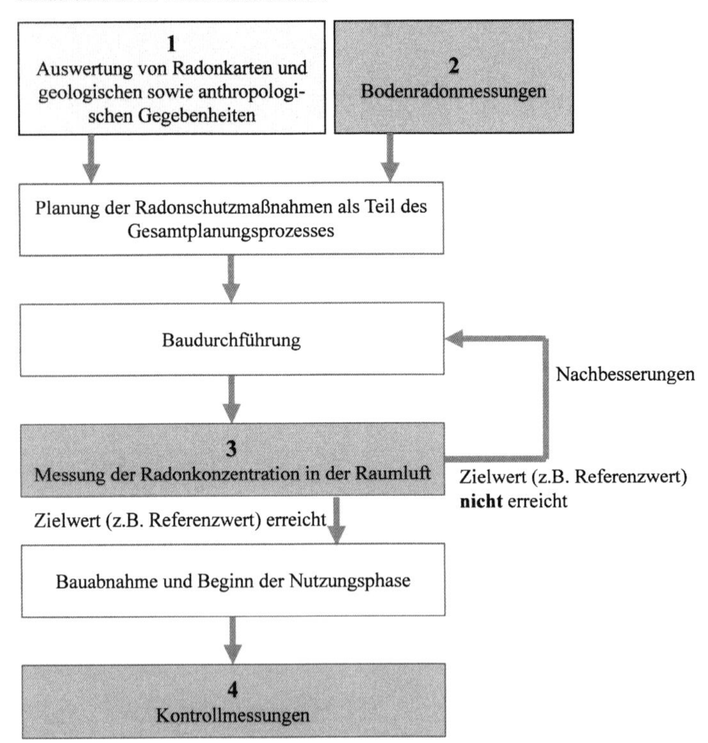


Bild 13 Ablauf einer Radonschutzmaßnahme im Neubau

Erläuterungen und Hinweise:

1. Auswertung von Radonkarten und geologischen sowie anthropologischen Gegebenheiten: Dieser Schritt ist zu Beginn jeder Radonplanung sinnvoll, um eine etwaige Abschätzung des Radonrisikos vornehmen zu können. Wichtig ist aber zu wissen, dass aus den vorliegenden Daten keinerlei Rückschlüsse auf die tatsächliche Situation am Bauplatz abgeleitet werden können.
2. Bodenradonmessungen: Es ist umstritten, ob Bodenradonmessungen sinnvoll sind. Die Problematik ist sehr gut in folgendem Auszug aus der Antwort einer Anfrage im österreichischen Parlament wiedergegeben: „Die Radonkonzentration im Boden ist von einer Unzahl von Parametern abhängig, wie z.B. die Feuchtigkeit, Permeabilität, Bodenbeschaffenheit, Temperatur, Luftdruck etc., die sich laufend ändern. Jede Radonmessung liefert in diesem Sinne eine Momentaufnahme und die Ergebnisse sind unter anderen Außenbedingungen nicht reproduzierbar." Eigene Messungen haben innerhalb eines Grundstückes Abweichungen um den Faktor 10 und mehr ergeben. Eine derart große Streuung der Ergebnisse lässt keine Schlüsse auf die erforderliche bauliche Lösung zu, weswegen Bodenradonmessungen im Rahmen von Neubauprojekten nicht oder nur in sehr wenigen Ausnahmefällen sinnvoll sind.
3. Messung der Radonkonzentration in der Raumluft (nach Abschluss der Baumaßnahme): Ohne eine solche Messung kann der Erfolg nicht nachgewiesen werden. Sie ist also zwingend erforderlich. Die Messung ist unter Nutzungsbedingungen durchzuführen, da diese einen großen Einfluss auf die Radonkonzentration in der Raumluft haben (s. Abschnitt 3.3). Alle Messungen müssen reproduzierbar sein, damit evtl. später durchzuführende Kontrollmessungen vergleichbar sind. Über alle Radonmessungen ist ein Messprotokoll zu erstellen, dass alle wesentlichen Informationen zur Messung erfasst.
4. Kontrollmessungen: Im Laufe der Zeit können sich die Bedingungen, die zu einem bestimmten Messergebnis geführt haben, ändern. So können sich in Gebäuden Risse ausbilden, können Abdichtungen in der Wirkung nachlassen oder es verändern sich die Nutzungsbedingungen. Es ist deshalb sinnvoll, nach einer gewissen Zeit die Messung der Radonkonzentration in der Raumluft zu wiederholen. Typische Zeitabstände liegen zwischen 4 und 10 Jahren.

Ablaufschema für Radonsanierungen:

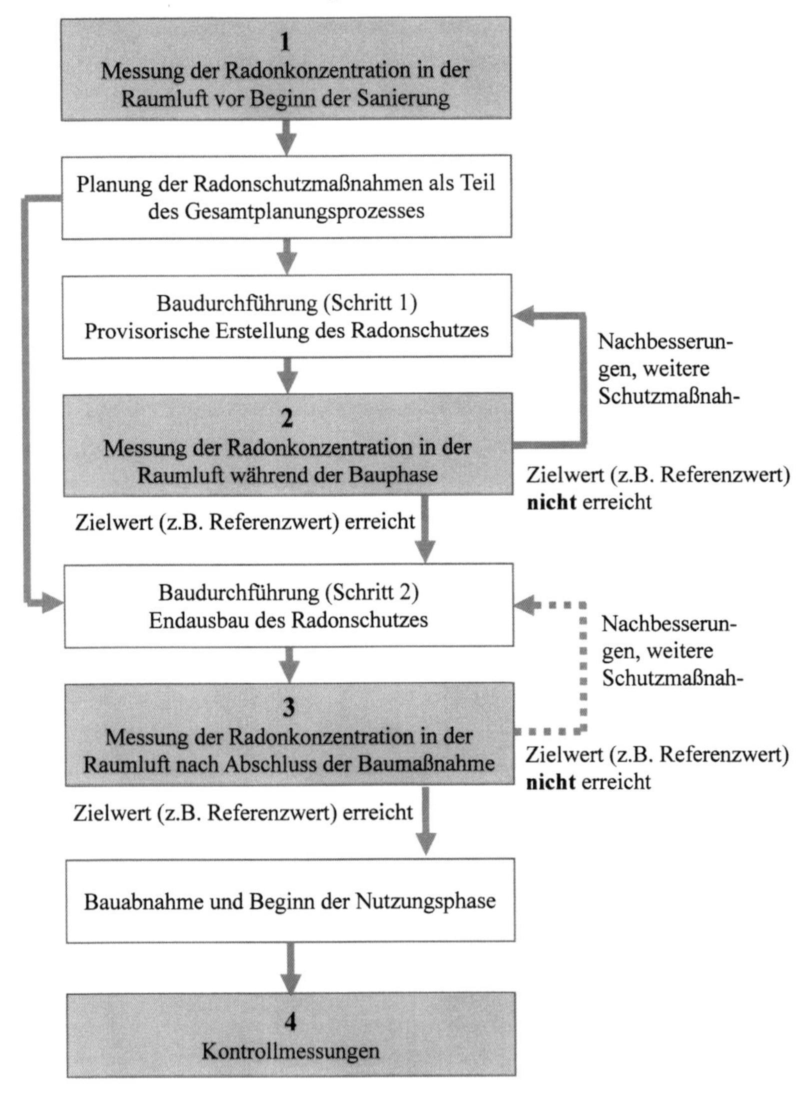


Bild 14 Ablauf einer Radonsanierungsmaßnahme

Erläuterung und Hinweise:

1. Messung der Radonkonzentration in der Raumluft vor Beginn der Sanierung: Ohne eine solche Messung ist die Radonsanierung nicht möglich. Das Messprogramm ist auf den Ort und die Aufgabe abzustimmen. Es können sowohl Passivmessungen über einen längeren Zeitraum als auch zeitaufgelöste Messungen erforderlich werden. Ggf. sind ergänzend sogenannte Sniffing-Messungen durchzuführen, um Leckagen in der Gebäudehülle sicher aufzuspüren.
2. Messung der Radonkonzentration in der Raumluft während der Bauphase: Für diesen Schritt werden zeitaufgelöste Messung vorgesehen, um z.B. die Wirkungsweise von Lüftern überprüfen zu können. Da die Messung in den Bauablauf integriert ist, werden hierfür möglichst kurze Zeiträume veranschlagt.

Für die unter Punkt 3 und 4 aufgeführten Messungen gelten die für den Ablauf bei Neubaumaßnahmen angeführten Kriterien vollinhaltlich.

## Literaturverzeichnis

[1], [2] Bundesamt für Strahlenschutz

[3] Schönmuth, T. Radon – Eigenschaften-Entstehung-Ausbreitung; Kursunterlagen zur Weiterbildung zur Radonfachperson, Bauakademie Sachsen, 2008

[4] Darby, S. et a.: Radon in homes and risk of lung cancer: Collaborative analysis of individual data from 13 European casa-control studies; British Medical Journal, December 2004

[5] Sagunski, H. (2016): Die Bewertung von Radon in der Innenraumluft aus Sicht des Ausschusses für Innenraumrichtwerte, Tagungsband 10. Sächsischer Radontag, Dresden

[6] Gesetz zum Schutz vor der schädlichen Wirkung ionisierender Strahlung (Strahlenschutzgesetz – StrSchG) vom 12. Mai 2017

[7] Richtlinie 2013/59/Euratom vom 5. Dezember 2013 zur Festlegung grundlegender Sicherheitsnormen für den Schutz vor Gefahren einer Exposition gegenüber ionisierender Strahlung.

[8] Normenreihe DIN EN ISO 11665: Ermittlung der Radioaktivität in der Umwelt – Luft: Radon 222

[9] Reiter, M, H. Wilke, W.-R. Uhlig: Radonschutzmaßnahmen – Planungshilfe für Neu- und Bestandsbauten; Hrsg. Sächsisches Staatsministerium für Umwelt und Landwirtschaft; http://publikationen.sachsen.de/artikel/26126 (2017)
[10] Funke, C.: Beitrag zur Bestimmung der Radondichtheit von Baustoffen und Baukonstruktionen; Diplomarbeit HTW Dresden, 2007
[11] DIN 18533: 2017-07: Abdichtung von erdberührten Bauteilen
[12] Liebscher, B.: Entwicklung von radondichten Holzbauteilen; 2. Sächsischer Radontag, Dresden 2008
[13] Marz, D.: Beitrag zur Konzeption radondichter Konstruktionen; Diplomarbeit HTW Dresden 2007
[14] Bergmann, F.: Untersuchungen zur Radonsituation in Passivhäusern; Diplomarbeit HTW Dresden, 2006

# Konzeptionierung und Ausführung eines Messsystems zur Dauerüberwachung der strukturellen Integrität des Blauen Turms in Bad Wimpfen

*J. Hof, Stuttgart*

## Zusammenfassung

Der Blaue Turm in Bad Wimpfen wurde um 1200 erbaut und hat seitdem verschiedene bauliche Änderungen erfahren, bei denen die vorhandene Tragfähigkeit des Turms nur unzureichend berücksichtigt wurde. Aufgrund von Schadensfortschritten und Rissen erfolgt 2018 eine Instandsetzung und Stabilisierung am denkmalgeschützten Turm. Als Sicherungselemente werden Nadel- und Spannanker in die Mauerwerkswände eingebracht. Begleitend wird ein Messsystem installiert, welches die statische Integrität des Turms und der Turmsicherung vor, während und nach der Baumaßnahme überwacht. Dazu zählt die Überwachung von geometrischen Änderungen und der Kräfte in ausgewählten Sicherungselementen.

Im Rahmen meiner Masterarbeit wurde ein Messsystem zur Dauerüberwachung konzipiert, das über den Zeitraum von über zehn Jahren, verlässlich korrekte Werte liefern soll. Dazu wurde die Konzeptionierung von Versuchen unter verschiedenen Umgebungsbedingungen begleitet. Die Kräfte in den Sicherungselementen werden mit gekreuzten Dehnungsmessstreifen (DMS) gemessen, die von einem speziellen Abdecksystem geschützt werden. Die Überwachung der Turmhöhe erfolgt durch Laser-Distanzmessung. Um Einflüsse aus Ablagerungen auf dem Reflektor zu vermeiden, wurde ein Reflektorschutz entwickelt.

Zum Zeitpunkt der Masterarbeit stabilisiert eine Notsicherung aus Stahl- und Holzträgern den Blauen Turm. Die Spannung in der Notsicherung wird mit Sensoren überwacht. Diese werden im Hinblick auf die Überwachung der Sanierungsmaßnahme eine wichtige Rolle spielen. Durch die Auswertung der Messdaten der letzten Jahre wurde ein Modell entwickelt, das Vorhersagen und Interpretationen zukünftiger Messwerte möglich macht.

## 1 Einführung

Der Blaue Turm steht in der Kurstadt Bad Wimpfen im Landkreis Heilbronn in Baden-Württemberg. Sein Baujahr wird um das Jahr 1200 geschätzt. Als Wahrzeichen von Bad Wimpfen besteht ein großes Interesse der Stadt, des Denkmalschutzes und der Bevölkerung, den Turm zu bewahren und für die Nachwelt zu erhalten. [1]
Die 2018 anstehenden Sanierungsmaßnahmen reihen sich in eine Turmgeschichte ein, die von Brandereignissen, Baumaßnahmen und Schäden geprägt ist. Aufgrund von mehreren großen Brandereignissen wurde im Laufe der Zeit der Turmhelm inklusive der Türmerwohnung immer wieder verändert. Mit jeder neuen Baumaßnahme wurden die Lasten auf den Turm größer. Heute besitzt der Turm einen Aufsatz mit vier kleinen Ecktürmen. Diese sollen mitunter verantwortlich für aufgetretene Schäden sein. Unter anderem traten wiederholt lange, vertikale Risse im äußeren Mauerwerk auf, weshalb in der Vergangenheit bereits immer wieder Sanierungsmaßnahmen durchgeführt wurden. Seit 2014 trägt der Turm eine Notsicherung in Form eines Korsetts aus Stahl und Holz (Bild 1).

Bild 1 Blauer Turm mit Korsett aus Stahl und Holz [2]

Aufbauend auf Untersuchungen durch die MPA Stuttgart erfolgt ab 2018 eine Instandsetzung und Stabilisierung des Blauen Turms. Dadurch soll der Schadensfortschritt begrenzt werden und der Turm vor einem Versagen bewahrt werden.

Begleitend wird ein Messsystem installiert, welches die statische Integrität und die Sicherung des Turms vor, während und nach der Baumaßnahme überwacht. Es sollen Änderungen in der Turmgeometrie und die Kräfte in den Sicherungselementen dauerüberwacht werden. [3]

Die Konzeptionierung dieses Messsystems erfolgt im Rahmen meiner Masterarbeit. Dazu zählen die detaillierte Ausgestaltung einer Sensorinstallation an den Sicherungselementen (Nadel- und Spannanker) und die Konzeptionierung der Lasermessung zur Turmhöhenänderung. Die Herausforderungen hierbei sind, eine Unempfindlichkeit der Installation gegenüber Belastungen und die Dauerhaftigkeit für Langzeitmessungen sicherzustellen. Außerdem musste eine Lösung für das Anbringen der Sensoren an den Verpressankern gefunden werden. Eine Herausforderung stellt die in Verbindung mit Verpressankern im Mauerwerk seltene Ausführung mit Hüllrohren dar. Ferner soll die Überwachung während des Einbaus der Sicherungselemente gewährleistet werden. Dazu erfolgte eine Auswertung der Gewindestangenvorspannung an der Notsicherung.

## 2 Sanierungsmaßnahmen 2018

Die aktuellen Maßnahmen zur Instandsetzung und Stabilisierung des Turms beinhalten den Austausch von Steinen, eine Neuverfugung und Oberflächenbearbeitung des Mauerwerks sowohl an der Turmaußen- als auch der Turminnenseite. Außerdem werden zahlreiche Injektionen hergestellt und Sicherungselemente in Form von Nadel- und Spannankern eingebaut. Verpressanker finden häufig Anwendung bei der Instandsetzung von denkmalgeschützten Objekten. Im vorliegenden Fall sollen sie die einzelnen Schalen kraftschlüssig verbinden und so das vorhandene dreischalige Mauerwerk vor dem Auseinandertreiben sichern. Risse, die aus Zug- und Schubkräften resultieren, können durch diese aufgefangen werden und das Ausbrechen von weiteren Mauerwerkssteinen verhindert werden. Sie werden in gewissen Abständen horizontal eingebaut. [4, 5]

Beim Blauen Turm werden die Stahl- und Nadelanker in Hüllrohre eingebaut und außerhalb des Hüllrohrs mit dem Mauerwerk verpresst. Außerdem erfolgt eine Vorspannung der Anker. Dies ermöglicht auch bei stark gerissenen Wän-

den, wie es beim Blauen Turm der Fall ist, einen druck- und schubfesten Verbund.
Insgesamt werden 1253 Nadelanker mit einer Vorspannung von je 30 kN eingebaut. Davon werden 613 Stück als Durchsteckanker, d.h. durch die komplette Wand gehend, ausgeführt. Die maximale Länge der Durchsteckanker beträgt 3,30 m. Die restlichen werden mit einer Haftverankerung versehen. Etwa zwei Drittel der Nadelanker können gesetzt werden, solange der Turm von der Notsicherung gehalten wird. Die restlichen werden nach Abbau des Korsetts ergänzt. Zusätzlich zu den Nadelankern kommen 32 Spannanker mit einer Vorspannung von je 120 kN zum Einsatz. In acht Höhenlagen werden sie jeweils längs durch alle vier Wände geführt. Über die ganze Breite gehend, erreichen sie so eine durchschnittliche Länge von 10 m. Von den Nadelankern sollen 32 Stück und von den Spannankern 4 Stück mit Sensoren überwacht werden.
Bild 2 zeigt einen schematischen Querschnitt eines Verpressankers (links) und das Vernadelungsraster der Sanierungsmaßnahmen 2018 im Turmquerschnitt. Dabei sind die Nadelanker mit Haftverankerung braun, die Durchsteckanker blau und die Spannanker schwarz dargestellt.

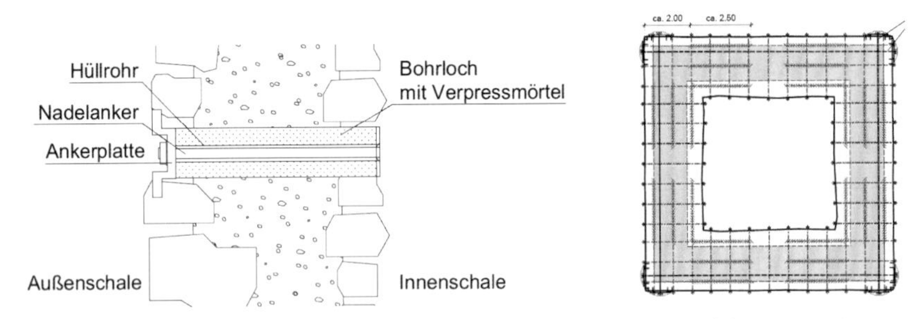


Bild 2 Schematische Darstellung eines Nadelankers (links) und Vernadelungsraster im Turmquerschnitt [3] (rechts)

## 3 Konzeptionierung und Installation der Ankerüberwachung

Gründe für eine Spannungsänderung in den Ankern können ein Auseinandertreiben der Turmwand trotz Verpressanker sein, das Nachgeben der Vorspannung oder ein Versagen der Ankerstäbe. Eine Änderung des Ausgangssignals steht jedoch nicht immer in direktem Zusammenhang mit einer Spannungsänderung im Messobjekt. Sowohl das Messobjekt als auch der Dehnungsmessstreifen selbst können durch Störgrößen beeinflusst werden. Störgrößen können zum Beispiel aus Temperatur- oder Kriecheinflüssen auf die Ankerstäbe oder die Dehnungsmessstreifen resultieren. Bei unzureichendem Messstellen-

schutz kann die anstehende Feuchte im Mauerwerk zu Messwertänderungen führen. Weiter ist der Einfluss aus den Kabeln und aus Hysterese zu beachten. Um eine Fehlinterpretation auszuschließen, ist es wichtig, die Einflüsse aus Umgebungsbedingungen und anderer Störeinflüsse zu kennen. Die Messwerte in Zusammenhang mit den Umgebungsänderungen zu sehen und sie mit Temperatur- oder geometrischen Messkurven zu vergleichen, hilft bei der Interpretation der Ursache.
Für die Kräftemessung der Nadel- und Spannanker fällt die Wahl auf 0°/90° gestapelte Dehnungsmessstreifen des Typs FCA-6-11-3L der Firma Tokyo Sokki Kenkyujo Co., Ltd. (TML). Bei Verschaltung zu einer Wheatstoneschen Brücke haben sie den Vorteil, dass eine Temperaturkompensation erzielt werden kann.

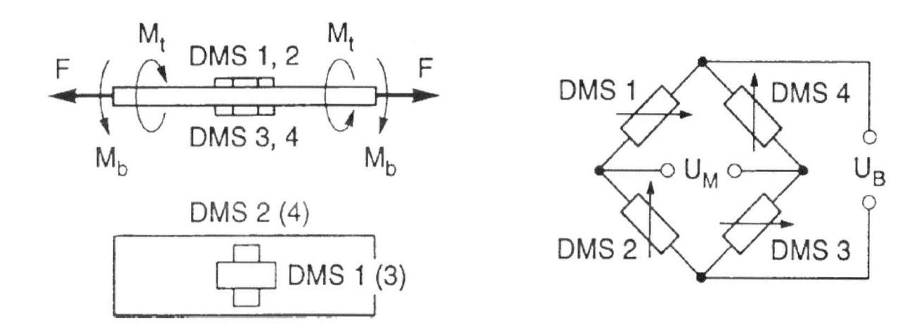


Bild 3 Anordnung und Verschaltung der Dehnungsmessstreifen als Vollbrücke [6]

Um die DMS wird eine Abdeckung zum Schutz vor Feuchtigkeit und mechanischen Einflüssen angebracht. In einem Vergleich verschiedener Abdeckvarianten überzeugt das Abdecksystem CT-D der Firma Preusser Messtechnik GmbH. Die einfache Handhabbarkeit, die Kompaktheit und die Kabelführung machen das System im Zusammenhang mit der Verwendung eines Hüllrohres für Langzeitmessungen zur besseren Wahl für den Blauen Turm.
Auch die Versuche zur Dauerhaftigkeit des Messsystems zeigen positive Ergebnisse. Versuchsstäbe wurden mit DMS und Abdecksystem ausgestattet und über vier Monate in ein Wasserbad gelegt. Die Messwerte blieben dabei konstant. Ein weiterer Versuchsstab wurde jeweils an der Unter- und Oberseite mit gekreuzten DMS ausgestattet, die zu einer Vollbrücke verschaltet wurden. Mit dem Abdecksystem versehen (vgl. Bild 5) und an ein Smartmote-Messgerät angeschlossen, wurde der Versuchsstab auf dem Dach der Materialprüfungsanstalt Stuttgart auf zwei Steine aufgelegt und mit einem Gewicht beschwert. Ziel des Versuchs ist es, Erkenntnisse über das Verhalten der DMS und der Abde-

ckung unter realen Umgebungsbedingungen zu bekommen. Begleitend wurde der Temperaturverlauf am Stab gemessen. Der Messwertverlauf ist in Bild 4 dargestellt. Bei der Interpretation der Daten ist zu beachten, dass das Messgerät nicht kalibriert wurde und dadurch keine Aussage über die Absolutwerte möglich ist.
Der Versuch zeigt eine positive Korrelation des Ausgangssignals mit der Temperatur. Das bedeutet, dass ein Anstieg der Temperatur eine positive Dehnung und damit eine erhöhte Spannung im Versuchsstab bewirkt. Dies liegt daran, dass der Versuchsstab eine ungehinderte Temperaturdehnung erfährt. Bei den Nadel- und Spannankern im Blauen Turm lässt sich das Gegenteil erwarten, da diese vorgespannt sind. Mit steigender Temperatur entspannt sich die Vorspannung, sodass die Spannkraft mit der Temperatur negativ korreliert.
Eine Messwertumrechnung zeigt, dass diese Schwankungen in einem kleinen Bereich stattfinden. Eine Messwertdifferenz von 10*10-5 V/V bedeutet umgerechnet eine Dehnung bzw. Stauchung von ca. 7 µm/m.
Während den Messungen traten wenige Ausfälle in der Datenübertragung auf, die als Ausreißer im Messwerterlauf erkennbar sind. Am 08.01.2018 wurde der Versuchsstab mit einem höheren Gewicht auf Biegung belastet. Interessant ist hierbei, dass dadurch ein Messwertsprung nach unten um ca. 1,5*10-5 V/V stattgefunden hat. Da es sich um eine Vollbrückenschaltung handelt, hätte Biegung jedoch kompensiert werden müssen. Ein Sprung lässt sich somit nur mit einer ungenauen Ausführung erklären. Zum Beispiel könnten die DMS entweder schief aufgebracht oder jeweils nicht exakt auf der gegenüberliegenden Seite angeordnet worden sein. Darauf soll bei der Ausstattung der Elemente für den Blauen Turm in Bad Wimpfen besonders geachtet werden.

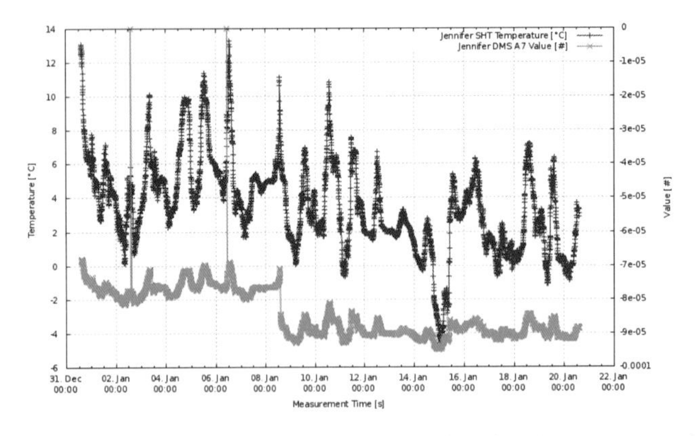


Bild 4 Messwertverlauf des Versuchsstabs (grün) und Temperaturverlaufs (rot)

Da für eine vollständige Temperaturkompensation die DMS perfekt ausgerichtet sein müssen, ist eine geringe Temperaturabhängigkeit nicht zu vermeiden. Außerdem kann ein Kriechen der DMS oder der Anker zu fehlerhaften Messergebnissen führen. Diese Störeinflüsse müssen bei der Interpretation der Daten berücksichtigt werden.
Die Datenübertragung erfolgt über WLAN mit einem Sensorknoten, der an die DMS angeschlossen wird. Dieser wurde im Rahmen des Versuchs im Freien erfolgreich geprüft. Der Toleranzbereich wird so gesetzt, dass ungewöhnlich starke Kraftänderungen in den Ankern eine Alarmierung auslösen.

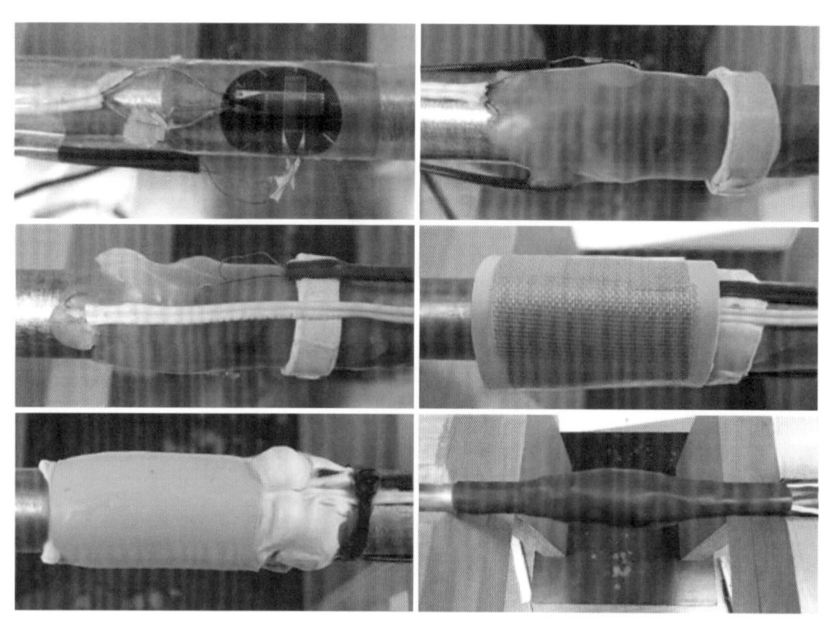

Bild 5 Versuchsstab: Klebung DMS FCA-6-11-3L (links oben) und Abdeckschichten W1 mit Butyl-Gummi-Kissen (rechts oben und links Mitte), Umwicklung mit CT-D (rechts Mitte) und Schrumpfung des CT-D (links unten). Als letzte Abdeckung Alu-Butylband und schwarzer Schrumpfschlauch (rechts unten).

## 4 Konzeptionierung und Installation der Lasermessungen

Eine Turmhöhenänderung kann zum Beispiel durch das Einspritzen einer zu hohen Menge an Verpressmörtel erfolgen oder durch Bewegung der Risse bzw. des Verfalls der Mauerwerkswände. In diesen Fällen wäre ein „Schrumpfen" des Turms aus den Messwerten ersichtlich. Dies wäre entscheidend für ein weiteres Vorgehen bei den Sanierungsmaßnahmen und sollte von Messwertänderungen durch Störgrößen unterschieden werden können. Deshalb gilt es primär Störgrößen zu reduzieren und sekundär diese zu überwachen, um Messwertänderungen interpretieren zu können.

Dabei ist sowohl der Laserstrahl als auch das Messziel durch Umgebungsbedingungen beeinflussbar. Störgrößen am Laserstrahl können Objekte darstellen, aber auch durch eine Änderung der Wetterlage entstehen. Am Reflektor spielen Ablagerung jeglicher Form wie Wasser, Schmutz oder Schnee eine Rolle.

Bei der Montage sollte auf einen freien Messbereich zwischen Laser und Reflektor geachtet werden. Zusätzliche Sensoren, wie Regen- und Temperatursensoren, können bei einer Interpretation der Messdaten helfen. Für die Messung der Turmhöhenänderung wird der Laser-Distanzsensor FLS-CH10 des Herstellers Dimetix AG angewendet.

Bild 6 Schutzaufbau aus HT-Rohr und mit Silikon aufgeklebtem, entspiegelten Glas

Um Ablagerungen auf dem Reflektor zu vermeiden, wurde ein Schutzaufbau entwickelt (Bild 6). Auf einer schrägen Glasplatte sollen Schnee und andere Ablagerungen abrutschen. Die Auswirkung des Glases auf die Messergebnisse wird in verschiedenen Versuchen untersucht. Diese zeigen, dass selbst bei Kondensatbildung auf dem Glas, die Messungen reproduzierbare Werte ergeben.

## 5 Auswertung der Gewindestangenmessungen

Seit 2014 wird der Turm von einer Notsicherung aus drei Stahlträgerreihen gehalten. Im darauffolgenden Jahr wurde diese um drei weitere Reihen ergänzt, sodass die Notsicherung nun sechs Ebenen aufweist. Jede Ebene besteht aus vier Stahlträgern, die in den Turmecken mit jeweils zwei Gewindestangen mit einem Gewinde M36 aus einem Stahl der Festigkeitsklasse 4.6 zusammengehalten werden. Durch die Vorspannung dieser Gewindestangen entsteht ein Druck auf die Turmwand. Vertikale Traghölzer dienen der Lastverteilung. Die vierte Ebene von unten ist mit Sensoren ausgestattet (Bild 7), welche die Kräfte in den Gewindestangen überwachen.

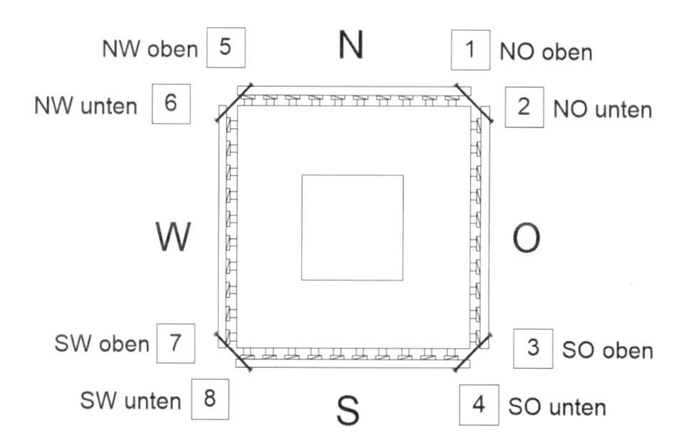

Bild 7 Lage der DMS an den Gewindestangen (oben) und Detailansicht eines Gewindestangenpaars an einer der Turmecken mit Sensorausstattung (unten)

Im Rahmen der Masterarbeit werden die Daten der Gewindestangenvorspannung ausgewertet. Dabei gilt es, strukturelle Veränderungen in den vorhandenen Daten zu erkennen. Dazu wird ein Modell für zukünftige Messwerte entworfen, um diese direkt interpretieren zu können. Da die Notsicherung während der Injektionen und dem Einbau von zwei Dritteln der Nadelanker erhalten bleibt, spielen die Messungen an den Gewindestangen eine wichtige Rolle zur Überwachung der Sanierungsmaßnahme.

Um die Spannung in den Gewindestangen zu beschreiben, werden Einflüsse aus den Variablen Temperatur, relative Feuchtigkeit und Zeit angenommen. Diese Hypothese ist in einem Abhängigkeitsmodell in Bild 8 dargestellt und wird im Folgenden erläutert.

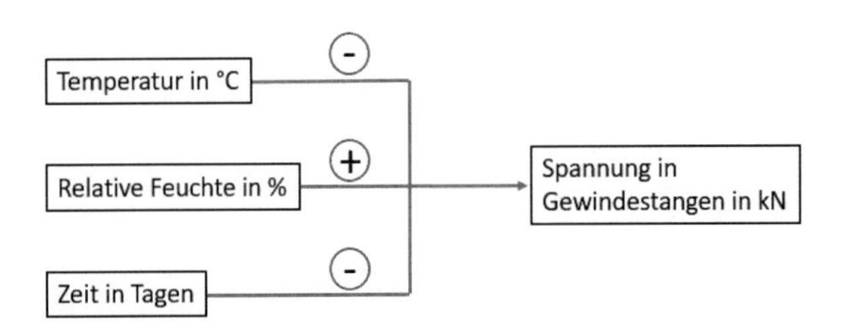


Bild 8 Angenommenes Modell der Abhängigkeit der Gewindestangenvorspannung von den unabhängigen Variablen mit ihren Vorzeichen

Ein Temperaturanstieg wirkt sich auf das gesamte Umgurtungssystem aus. Für die Gewindestangenvorspannung werden sowohl die Temperaturdehnung der Gewindestange selbst als auch Volumenänderungen der Turmwand und der Stahlprofile der Umgurtung relevant. Diese Größen überlagern sich. Da die Gewindestangen vorgespannt sind, bewirkt eine Temperaturdehnung eine Entspannung der Gewindestange und damit eine geringere Vorspannung. Die Turmwand hingegen dehnt sich bei steigender Temperatur aus, wodurch die Spannung in den Gewindestangen ansteigt. Die Temperaturdehnung der Stahlprofile wiederum bewirkt eine Entlastung der Gewindestangen.
Da die Längenänderung der Stahlprofile durch Temperaturdehnung höher ist als die Temperaturdehnung der Turmwand, überdeckt sie diese. Der Wärmeausdehnungskoeffizient von Stahl liegt bei ca. 12*10-6 K-1, wohingegen die Turmwand laut Untersuchungsbericht der MPA maximal 9,1*10-6 K-1 erreicht. [7]

Durch den großen Einfluss der Temperaturdehnung aus den Stahlträgern entsteht eine negative Korrelation der Gewindestangenvorspannung mit der Temperatur. Je höher die Temperatur, desto länger sind die Stahlprofile und damit die Entlastung der Gewindestangen. Eine geringe Temperatur hingegen bewirkt eine Verkürzung der Stahlträger und folglich einen Anstieg der Zugkraft in den Gewindestangen.

Sowohl das Natursteinmauerwerk als auch die Holzträger der Notsicherung dehnen sich mit zunehmender Luftfeuchtigkeit aus. Der Umfang der Notsicherung wird dadurch größer, was wiederum die Zugkraft auf die Gewindestangen erhöht. Als messbare Größe wird die relative Luftfeuchtigkeit gewählt. Diese geht positiv in das Modell ein.
Es ist davon auszugehen, dass zeitabhängige Spannungsverluste auftreten. Diese können aus Kriechen, Relaxation des Werksoffs oder aus einer Lockerung der Schrauben resultieren. Der Einfluss der Zeit ist demnach negativ und wird in Tagen nach dem Vorspannvorgang angegeben. Er ist von besonderem Interesse, da mit ihm ermittelt werden kann, wann eine erneute Nachspannung der Gewindestangen erforderlich wird.

Es wird beispielhaft für Gewindestange 7 (SW oben) eine multiple Regression mit MS Excel anhand der Messdaten von 2016 und 2017 durchgeführt. Dadurch errechnet sich folgende Abhängigkeit der Gewindestangenvorspannung:

$$\hat{Y}=23{,}6056-0{,}3406*(\text{Temp})+0{,}0224*(\text{rel.F})-0{,}0044*(\text{Zeit}) \quad (1)$$

Mit
$\hat{Y}$: Geschätzte Spannung der Gewindestangen mithilfe Regression [kN]
Temp: Unabhängige Variable Temperatur [°C]
Rel. F: Unabhängige Variable relative Luftfeuchtigkeit [%]
Zeit: Unabhängige Variable Zeit nach letzter Nachspannung [Tage]

Die Auswertung ergibt, dass die Messdaten größtenteils durch Temperatur- und Feuchteänderungen erklärt werden können. Dabei korreliert die Temperatur negativ und die relative Luftfeuchtigkeit positiv mit der Vorspannung in den Gewindestangen. Im ersten Monat nach dem Vorspannen ist mit einem erhöhten Spannungsverlust von etwa 7 kN zu rechnen. Danach sinkt die Spannung jedes Jahr um ca. 1,6 kN. Erfolgt der Abbau der Notsicherung wie geplant im Sommer 2018, ist keine erneute Nachspannung erforderlich.

Die Auswertung zeigt darüber hinaus ein auffälliges Verhalten der Gewindestangen 1 (SO oben) und 3 (NO oben). Die Messdaten lassen auf eine ungleiche Lastverteilung der Stangen schließen. Diese sollten weiterhin auf Veränderungen beobachtet werden. In einer Gesamtbetrachtung der Messdaten lassen sich keine dauerhaften Strukturänderungen erkennen.

## 6 Diskussion und Bewertung des Messsystems

Die Dehnungsmessstreifen an den Ankern und der Laserdistanzsensor zur Höhenmessung ergänzen das Bauwerksmonitoring am Blauen Turm zu einem umfassenden Messsystem, welches detaillierte Aussagen über Strukturänderungen ermöglicht.

Sowohl die Versuche zur Ankerüberwachung als auch zur Lasermessung lassen den Schluss zu, dass die Sensoren mit den gewählten Abdecksystemen und Schutzaufbauten für die vorliegende Anwendung geeignet sind. Die Versuche der Anker im Wasserbad und im Freien zeigen, dass die Abdeckung den DMS ausreichend vor Feuchtigkeit schützt. Durch die Versuche mit dem Laser konnte nachgewiesen werden, dass trotz Schutzaufbau für den Laserreflektor die Messdaten reproduzierbar sind.

Bei der Interpretation der Versuche ist jedoch zu beachten, dass diese das Langzeitverhalten nicht vollständig simulieren können. Es handelt sich stets um Versuche unter Extrembedingungen, durch welche auf das Langzeitverhalten geschlossen wird. Es sind keine Erfahrungswerte über einen Zeitraum von über zehn Jahren vorhanden. Deshalb kann das Materialverhalten auf lange Sicht nicht abschließend geklärt werden.
Außerdem fanden die Versuche an Stäben statt, die weder vorgespannt noch in ihrer Dehnung begrenzt waren. Deshalb sind diese im Hinblick auf Effekte durch die konstant hohe Belastung, wie zum Beispiel Kriechen, nicht aussagekräftig.

Bis zum Zeitpunkt meiner Masterarbeit kann auf knapp dreijährige Erfahrungen der Dauerüberwachung der bereits installierten Lasersensoren zur Turmbreitenüberwachung und den Dehnungsmessstreifen an den Gewindestangen der Notsicherung zurückgegriffen werden. Diese Sensoren sind ähnlichen Einflüssen ausgesetzt und zeigen ein positives Langzeitverhalten. Es kann davon ausgegangen werden, dass sich die Anker- und Turmhöhenüberwachung in den ersten Jahren ähnlich verhält.

Die Interpretation der Gewindestangenvorspannung an der Notsicherung wird durch die starke Temperaturabhängigkeit erschwert. Durch das entwickelte Modell ist eine Kompensation der Einflüsse möglich. Dadurch lässt sich auf einen zeitlichen Einfluss schließen. Obwohl mit diesem Modell gute Prognosen erzielt werden können, besteht die Möglichkeit, dass weitere Einflüsse unerkannt bleiben und Strukturänderungen durch den zeitabhängigen Spannungsabfall überdeckt werden.

Eine wichtige Erkenntnis dieser Arbeit ist der Einfluss des Kriechens. Durch ungleiches Kriechverhalten der DMS und des Messobjekts können fehlerhafte Messungen entstehen. Ein Entlasten der Gewindestangen bzw. der Anker kann durch ein Abweichen des Ausgangssignals von Null Aufschluss über die tatsächliche Spannung in den Stangen bringen.

Zusammenfassend wird das Messsystem in Anbetracht der Erfahrungswerte und der Versuchsergebnisse als geeignet bewertet. Es besteht ein geringes Restrisiko für ein unerwartetes Langzeitverhalten.

## Literatur-und Quellenverzeichnis


[1] Materialprüfungsanstalt Universität Stuttgart (2016): Bad Wimpfen, Blauer Turm, 1. Untersuchungsbericht: Naturwissenschaftliche und gesteinstechnische Voruntersuchungen

[2] commons.wikimedia.org/wiki/File:Blauer_Turm_in_Bad_Wimpfen_-_panoramio.jpg?uselang=de#file; Autor: qwesy qwesy

[3] Barthel & Maus Beratende Ingenieure GmbH (2017): Maßnahmenplan, Sicherung und Instandsetzung Mauerwerk mit Zug- und Nadelanker: Übersicht und Bauablauf, Plannr. M-01.1, Index 0

[4] Wolfram Jäger, Ernst & Sohn GmbH & Co.KG (2014): Mauerwerk-Kalender 2014: Bemessen, Bewehren, Befestigen. Berlin

[5] Josef Maier, Springer Vieweg (2012): Handbuch Historisches Mauerwerk: Untersuchungsmethoden und Instandsetzungsverfahren, 2. Aufl. Berlin

[6] Stefan Keil, Springer Vieweg (2017): Dehnungsmessstreifen, 2., neu bearbeitete Auflage. Wiesbaden

[7] Materialprüfungsanstalt Universität Stuttgart (2017): Bad Wimpfen, Blauer Turm, 2. Untersuchungsbericht: Mauerwerkstechnische Versuche und Musterapplikationen zu Instandsetzungsvorschlag

# Laboranalyse von Holz und dessen Eigenschaften nach einer Lagerung in aggressiven Lösungen

## Beitrag zur Erforschung des Schadensmechanismus an Holzdächern von Biogasanlagen

*E. Erbes, Radeberg*

## Zusammenfassung

Der Baustoff Holz zeigt im Allgemeinen eine sehr hohe Beständigkeit gegenüber den meisten Chemikalien, weshalb er auch in vielen Sonderbauten mit einer chemisch-aggressiven Atmosphäre verwendet werden kann. Diese stellen eine hohe Belastung für den Baustoff dar, was zu Schädigungen führen kann. Zu diesen Sonderbauten gehören auch chemische Produktionsstätten und Lagerhallen, wie es beispielsweise die Fermenter, Nachgärer und Gärrestlager von Biogasanlagen darstellen. Trotz dieser hohen Beständigkeit kam es an den Dachkonstruktionen dieser Gebäude in den letzten Jahren nach unterschiedlichen Standzeiten vermehrt zu gemeldeten Schadensfällen. Bis 2012 lagen dazu noch keine gemeldeten Fälle bzw. Untersuchungen dazu vor. Seither beschäftigte sich vor allem Dipl.-Ing. (FH) Detlef Krause mit weiterer Unterstützung mit der Ergründung der Schadensursache. Seine und auch weitere Untersuchungen lieferten zwar schon erste Ansatzpunkte zu dieser, alle Fragen konnten aber zu diesem Zeitpunkt noch nicht gänzlich geklärt werden. Es konnte bisher schon herausgefunden werden, dass der Schadensmechanismus durch die komplexen Vorgänge und die vielschichtige Zusammensetzung des Biogases im Fermenter einer Biogasanlage multifaktoriell und ebenfalls sehr multidimensional ist. Allgemein wird dabei von einer Schädigung des Holzes durch Chemikalien ausgegangen. [1]
Dieser Beitrag befasst sich mit der Untersuchung von Holz entnommen aus einer solchen aggressiven Umgebung sowie von Holz eingelagert in der basischen

Lösung Ammoniumhydroxid, wie es sich im Fermenter einer Biogasanlage durch das Vorhandensein von Ammoniak und sehr hohen Feuchtegehalten bilden kann, unter Laborbedingungen. Die Auswirkung der verwendeten Chemikalie auf die Holzeigenschaften wird im Vergleich zum Holz aus einem Fermenter ermittelt, um Rückschlüsse auf den Schadensmechanismus in diesen Sonderbauten zu erhalten.

## 1 Einführung

Biogas gilt heute als eine der wesentlichsten erneuerbaren Energieressourcen neben Sonne, Geothermie, Wasser und Wind, weshalb es beispielsweise in Deutschland laut einer Veröffentlichung vom Oktober 2017 vom Fachverband Biogas derzeit 9346 Biogasanlagen gibt.[2] Zu jeder Biogasanlage gehören mindestens zwei Fermenter, wobei die genaue Zahl der Fermenter bzw. Gärrestlager und Nachgärer in Deutschland derzeit unbekannt ist.
In diesen Anlagen dient Biomasse zur Erzeugung von Gas als Grundlage. Unter Ausschluss von Sauerstoff und durch spezielle Bakterien wird diese in den Fermentern abgebaut. Dabei entstehen Gase wie Methan, Stickstoff und Kohlendioxid. Neben dem positiven Effekt der Energiegewinnung aus erneuerbaren Ressourcen gibt es bei den Fermentern Problematiken hinsichtlich der Stand- und Nutzungsdauer. Dies basiert auf Schädigungen derer Dachaufbauten. Einige Fermenter besitzen anstatt eines einfachen Betondeckels eine Holzdachkonstruktion. Diese wird durch den täglichen Betrieb der Anlagen, hohe Temperaturen und Luftfeuchten sowie dem Vorhandensein des Gasgemisches chemisch stark beeinflusst. In den letzten Jahren häuften sich nun die gemeldeten Schadensfälle an diesen Anlagen mit einem Ausmaß von einer beginnenden Schädigung bis hin zum Einsturz der Holzdächer nach einer Standzeit von nur einigen Monaten bis 9 Jahren. Wie hoch diese Zahl ist, ist unklar. Die Dachsparren versagten nach Angaben plötzlich ohne Vorankündigung. Die grundlegende Frage ist nun, woraus diese zum Teil starke Schädigung des Holzes resultiert und wie der Schadensmechanismus beschrieben werden kann. Eine Ergründung dieses Sachverhaltes gilt als wichtig, da unter Kenntnis des Mechanismus eventuell präventive Maßnahmen in Zukunft denkbar wären. Die speziellen Umgebungsbedingungen durch die ablaufenden Prozesse in den Fermentern und die komplexe Zusammensetzung des Biogases im Zusammenhang mit der Zerstörung der Fichtenholzsparren zeigt, dass nicht nur ein Faktor für diese Schädigung verantwortlich sein kann. Allgemein gilt die Ursache als multifaktoriell, da neben inkorrekten oder auch fehlenden statischen Berechnungen, Mängel in der Ausführung und konstruktiven Durchbildung sowie auch außergewöhnliche Einwirkungen auch die chemisch-aggressive Umgebung im Fermenter zur Schä-

digung des Holzes führte. Interessant ist folglich herauszufinden, wie sich die einzelnen Bestandteile bzw. Gaskomponenten auf die Holzzerstörung auswirken. [1], [4], [9]

## 2 Schäden an Holzdachkonstruktionen von Biogasfermentern

Ein Fermenter wird im Allgemeinen als Stahlbeton-, Stahl- oder Edelstahlringbau auf einem Betonboden erstellt. Die Behälterabdeckung besteht aus Foliendächern mit einer Gasfolie, die der Gasspeicherung dient. Die Unterkonstruktion stellen sternförmig angeordnete Holzsparren, welche zwischen der Innenseite der Behälteraußenwand und einer Mittelstütze aus Beton oder Holz in der Mitte des zylinderförmigen Gebäudes spannen, dar (s. Bild 1, 2). An der Wand des Behälters liegen die Balken auf Metallkonsolen wie beispielsweise aus Edelstahl, in Aussparungen, auf dem Behälterrand oder in Balkenschuhen auf. Darauf befinden sich mit einem Luftspalt aufgenagelte Schalungsbretter, deren Oberseiten mit Baumwollvliesmatten belegt sind. Die abdeckenden grauen oder grünen Membranen sind beispielsweise Gasspeicherfolien aus Polyethylen oder auch beidseits beschichtete PVC-Polyestergewebefolien, die als Wetterschutzhaube dienen. Während des Betriebs fangen sie das entstehende Gas auf und werden durch den Gasdruck von ca. 3–5 mBar in Form gehalten. Die Holztragkonstruktion besteht in den meisten Fällen aus ca. 15 – 40 Holzbalken mit rechteckigen Querschnitten der Abmessungen 100 – 150 mm x ca. 300 mm und einer Spannweite von ca. 9,5 m – 12 m. Verwendet wird dabei Fichten- (Picea abies (Karst.)) oder Tannenholz (Abies alba (Mill.)).[1], [3], [4]

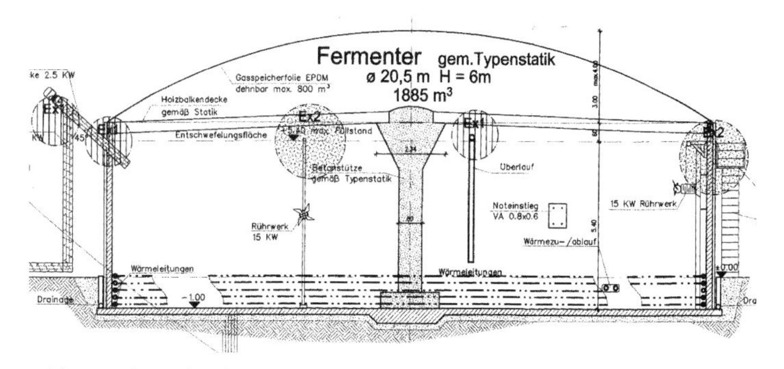


Bild 1 Schnitt durch einen Fermenter [5]

Bild 2 Innenansicht eines leeren Fermenters [6]

In den Fermentern erfolgen die biologischen Abbauprozesse durch spezielle Bakterien, welche diffizile Umgebungsbedingungen wie eine hohe Feuchtigkeit, eine sauerstoffreiche Atmosphäre und einen speziellen konstanten Temperaturbereich zwischen 25 – 55°C benötigen. Zumeist wird mit einer Nassfermentation gearbeitet. Dabei besteht das Substrat zu einem hohen Anteil aus Wasser. Am Ende der Fermentation liegt Biogas als ein Gasgemisch aus den Hauptkomponenten Methan zu ca. 60% und Kohlendioxid zu ca. 35% sowie weiteren Nebenbestandteilen vor. Als Nebenbestandteile sind 0 – 5% Stickstoff, 0 – 2% Sauerstoff, 0 – 1% Wasserstoff, 2 – 7% Wasser, 0 – 1% Ammoniak und 0,1 – 1% Schwefelwasserstoff aufgeführt. Die genaue Zusammensetzung des Biogases ist immer abhängig von verschiedenen Faktoren wie beispielsweise der Funktion der Anlage sowie der Zusammensetzung des Gärsubstrats.[4], [5], [7], [8], [9]

## 3 Vorangegangene Untersuchungen zur Ermittlung der Schadensursache

Zum Zeitpunkt der durchgeführten Untersuchungen lagen schon diverse Ergebnisse vorheriger Versuche im Labormaßstab sowie Untersuchungen durchgeführt an Holz, entnommen von geschädigten Fermenterdächern, vor. Beispielsweise zeigten Untersuchungen an Holz aus einem Fermenter, dass sehr hohe Holzfeuchtegehalte im Mittel von 111% bis hin zum maximalen Feuchtegehalt $u_{max,Fichte}$ = 199% bzw. Rohdichten entsprechend der Grünrohdichte vorliegen. Das Holz entspricht demnach Holz aus einer Nasslagerung. Weiterhin zeigten sich an diesen Balken Ablagerungen (s. Bild 3), die bis mehrere Zentimeter dick ausfielen. Diese entstehen bei der Fermentation, da sich elementarer Schwefel und Sulfat bilden, die sich an der Oberfläche der Holzsparren ablagern. Problematisch ist, dass sich dabei auch Schwefelsäure oder Schwefelwasserstoffsäure bilden können. Weiterhin zeigte sich unterhalb der festen Ablagerungen eine Verfärbung des Holzes in einen braunen bis dunkelbraunen Bereich, ein für Fichtenholz untypisches kurzfaseriges Bruchbild (s. Bild 9c), eine Verschiebung des pH-Wertes des Holzes in den sauren Bereich (kleiner 4) sowie eine verminderte Biegefestigkeit. [3]

Bild 3 Balkenabschnitt (Mittelstück) aus einem Fermenter in 19230 Toddin

Durch wissenschaftliche Untersuchungen, durchgeführt von Prof. Dr. rer. nat. v. Laar, zeigte sich mittels Salzanalysen, dass eine Vielzahl an Kationen und Anionen im Fermenterholz vorhanden waren. Den größten Anteil an Kationen stellte dabei Ammonium dar, mit Abstand gefolgt von Kalium, Magnesium und Calcium. Bei den Anionen war vor allem Sulfat und zu deutlich geringeren Anteilen auch Phosphat, Nitrat und Chlorid nachweisbar. Die Verteilung der einzelnen Ionenkonzentrationen über den Balkenquerschnitt zeigte sich dabei sehr unterschiedlich. Die Konzentrationen in den Randbereichen der Querschnitte erwiesen sich als am größten. Gleiches gilt auch für die vorgefundenen Rohdichten und Feuchtegehalte. [3]
Es konnte ebenfalls zusammengefasst werden, dass das Holz in einem Biogasfermenter einem sauren Angriff unterliegt. Als Ansatz für eine Schadensursache wird genannt, dass ein „säurehydrolytischer Abbau der Kohlenhydrate Cellulose und Hemicellulose wahrscheinlich" [3, S. 18] ist. Der Ansatz von Schwar ist, dass vorrangig die Hemizellulose durch die „sauer reagierende Salzlösung" [4, S. 10] angegriffen wird. Da sich der meiste Hemizellulosengehalt in der Primärwand und der Sekundarwand I befindet und an dieser Stelle ebenfalls die meiste Salzlösung gefunden wurde, kann hier auf eine Abbaureaktion inklusive Fes-

tigkeitsverlust geschlossen werden. Weiterhin wiesen mikroskopische Untersuchungen auf eine Auflösung des Zellverbandes durch eine Schädigung an der Mittellamelle hin. Zusammenfassend beschreibt Krause (2016), dass der Schadensmechanismus, abgelaufen an den Hölzern aus den Biogasfermentern, sehr komplex ist. Die chemisch-aggressive Umgebung führt zu einer Substanzveränderung bzw. dessen Abbau. Er beschreibt weiterhin, dass diese Erkenntnisse nicht mit den bisherigen Kenntnissen zu der Mazeration erklärbar sind. Stattdessen scheint eine bio-chemische Zersetzung des Holzes über den gesamten Bauteilquerschnitt zu erfolgen. [1], [3], [4],
Umfangreiche Literaturrecherchen im Rahmen der Untersuchungen ergaben, dass Holz trotz seiner allgemein hohen chemischen Beständigkeit durch verschiedenste Chemikalien bzw. Gemische dieser und durch verschiedene technische Verfahren chemisch modifiziert und zerstört werden kann. Zu diesen Chemikalien gehören sowohl Säuren als auch Basen, die die einzelnen Holzhauptbestandteile Zellulose, Hemizellulose und Lignin auf unterschiedliche Weisen beeinflussen bzw. abbauen. Weiterhin spielen auch hohe Feuchtegehalte, Temperaturen und Drücke sowie deren Schwankungen eine entscheidende Rolle bei Substanzabbauvorgängen. Diese zu einer Substanzmodifikation bis hin zu einem Abbau dieser führenden Faktoren lassen sich auch in Biogasanlagen finden. Folglich entwickelte sich die Fragestellung, wie sich die einzelnen Chemikalien, welche im Fermenter vorhanden sind bzw. sich in diesem bilden können, auf Nadelholz auswirken.
Dazu erfolgten weiterführende Untersuchungen mit der Betrachtung der Biegefestigkeit durch von Laar. Im direkten Vergleich der Festigkeiten von in Wasser gelagertem Fichtenholz und Proben aus einem Fermenter zeigte sich eine deutliche Abnahme des Festigkeitswertes. Beispielsweise wiesen zwei Balkenendstücke nur noch eine mittlere Biegefestigkeit von 26–27 $N/mm^2$ auf. Die natürliche Schwankung des Holzes und dessen Eigenschaften wurden berücksichtigt, aber auf eine Schädigung des Holzes konnte dabei schon geschlossen werden. Daneben wurde Fichtenholz im Labor in verdünnter Schwefelsäure, wie sie auch vergleichsweise ähnlich im Fermenter vorkommt, unterschiedlicher Konzentrationen und pH-Werte über verschiedene Zeiträume eingelagert. Durch die Einlagerung in Wasser zeigte sich eine Abnahme der Biegefestigkeit durch das Aufweichen der Fasern um ca. 32%. Unter dem Einfluss der Säure äußerte sich keine signifikante weitere Abnahme der Biegefestigkeit. Dadurch wird angedeutet, dass eine Holzschädigung auf biochemischer Basis durch Schwefelsäure bei Zimmertemperatur wohl sehr langsam erfolgt und schwer abschätzbar ist. Weiterhin wurde noch der Einfluss von verdünntem Königswasser, was der Mischung von Salz- und Salpetersäure entspricht, auf Holz geprüft. Beide

Säuren können sich auch in der Fermenteratmosphäre bilden. Trotz einer geringen Prüfkörperanzahl und der Untersuchung an Kiefern- anstatt Fichtenholz konnte dabei herausgefunden werden, dass die Biegefestigkeit dieser Hölzer nach einer einmonatigen Einlagerung nur noch einem Viertel des Wertes der trockenen und ungefähr der Hälfte des Wertes der in Wasser gelagerten Proben entsprach. Eine Schädigung durch diese Säuremischung ist demnach erkennbar. Diese Erkenntnis wurde noch unterstützt durch die gleichzeitige Abnahme der Darrdichte, was auf einen Masseverlust hindeutet. Da sich einige Übereinstimmungen mit dem Schadensmechanismus bzw. dem Erscheinungsbild der Biogashölzer wie beispielsweise durch ein ähnliches Rissbild aufzeigten, konnte ein erster Zusammenhang erkannt werden. Eine direkte Übertragung der Ergebnisse auf die Hölzer der Fermenter sei aber schwierig. Zusammenfassend wurde erwähnt, dass Salz-, Salpeter- und Schwefelsäure nach unterschiedlich langen Einwirkzeiten zu Veränderungen des Holzes und somit auch der Biegefestigkeit führen. Dies sei ein Ansatz für die Schädigung in den Fermentern. [3], [9]
Allgemein basiere die starke Schädigung des Holzes demnach zum einen auf dem Einfluss verschiedenster aggressiver Chemikalien und zum anderen auf den weiteren Umgebungsbedingungen wie Temperatur, Druck und Feuchte. Die Konstruktion ist in den Behältern sehr extremen Bedingungen verschiedener Einwirkkombinationen ausgesetzt. Die Ergebnisse von chemischen und mikroskopischen Untersuchungen zeigten auch, dass sich je nach Einbausituation und Objekt Unterschiede in den Eigenschaften wie pH-Wert, Ionen-Konzentration etc. einstellen. Neben statischen und konstruktiven Mängeln wurde zum Teil auch qualitativ schlechtes Holz mit einer Vielzahl an Holzfehlern wie Ästen und Drehwuchs verwendet, was die Schädigung ebenfalls beeinflusst. Hinzu kommen die vielfältige Zusammensetzung der möglichen Gärsubstrate und somit der abbauenden Bakterienpopulation, unterschiedlichste mögliche Stoffwechselwege und Reaktionen sowie Zwischen- und Endprodukte. Trotz der Vielzahl an Untersuchungen der letzten Jahre verbleiben dennoch weiterhin viele offene Fragen. Dazu gehört beispielsweise, warum die Dachkonstruktion einiger Anlagen nicht, einiger nach wenigen Monaten und anderer nach mehreren Jahren versagten. Daneben gilt auch zu klären, welche Schäden speziell durch Bakterien, welche durch aggressive Chemikalien und welche durch die anderen Umgebungsbedingungen entstehen. Hinsichtlich der Schädigung durch Chemikalien ist beispielsweise auch zu klären, welche Substanz für welchen Effekt verantwortlich ist. Eine weitere Frage wird sein, ob Holz überhaupt in Fermentern einsetzbar ist bzw. ob der Baustoff so modifizierbar wäre, so dass es auch unter den extremen Bedingungen im Fermenter lange beste-

hen kann. Letzteres und die Chance eventuell präventive Maßnahmen zur Schadensvermeidung zu entwickeln, zeigt die Dringlichkeit der weiteren Untersuchungen. [1], [4], [5], [10]

## 4 Untersuchung des Einflusses von Ammoniumhydroxid auf Fichtenholz im direkten Vergleich zu geschädigtem Holz aus einem Fermenter

Neben den diversen Säuren, deren Einfluss auf Holz im Labormaßstab schon überprüft wurde, können sich in der Fermenteratmosphäre auch Basen bilden. Dazu zählt auch Ammoniumhydroxid $NH_4OH$, was durch das Vorhandensein von Wasser und Ammoniak entstehen kann. Unter Betrachtung der Zusammensetzung des Biogases verdeutlicht sich, dass auch Ammoniak zu einem geringen Prozentsatz bis ca. 2,5 % bzw. im Mittel 0,7 % enthalten ist. Dies konnte durch das Vorfinden von Nitrat (NO-) als das Säurerest-Anion der Salpetersäure durch Salzanalysen ebenfalls bestätigt werden. Daraus ging die Fragestellung hervor, welchen Einfluss speziell Ammoniak bzw. dessen Lösung auf das Fichtenholz in Fermentern und dessen Schadensmechanismus hat. [3], [8]

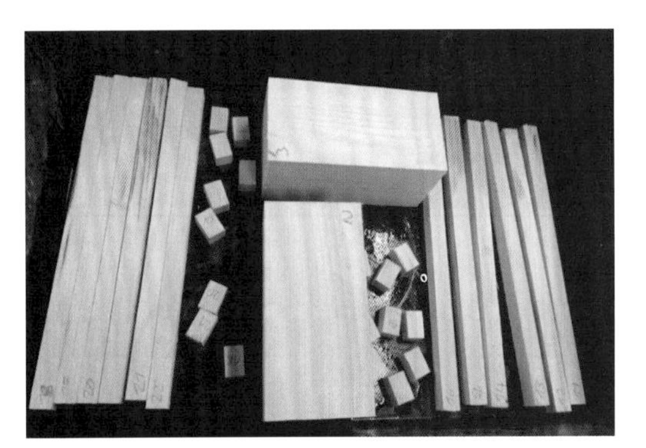

Bild 4 Probekörper unterschiedlicher Abmessungen

Bild 5 Seitenansicht Endstück aus Fichtenholz

Für die Untersuchungen wurden insgesamt 120 Fichtenholzproben (Picea abies (Karst.)) aus Kanthölzern und aus zwei Balkenabschnitten, entnommen einem Fermenter der Biogasanlage in 19230 Toddin, hergestellt und untersucht (s. Bild 4). Diese Abschnitte entsprachen einem Balkenmittel- und einem Endstück (s. Bild 3, 5). Die Proben wurden mit exaktem Entnahmeort gekennzeichnet, um Unterschiede der Eigenschaften über den Querschnitt deklarieren zu können. Die Prüfkörper verschiedenster Abmessungen wurden anschließend eingelagert. Es entstanden 4 Versuchsreihen. Die Fichtenholzproben wurden zum einen im „trockenen" bei 17,5°C und einer relativen Luftfeuchte von 34,4%, außerdem in Leitungswasser (pH=8,2, Standort: 9524 Villach, Österreich) und zum anderen in der Base Ammoniumhydroxid NH4OH pH=10 und pH=12 über 32–34 Tage eingelagert. Die Prüfkörper aus dem Holz des Fermenters wurden für 5–7 Tage in Wasser eingelagert, da diese durch den Transport und die Lagerung abgetrocknet waren und der ursprüngliche hohe Feuchtegehalt wiederhergestellt werden sollte. Anschließend wurden Kenngrößen wie die Darrrohdichte, die Biegefestigkeit, das Biege-Elastizitätsmodul, die Druckfestigkeit in Faserrichtung, die Dehnung in Faserrichtung der Zugzone bei der Biegebelastung sowie die Rohdichte und der Feuchtegehalt bei der Prüfung unter Laborbedingungen untersucht. Außerdem wurden Bohrwiderstandsmessungen mit dem Resistographen® durchgeführt. Die Ergebnisse wurden anschließend vergleichend ausgewertet. Somit konnten gut Unterschiede zwischen dem Zustand vor und nach der Tränkung bzw. auch zwischen wasser- und basengesättigtem Holz ermittelt werden. Somit sollte ein Ansatz für Veränderungen des Holzes durch die jeweilige Lagerung gefunden werden.

## 4.1 Kennwert Darrdichte

Die Darrdichte wurde ermittelt, da diese wie eine Materialkonstante betrachtet werden kann. Ändert sich die Darrdichte, so kann man direkt und deutlich auf einen Substanzabbau schließen. Die durchgeführten Versuche zeigten, dass es nur zu einer sehr geringen mittleren Abnahme der Darrdicht durch die ca. 4-wöchige Einlagerung in Ammoniumhydroxid um ca. 4% kam. Dadurch ließ sich kein klarer Hinweis auf starke Substanzabbauraten finden. Diese mittlere geringe Abnahme kann jedoch als eine Art Indiz für Substanzmodifikationen gesehen werden. Weitere Untersuchungen sind an dieser Stelle vonnöten.
Die Darrdichte der Biogashölzer gilt als nicht vergleichbar, da durch die Querschnitte Kern- und Splintholzanteile vorhanden waren sowie auch der Kennwert durch eingelagerte Salze, andere Wuchsbedingungen etc. beeinflusst wurde.

## 4.2 Rohdichte und Feuchtegehalt

Die Rohdichte und der Feuchtegehalt werden durch ihre sich gegenseitig beeinflussende Wirkung zusammengefasst. Verglichen wurden dabei Prüfkörper kleiner Abmessungen (20×20×30 mm), da es nur bei diesen zu einer vollständigen Tränkung durch die Einlagerung in der Flüssigkeit über ca. 4 Wochen kam.

Die Prüfkörper größerer Abmessung wurden über diesen Zeitraum nicht vollständig getränkt. Durch die Tränkung zeigte sich, wie erwartet, eine starke Steigerung des Feuchtegehaltes wie auch der Rohdichte. Auffällig dabei ist, dass durch die Einlagerung in der Base die Steigerung des Feuchtegehaltes und der Rohdichte verstärkter ausfiel. Im Vergleich zu den in Wasser gelagerten Proben kam es zu einem 15% höheren Feuchteeintrag. Es scheint zu einer beschleunigten und verstärkten Flüssigkeitsaufnahme durch das basische Ammoniumhydroxid gekommen zu sein (s. Bild 6). Diese Auffälligkeit prägte sich mit dem steigenden pH-Wert der Lösung stärker aus.

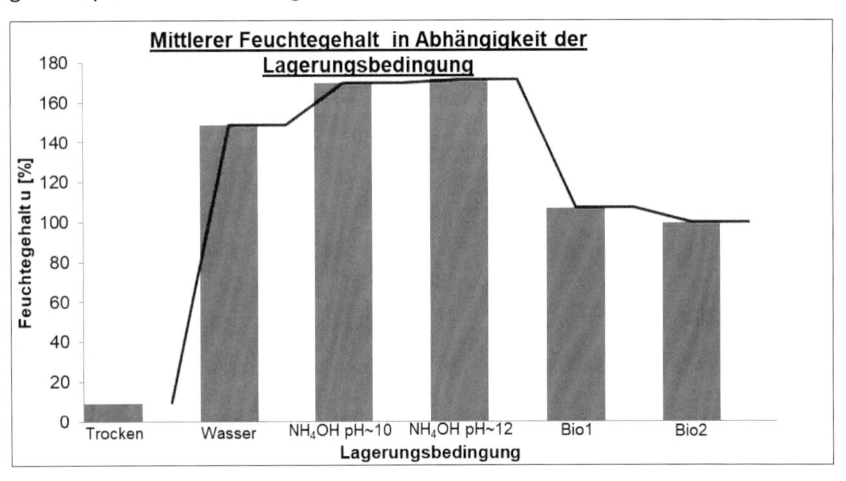


Bild 6 Mittelwert des Feuchtegehalts in Abhängigkeit der Lagerungsbedingung

Bei dem Holz aus dem Fermenter fiel auf, dass sich ein mittlerer Feuchtegehalt von ca. 100% einstellte. Hierbei verdeutlichte sich durch die Betrachtung der Werteverteilung über den Querschnitt, dass die Randbereiche des Balkenmittelstückes die größten Feuchtegehalte beinhielten, da der Feuchteeintrag nur über diese Bereiche erfolgen konnte. Das Balkenendstück wies hingegen trotz Kern- und Splintholzanteilen eine annähernd gleichmäßige Verteilung über den Querschnitt auf. Dies basiert auf dem offenliegenden Hirnholz hin zur Fermenteratmosphäre.

### 4.3 Biegefestigkeit und Biege-Elastizitätsmodul

Die Festigkeitsprüfungen erfolgten an der Universalprüfmaschine Z020 von Zwick/Roell in Anlehnung an die Norm DIN 52186.[11] Der Kennwert der Biegefestigkeit bzw. des E-Moduls wurde ermittelt, da diese Werte allgemein für die

Tragfähigkeit des Materials stehen und beispielsweise bei statischen Berechnungen bzw. Bemessungen zum Einsatz kommen. Die ermittelten Werte der luftgetrockneten Proben mit im Mittel 67 N/mm², welche den Ausgangswert des Fichtenholzes darstellen, entsprachen den angegebenen Literaturwerten. Durch die Tränkung zeigte sich die zu erwartende Absenkung der Biegefestigkeit und des E-Moduls. Dabei fiel auf, dass durch Ammoniumhydroxid eine verstärkte Abnahme der Festigkeit erfolgte. Auch hier prägte sich dies mit steigendem pH-Wert der Lösung deutlicher aus. Im Vergleich zu den mit Wasser getränkten Prüfkörpern kam es zu einer mittleren Absenkung der Biegefestigkeit und des Biege-Elastizitätsmoduls um 10-11%. Damit kam es an den Proben aus der Lagerung in der starken Base (pH=12) z.T. zu einer Unterschreitung der charakteristischen Werte entsprechend der Festigkeitsklasse C24 gemäß DIN EN 338. Diese Erscheinung kann nun zum einen darauf zurückgeführt werden, dass durch die Base auch ein erhöhter Feuchteeintrag erfolgte. Zum anderen liefert dies einen ersten Hinweis auf eine beginnende Schädigung. Interessanterweise ist dies auch eine Bestätigung Kollmanns Untersuchungen von 1951, wobei sich eine Abnahme der Biegefestigkeit um 10% nach einer Einlagerung in Ammoniak über 4 Wochen einstellte. Dementsprechend kann darauf geschlossen werden, dass nicht nur die gestiegene Feuchte sondern auch die Substanzmodifizierende Wirkung von Ammoniak zu dieser Absenkung führte. [12]

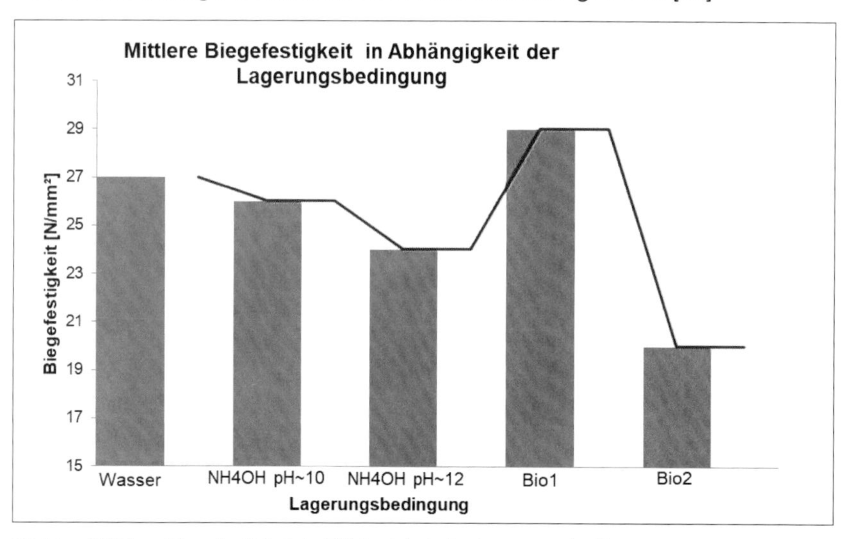


Bild 7 Mittlere Biegefestigkeit in Abhängigkeit der Lagerungsbedingungen

Auch an dieser Stelle ist ein Vergleich zu den Fermenterhölzern schwierig, da diese ein anderes Ausgangsmaterial darstellen. Beide Balkenabschnitte wiesen jedoch eine starke Wertestreuung über den Querschnitt auf. Am Auffälligsten ist, dass die Biegefestigkeit sowie der E-Modul des Balkenendstückes extrem reduziert ausfielen. Es erfolgte eine starke Absenkung bis zu nur noch 13 N/mm². Da das Balkenendstück und das Mittelstück zu großer Wahrscheinlichkeit aus demselben Material bestehen, deutet diese große Reduzierung am Endstück auf starke strukturelle Veränderungen und Substanzzerstörungen hin (s. Bild 7).
Neben der Ermittlung dieser Werte durch die Festigkeitsprüfung konnten mithilfe der gleichzeitig ablaufenden digitalen Dehnungsmessung auch Unterschiede des Durchbiegungsverhaltens und der Bruchbilder je nach Einlagerung erkannt werden. Dabei stellte sich heraus, dass sich die getränkten Hölzer unter der Biegebelastung stärker durchbiegen konnten als die Trockenen (s. Bild 8). Hervor trat ebenfalls, dass sich die meisten Prüfkörper, entstammend dem Balkenendstück, trotz hoher Feuchte kaum durchbiegen konnten. Das Holz scheint stark versprödet zu sein.

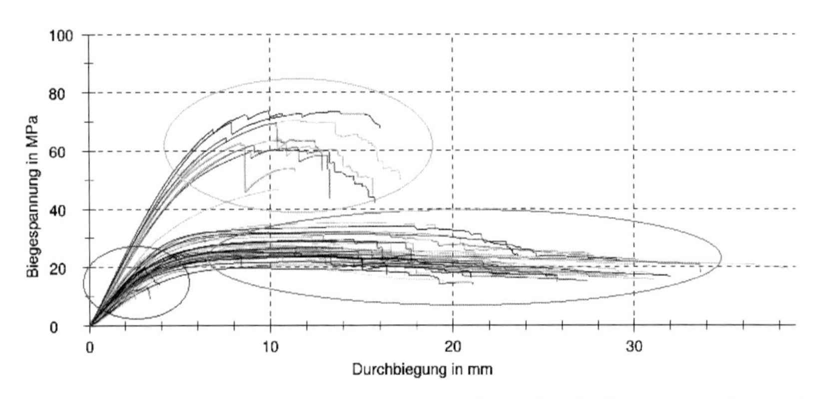


Bild 8 Biegespannungs-Durchbiegungs-Diagramm aller Proben [13] mit Kennzeichnung der getränkten (blau), trockenen (orange) und Balkenendstückproben (rot)

Dies bestätigen neben den geringen Festigkeiten auch die Bruchbilder der Proben aus dem Fermenter. Die Proben des Balkenmittelstücks wiesen schichtige Abspaltungen sowie Risse in Faserrichtung auf (s. Bild 9). Jene aus dem Endstück hingegen zeigten einen kurzfaserigen Sprödbruch senkrecht zur Faser. Ein ähnliches sprödes Bruchbild zeigte sich auch an einem Balken eines Fermenters, welchen D. Krause untersuchte.

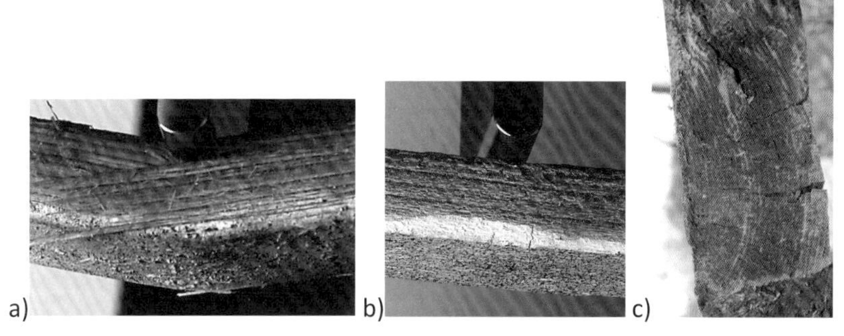


Bild 9 Bruchbild einer Probe aus dem a) Balkenmittelstück und dem b) Balkenendstück sowie c) eines Balkens aus einem Fermenter einer Biogasanalage in Mecklenburg-Vorpommern [1, S. 9]

Ähnliches ergab sich auch nach der Einlagerung der Fichtenholzproben in Ammoniumhydroxid. Entgegen des erwarteten langfaserigen Bruchs, wie es am trockenen und wassergetränkten Holz der Fall war, stellte sich an den Proben aus der Basentränkung eine Mischform aus kurzfaserigem spröden und langfaserigen Bruch ein (s. Bild 10). Das bedeutet, dass das Fichtenholz einer strukturellen Veränderung und beginnender Versprödung durch die alkalische Lösung unterlag.

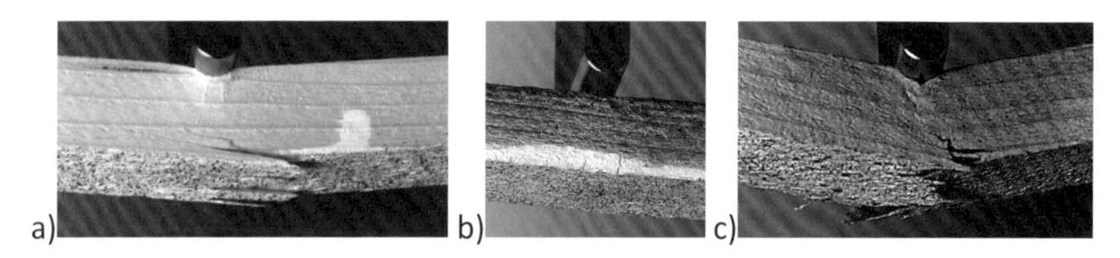


Bild 10 Bruchbild einer a) trockenen, b) in Ammoniumhydroxid pH=10 und c) pH=12 gelagerten Probe

## 4.4 Dehnung der Zugzone in Faserrichtung unter Biegebelastung

Die Dehnung der Zugzone erfolgte mit Hilfe der digitalen Dehnungsmessung bzw. Photogrammetrie. Für diese berührungslose Messmethode wurden die Prüfkörper mit zwei Kameras während der Biegeprüfung in regelmäßigen kurzen Abständen mit Hilfe des Programmes VicSnap fotografiert und anschließend die Bilder mit dem Programm Vic3D ausgewertet. Durch das Aufbringen einer Signalisierung in Form von schwarzen kleinen Airbrushpunkten auf die weiß lackierte Unterseite der Biegeprüfkörper, welche die Zugzone darstellt, entstehen im Programm Punkte mit festen Koordinaten. Kommt es durch die

Biegeprüfung zu einer Verschiebung dieser Punkte, so kann eine Dehnung aus der Längenänderung bezogen auf die Ausgangslänge, was einer Länge bzw. einem Abstand zwischen zwei Punkten entspricht, ermittelt werden. Es können Videos und Bilder ausgegeben werden, welche auch die Hauptdruck- und Hauptzugdehnungen und somit auch -spannungen veranschaulichen. Näheres dazu ist der zugehörigen Bachelorthesis zu entnehmen. [14]
Ermittelt wurde die elastische Dehnung bei Erreichen der maximalen Bruchspannung, da diese die größtmögliche Dehnung vor dem Bruchversagen darstellt. Die ermittelte Dehnung wurde im Programm über sogenannte Extensiometer berechnet, welche unterhalb der Lasteinleitungsstelle in der Zugzone des Biegebalkens in Faserrichtung gesetzt wurden (s. Bild 11). Mit Hilfe der zugehörigen entstehenden Dehnungs-Index (Prüfzeit)-Diagramme (s. Bild 12) konnte der Dehnungswert einer Probe entnommen werden.

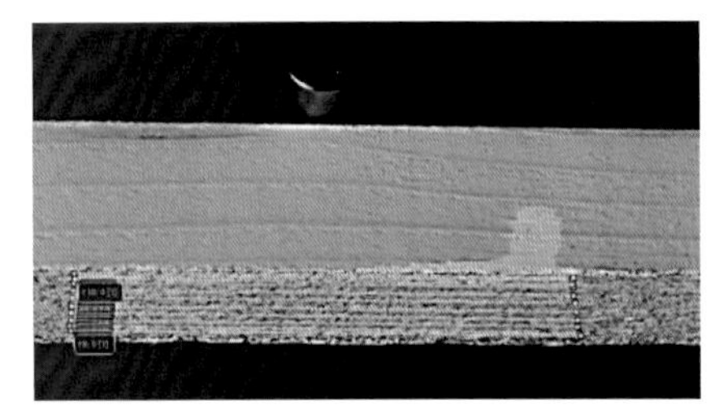

Bild 11 Setzen der Extensiometer zur Dehnungsmessung

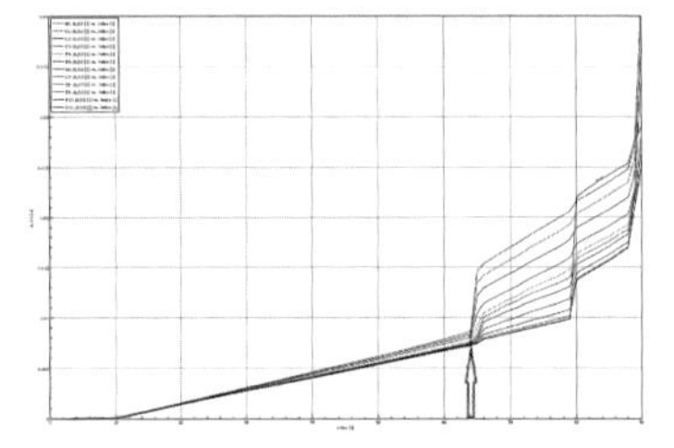

Bild 12: Ergebnis bzw. Ausgabe der Dehnungsmessung; Dehnungs-Index (Zeit)-Diagramm

Die Untersuchungen zeigten, dass es, wie erwartet, zu einem Anstieg der elastischen Dehnung mit steigendem Feuchtegehalt kommt. Die in Wasser eingelagerten Proben wiesen mit einer mittleren Dehnung von ca. 0,84% einen 22%-ig höheren Wert als das trockene Ausgangsmaterial auf. Dies basiert auf dem Erweichen der Zellen, wodurch das Holz elastischer wird. Als herausstechend ist zu nennen, dass es trotz weiter gestiegenem Feuchtegehalt der in der Base gelagerten Proben zu einer Reduzierung der elastischen Dehnung auf im Mittel 0,67% um ca. 19% (ausgehend von den wassergetränkten Proben) kam. Da dies einer Anomalie entspricht, kann geschlussfolgert werden, dass das Holz plastischer wurde. Auch dieser Effekt äußerte sich deutlicher, je höher der pH-Wert der Einlagerungsflüssigkeit war (s. Bild 13). Auch diese plastifizierende Eigenschaft des Ammoniaks konnte schon in diversen anderen Untersuchungen z.B. vom Bariska 1971 festgestellt werden. [15], [16]

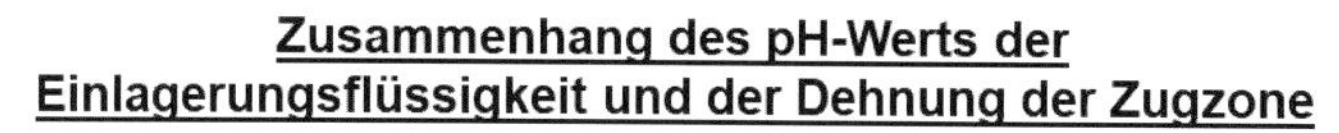


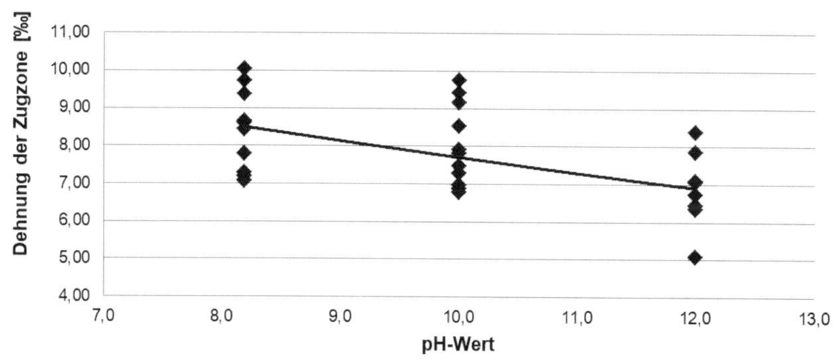


Bild 13 Dehnung der Zugzone im Zusammenhang des pH-Wertes der Einlagerungsflüssigkeit

Auch am Holz des Fermenters zeigte sich trotz großer Streuung der Werte, dass das Holz trotz hoher Feuchte eine geringe elastische Eigenschaft aufwies. Einige Proben zeigten annähernd kein elastisches Verhalten mehr, was sich in einer Dehnung von nur noch ca. 0,11% widerspiegelt. Demnach wird deutlich, dass es zu einer starken Versprödung, Plastifizierung und Strukturveränderung des Holzes im Fermenter kam.

## 4.5 Druckfestigkeit in Faserrichtung

Die Druckfestigkeit in Faserrichtung wurde ebenfalls an der genannten Universalprüfmaschine gemäß Norm DIN 52185 geprüft. [17] Hierbei verhielten sich die Ergebnisse ähnlich wie bei der Biegefestigkeit. Durch die Einlagerung in Ammoniumhydroxid pH=12 kam es, ausgehend von den wassergetränkten Proben, zu einer mittleren Absenkung der Festigkeit um ca. 19%. Dies und auch Untersuchungen von Fengel und Besold 1983 führen zu der Annahme, dass der Hauptholzbestandteil Lignin durch Ammoniak abgebaut bzw., ausgehend von der nur geringen Absenkung der Darrdichte, modifiziert wird. [16] Auch bei der Druckfestigkeitsprüfung wiesen die Hölzer aus dem Fermenter eine schwere Vergleichbarkeit auf. Deutlich wurde erneut nur, dass am Balkenendstück eine starke Schädigung auftrat.

Bild 14 Bruchbild einer a) trockenen, b) in Ammoniumhydroxid gelagerten und c) dem Fermenterholz entnommenen Probe

Des Weiteren wurden im Anschluss an die Prüfung auch die Bruchbilder verglichen. Dabei ergaben sich erneut Ähnlichkeiten zwischen dem Holz aus der Basenlagerung und dem Fermenter, da beide eine Auffaserung und Versprödung zeigen (s. Bild 14).

## 4.6 Weitere Untersuchungen: Optische Betrachtung und Bohrwiderstandsmessung

Unter einer rein optischen Betrachtung des Holzes nach der Einlagerung und des Holzes aus dem Fermenter zeigten sich Gemeinsamkeiten. Das Fichtenholz färbte sich im basischen Milieu dunkelbraun bis schwarz (s. Bild 15, 16). Diese Verfärbung ähnelte auch der der Fichtenholzsparren aus dem Fermenter (s. Bilder 5–7).

Bild 15 Verfärbung des Fichtenholzes (v.l.n.r.): trocken, in Wasser, Ammoniumhydroxid pH=10 bzw. 12 gelagert

Bild 16 Trockenes und durch Ammoniumhydroxid pH=12 verfärbtes Holz

Bei der Bohrwiderstandsmessung wurde mit dem Resistograph® gearbeitet. Dabei erfolgte eine Messung vor und nach der Einlagerung an der ungefähr gleichen Stelle der Probe, um Veränderungen durch die Tränkung zu erkennen. Dabei fielen einige Anomalien in den Bohrwiderstandsprofilen nach der Tränkung auf (s. Bild 17, 18). Neben dem Anstieg der Grundlinie bzw. des Grundniveaus (rot) durch den gestiegenen Feuchtegehalt resultierend aus der Basentränkung zeigten sich auch ungewöhnliche Auslenkungen sehr kleiner Amplituden (grün), welche wie kleine Zacken wirken. Diese zackige Eigenschaft zeigte sich an den Profilen der Prüfkörper, entstammend der Tränkung mit der starken Base, am deutlichsten. Auch die Festigkeitsreduzierung in den Randbereichen (blau) wurde durch die kleinen Amplituden deutlich. Durch diese Besonderheiten sowie auch die undeutlicher erkennbaren Jahrringgrenzen, ist auf eine Strukturveränderung bis hin zum beginnenden Abbau zu schließen.

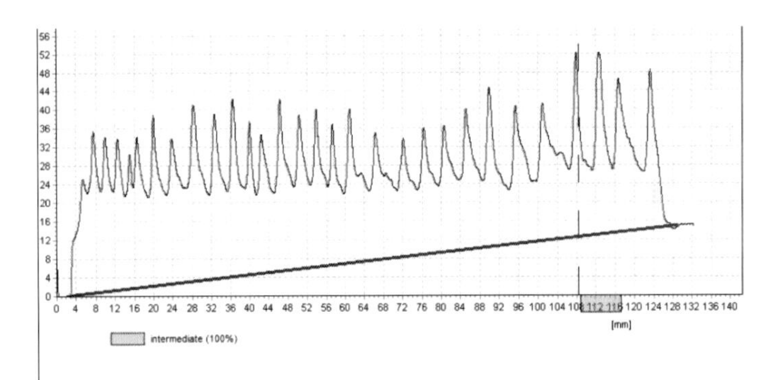


Bild 17 Ausschnitt des Bohrwiderstandsprofils einer Bohrung vor der Einlagerung

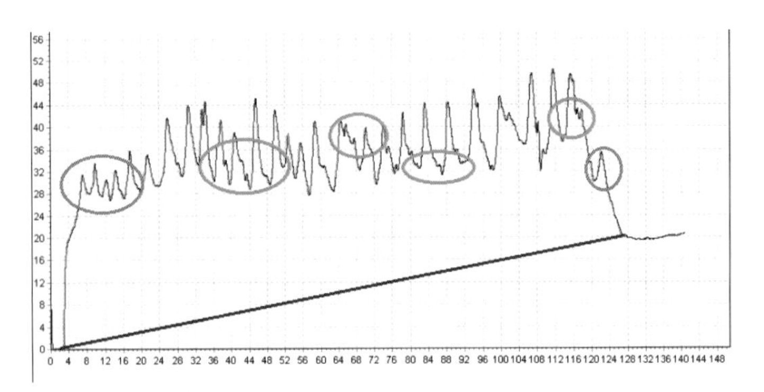

Bild 18 Ausschnitt des Bohrwiderstandsprofils einer Bohrung nach der Einlagerung in Ammoniumhydroxid pH=12

Auch wurde hierbei ein Zusammenhang zu den Hölzern aus dem Fermenter gefunden. Neben einem ähnlich starken Anstieg der Grundlinie durch die Feuchte zeigten vor allem die Bohrprofile, erstellt an dem Balkenendstück, die benannte zackige Eigenschaft in sehr großem Maße (s. Bild 19). Für eine exakte Interpretation der Bohrprofile sind jedoch noch weitere Untersuchungen an Holz aus chemisch-aggressiven Umgebungen durchzuführen.

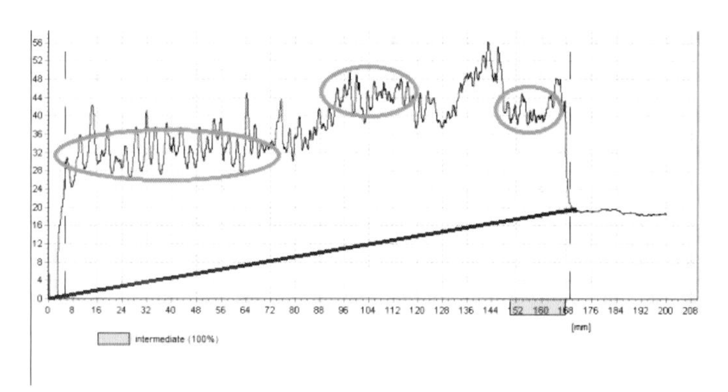


Bild 19 Ausschnitt des Bohrprofils eines Prüfkörper aus dem Balkenendstück

## 5 Zusammenfassung

Allgemein zusammengefasst zeigten die Untersuchungen, dass die flüssige Lösung von Ammoniak eine eher geringe Beeinflussung der Holzeigenschaften mit sich bringt. Es kam nur zu einer marginalen Abnahme der Festigkeiten, des E-Moduls und der Darrdichte. Demnach gibt es keinen eindeutigen Anhaltspunkt für den Abbau von Holzbestandteilen. Einzig die etwas erhöhte Herabsetzung der Druckfestigkeit durch die Einlagerung in der Base stellt ein Hinweis dar, dass es eventuell zu einer Ligninmodifikation bzw. zu einem beginnenden Abbau dessen gekommen sein mag.

Die Untersuchungen zeigten jedoch, auch dass es durch die Einlagerung in Ammoniumhydroxid zu einer verstärkten Flüssigkeitsaufnahme, einer Herabsetzung der elastischen Eigenschaften und einer erhöhten plastischen Verformbarkeit kommt. Durch die Base erfolgte demnach eine strukturelle Veränderung und eine Plastifizierung sowie Versprödung des Holzes.

Unter Betrachtung der Zielsetzung, einen Rückschluss zu dem geschädigten Holz aus einem Biogasfermenter zu ziehen, kann erwähnt werden, dass es geringe Zusammenhänge des Fichtenholzes aus der Laboreinlagerung und diesem gibt. Durch das im Biogas enthaltene Ammoniak bzw. das sich wahrscheinlich bildende Ammoniumhydroxid im Fermenter kam es zu Modifikationen des Fichtenholzes. Dies spiegelt sich in den genannten Ergebnissen wieder. Ammoniak hat demnach wohl einen Einfluss auf die vorgefundene Versprödung, die Herabsetzung der elastischen Eigenschaft und die Verfärbung des Holzes im Fermenter einer Biogasanlage.

Das Schlussfazit ist demnach, dass mithilfe dieser Untersuchungen nur ein geringer weiterer Ansatz zum Schadensmechanismus des Holzes im Fermenter gefunden wurde! Ammoniak scheint nur zu einem geringen Teil zum Schaden beizutragen. Weitere Untersuchungen sind nötig.

## Literaturverzeichnis

[1] Krause, Detlef: Schäden an tragenden Holzbauteilen in Biogasanlagen http://ingkrause.de/cms/upload/pdf/Biogasanlagen_SE_2-2013.pdf veröffentlich in Schützen & Erhalten, Fachzeitschrift des DHBV e.V., Nr. 2/2013, S. 9–10, 15.02.2018

[2] Veröffentlichung vom Fachverband Biogas: Biogas Branchenzahlen 2016 https://de.statista.com/statistik/daten/studie/167671/umfrage/anzahl-der-biogasanlagen-in-deutschland-seit-1992/, 09.01.2018, Veröffentlicht 10.2017

[3] Von Laar, Claudia: Schadenfall Holzbalkendecke – Materialzerstörung in einem Biogasfermenter. In: Der Bausachverständige, Juni 2013

[4] Krause, Detlef: Schäden an Holzbalkendecken von Biogasbehältern – Ursachen, Erfahrungen und Empfehlungen. Bei: Biogas Convention 16.-18.02.2016, Nürnberg

[5] Krause, Detlef: Holzschäden an tragenden Bauteilen durch aggressive Chemikalien – ein Praxisbericht. In: Weiterbildungstag Deutscher Holzschutzverband Landesverband Berlin-Brandenburg e.V. 30.11.2013

[6] Unter der Haube wird gerührt: Antriebstechnik für Biogasanlagen. In: Prozesstechnik.online, 14.04.2009, https://prozesstechnik.industrie.de/chemie/anlagen-chemie/unter-der-haube-wird-geruehrt/ (14.04.2018)

[7] Kirchner, Ron: Landwirtschaftliche Biogasanlagen und industrielle Großanlagen. http://www.biomasse-nutzung.de/biomasse/energetische-nutzung-bioenergie/betreiben-einer-biogasanlage/der-fermenter-mikrobiologie-biochemie-und-inputstoffe/, 27.03.2018

[8] Biogas: http://www.chemie.de/lexikon/Biogas.html#Zusammensetzung, 15.02.2018

[9] Von Laar, Claudia: Schäden an Holzdecken von Biogasbehältern. In: 45. Norddeutsche Holzschutzfachtagung, Warnemünde: 04.03.2016

[10] Krause, Detlef: Schäden an Holzdachtragwerken von Biogasbehältern – Ausnahme oder Regel?. In: Der Bausachverständige, 1/2014

[11] DIN 52186:1978-06, Prüfung von Holz; Biegeversuch. Berlin: Beuth

[12] Rug, Wolfgang; Lißner, Angelika: Untersuchung zur Festigkeit und Tragfähigkeit von Holz unter dem Einfluss chemisch-aggressiver Medien. In: Bautechnik 88 (2011), Heft 3, Berlin: Ernst & Sohn Verlag für Architektur und technische Wissenschaften GmbH & Co.KG Berlin, S. 177 – 188

[13] Prüfprotokolle der durchgeführten Versuche ausgegeben durch das Mess- bzw. Herstellerprogramm von Zwick/Roell für die Universalprüfmaschine Z020

[14] Erbes, Elisabeth: Laboranalyse von Holz und dessen Eigenschaften nach einer Lagerung in aggressiven Lösungen. Wismar, Hochschule Wismar, Fakultät für Ingenieurwissenschaften, Bereich Bauingenieurwesen, Bachelor-Thesis: 16.05.

[15] Bariska, M: Die Ammoniakplastifizierung von Holz. In: Schweizerische Bauzeitung, Band 89 (1971) Heft 38 Holz 71, Basel, 23.September 1971 (https://www.e-periodica.ch/digbib/view?pid=sbz-002:1971:89::702#4948, 25.04.2018)

[16] Besold, G.; Fengel, Dietrich: Systematische Untersuchungen der Wirkung aggressiver Gase auf Fichtenholz: Teil 2: Veränderungen an den Polysacchariden und am Lignin. In: Holz als Roh- und Werkstoff, Heft 41, München: Springer-Verlag 1983, S. 265 – 269

[17] DIN 52185:1976-09, Prüfung von Holz; Bestimmung der Druckfestigkeit parallel zur Faser. Berlin: Beuth

# Bauforschung, Analyse und Konzeptentwicklung für die Ziegelei „Rotes Haus“ in Meißen

*L. Jonasch, Meißen*

## Zusammenfassung

Ziegel ist einer der wichtigsten Baustoffe. Er entwickelte sich aus dem Lehmbau und wurde in Folge der Optimierung der Herstellungsprozesse immer weiter verbessert. Heute werden Ziegel automatisch gepresst und anschließend gebrannt. Damit konnte eine höhere Baustoffgüte erreicht werden. Der Hoffmannsche Ringofen stellt den Übergang von handwerklicher zu industrieller Fertigung dar. Auch in Meißen wurden im Zuge der Industrialisierung viele Ziegeleien errichtet.
Der letzte verbleibende Ofen in Meißen dieser Art befindet sich linkselbisch oberhalb der Stadt. Die Ziegelei „Rotes Haus“ wurde 1855 gegründet, zwischen 1881 und 1895 entstanden der heutige Ringofen sowie weitere Produktionsgebäude. In den 1960er Jahren wurde mit einer zweiten großen Bauphase die Produktion erweitert. Im Laufe der Wiedervereinigung wurde die Lehmgrube stillgelegt und in den 1990er Jahren wurde auf der Fläche ein Neubaugebiet errichtet. Heute umgibt den Ringofen eine lockere Siedlungsstruktur aus vorrangig Einfamlilienhäusern. Derzeit werden noch vorhandene Brachflächen nachverdichtet. Der Gebäudekomplex umfasst den Ringofen mit Esse, einen Wasserturm sowie mehrere Produktionsgebäude. Die Wände der einzelnen Gebäudeteile wurden aus massiven Mauerwerk errichtet, das Dachtragwerk besteht aus Holz. Der Lehm für die Ziegelproduktion wurde in der direkt angrenzenden Lehmgrube abgebaut. Durch Vermengung und Aufbereitung mit weiteren Rohstoffen entstand eine Ziegelrohmasse. Anschließend wurden die Ziegel gepresst, getrocknet und gebrannt. Damit waren die Mauersteine für die Verarbeitung bereit. Nach sächsischem Denkmalschutzgesetz ist das Gebäude seit 1991 geschützt.
Um den Zustand der Bausubstanz zu erfassen, fand eine umfangreiche Bauaufnahme statt, die zeichnerisch sowie in einem Raumbuch dokumentiert wurden.

Mit einer sich anschließenden Schadenskartierung konnte der Bestand bewertet werden. In Folge dessen wurden verschiedene Nutzungskonzepte erstellt, aus denen sich ein konkreter Entwurf entwickelte. Die Analyse ermittelte eine stadtnahe, ruhige Lage. Außerdem ist auffällig, dass in den angrenzenden Siedlungsgebieten weder Nahversorgung noch soziale und kulturelle Angebote vorhanden sind. Für die Revitalisierung des Areals ist die Erschließung des Areals, die Wiederherstellung der Gebäudehülle und das Entwickeln eines sozialen Treffpunktes notwendig. Von der Autorin wurden zwei alternative Konzepte vorgeschlagen, ein Ziegeleimuseum und „Ein Haus für Bürger". Letzteres wurde in einem Entwurf weiterverfolgt. Das Haus beinhaltet einen Nahversorger und ergänzende Dienstleistungen sowie Raum für soziale und kulturelle Veranstaltungen. Im alten Ringofen befindet sich ein kleiner Laden, im Pressenhaus ist ein Café, ein Metzger und ein Kiosk integriert. Veranstaltungsräume verschiedener Art und Größe liegen oberhalb des Ringofens. Der ehemalige Wasserturm dient als Jugendtreff. Die Außenflächen sind zur Erholung und Freizeitgestaltung nutzbar. Die nördlichen und westlichen Anbauten werden abgerissen. Die Ziegelei bleibt in ihrem Erscheinungsbild erhalten. Die Nutzungen werden in einzelnen Funktionseinheiten untergebracht. Um die Bausubstanz zu schonen, greifen diese nicht in die vorhandene Baukonstruktion ein.

## 1 Einführung

Historische Gebäude sind bauliche Einzelstücke, die sich nicht nur in ihrem äußeren Erscheinungsbild, sondern auch durch Veränderungen aufgrund geschichtlicher Ereignisse voneinander unterscheiden. Aus diesem Grund ist es notwendig, geplante Maßnahmen strukturiert durchzuführen. Voruntersuchungen sowie die konsequente Anwendung der Arbeitsschritte Anamnese, Diagnose und Therapie bewirken die Vermeidung von Baufehlern, reduzieren Kosten, helfen bei der Fehlerbehebung und dienen dem schonenden Umgang mit noch vorhandener historischer Gebäudesubstanz.
Die Masterarbeit im Studiengang „Bauerhaltung – Bauen im Bestand + Bauwerkserhaltung" der Fachhochschule Potsdam befasst sich mit dem Thema der Bauforschung, der Analyse sowie abschließender Konzeptentwicklung einer neuen Nutzung für die Ziegelei „Rotes Haus" in Meißen.
Für die Planung von Restaurierungs- und Sanierungsmaßnahmen historischer Bausubstanz ist eine vollständige Untersuchung und Analyse der Baukonstruktion, von Material, Ausstattungen, Zustand und Schäden sowie der Baugeschichte unverzichtbar. Dabei dient die Anamnese der Beschreibung der Situation, während die Diagnose ein Urteil über den Zustand des Bauwerkes fällt. Nachdem grundlegende Informationen über den Ziegel erläutert werden, wird

das Objekt der Ziegelei verbal und graphisch beschrieben. Dazu zählen die genaue Betrachtung des Standortes, ein Einblick in den Gebäudekomplex sowie dessen konstruktive Besonderheiten. Auf Grundlage einer Archiv- und Quellenrecherche kann die geschichtliche Entwicklung des Gebäudekomplexes nachvollzogen werden. Produktionsabläufe können durch Einbeziehung vergleichbarer Fabriken rekonstruiert werden. Rechtliche Rahmenbedingungen in Bezug auf das Baurecht und den Denkmalstatus des Gebäudes bilden die Grundlage für die Planung. Zuletzt wird der Bestand durch eine Bauaufnahme, ein Raumbuch, eine Schadenskartierung sowie abschließende Bestandsbewertung dokumentiert. Aufgabe der Therapie ist das Erarbeiten einer wirtschaftlich vertretbaren sowie nachhaltigen Nutzung für das Ziegeleigebäude. Dafür werden die städtebauliche Situation des Umfeldes untersucht und Nutzungsideen für den Komplex entwickelt.
Durch eine objektive Beurteilung kristallisiert sich eine Vorzugsvariante heraus. Auf dieser Grundlage wird ein Entwurf für eine neue Nutzung der alten Ziegelei erarbeitet. Zur konstruktiven Ertüchtigung des Gebäudes wird ein Sanierungskonzept erstellt. Es beinhaltet exemplarische Empfehlungen zu Neubau-, Reparatur- oder Ertüchtigungsmaßnahmen. Eine Kostenschätzung der Sanierung auf Grundlage der DIN 276 schließt diese Arbeit ab.

## 2 Geschichte

Die Zeit der Industrialisierung veränderte ab 1860 die Stadtentwicklung Meißens maßgeblich. Infolge der großen Anzahl an gut bezahlten Arbeitsplätzen setzte eine Landflucht ein, wodurch in der Stadt Meißen neuer Wohnraum geschaffen werden musste. Komplette Straßenzüge und Wohnviertel in Form von Mietshäusern oder Villen im Stil der Gründerzeit wurden gebaut.
Alte Stadtpläne deuten darauf hin, dass die Ziegelei „Rotes Haus" vermutlich bereits im Jahr 1855 als Handstrichziegelei gegründet wurde.
Eine deutliche Veränderung der Gebäudestellung des untersuchten Areals zeigt ein Stadtplan Meißens aus dem Jahr 1895. Hier ist das Ringofengebäude, das Pressenhaus und ein südlicher Anbau am Ringofen zu erkennen. Sowohl die Größe als auch die Gebäudeform und dessen Lage und Ausrichtung deuten auf die Anfänge des heutigen Ziegeleigebäudes hin. Die Entwicklung vom Handstrichbetrieb zur teilmechanisierter Fabrik war für viele Unternehmen ein bedeutender Schritt. Der Neubau der technischen Neuerung des Hoffmannschen Ringofens kann auf eine erhöhte Nachfrage an Baumaterialien oder eine gute wirtschaftliche Lage des Betriebes hinweisen. Auch der Konkurrenzdruck einer immer schnelleren und günstigeren Produktion zur Zeit der Industrialisierung und des Baubooms ist denkbar. Viele kleine traditionelle Handstrichbetriebe

konnten dem enormen Druck nicht standhalten und mussten schließen. Die Erweiterung des Gebäudekomplexes um den Wasserturm ist im Plan von 1906 verzeichnet. Ebenso wurde nördlich und südlich des Hauptgebäudes ein längliches Gebäude zwischen den Jahren 1895 und 1906 erbaut. Eine Verbreiterung des Süd-Östlichen Quergebäudes, vermutlich des Trockenschuppens, fand statt.
Der Stadtplan von 1929 zeigt nördlich des Ringofengebäudes kein Gebäude. Vermutlich wurde dies im Zuge des Baus der Trockenanlage rückgebaut. Der Anbau der künstlichen Trocknung erfolgte Ende 1928, laut einem Schreiben vom 31. Mai 1931. Anhand der Erweiterungspläne aus dem Jahr 1960 ist ersichtlich, dass es sich beim Bau um drei Kanäle, einen Ofenraum und um einen Motorenraum handelt. Der Neubau entstand aufgrund des erhöhten Bedarfs an Ziegelsteinen und zwecks schnellerer Trockenzeiten. Anlässlich der technischen Neuerung im Werk handelte es sich nicht mehr um einen Saisonbetrieb, sondern um einen Fabrikbetrieb, der ganzjährig produzieren konnte. Zwei Nebengebäude südlich des Hauptgebäudes entstanden laut Stadtplan. Die weltweite Wirtschaftskrise in den Jahren zwischen 1929 und 1932 zeichnete sich auch im Betrieb der Ziegelei ab. Durchweg wenige Bautätigkeiten, Halbierung der Industrieproduktion Deutschlands im Jahr 1932 und eine deutliche Erhöhung der Arbeitslosenquote führten auch in der Ziegelei am Roten Haus zu einem Verlust in der Jahresbilanz von bis zu 24.000 RM.
Im Dezember 1940 wurde das Werk infolge von Kriegsmaßnahamen stillgelegt. Die Produktion konnte durch den Abzug der Arbeiter und knapper finanzieller Situation nicht mehr weiter produzieren. Laut einem Schreiben wurde der Betrieb Anfang März 1946 wieder aufgenommen.
In den in den Jahren zwischen 1958 bis 1962 fanden rege Bautätigkeiten an der Ziegelei statt. Sie wurde zwischen 1951 und 1959 von der VEB Ziegelwerke Meißen übernommen und stellt das Werk III dar. In den Jahren zwischen 1958 und 1960 ließ die Fabrik zur Herstellung von Großblocksteinen die Produktionshalle und eine 100 m lange Portalkranbahn zum Transport der Fertigteile im Westen des Gebäudekomplexes bauen. Die Fertigungsplatte mit Kranbahn wurde um eine weitere 50 m-Bahn erweitert. Die Baugenehmigung mit der Nummer 14/61 für die Erweiterung der Kanaltrockenanlage um 2 Schächte wurde seitens der Behörde am 26. Januar 1961 genehmigt. Die Produktion von Hochlochziegeln sollte von 4,5 auf 4,8 Millionen Stück pro Jahr gesteigert werden.
Eine letzte Bauphase erlebte die Ziegelei im Jahr 1992. Die Baugenehmigung für die Aufstellung einer Heizöltankanlage wurde am 3. März 1992 genehmigt. Kurz danach wurde der Betrieb stillgelegt und steht seitdem leer.

Bild 1 Geschichtliche Entwicklung der Ziegelei

## 3 Konzept und Entwurf „Ein Haus für Bürger“

Aus städtebaulichen Analysen geht hervor, dass im Umfeld der Ziegelei größere Lücken in der Grundversorgung bestehen, sowie darüber hinaus keine sozialen und kulturellen Angebote vorhanden sind. Dieser Eindruck verstärkte sich auch durch Befragungen am Tag des Denkmals und diverse Zeitungsartikel. Da die Einzugsgebiete von Grundversorgern und Dienstleistern, bedingt durch Bevölkerungsschwund und die Zunahme an motorisiertem Verkehr größer werden, wird die ortsnahe Grundversorgung immer seltener. Damit jedoch eine soziale Gemeinschaft funktionieren kann, ist eine Nahversorgung unverzichtbar.

Die DORV-Quartier gGmbH hat für dieses Problem einen Lösungsansatz entwickelt, der schon vielfach in ländlichen Gebieten sowie einzelnen Stadtteilen erprobt wurde. Dabei wird auf eine multifunktionale Nahversorgung mit einer gezielten Auswahl des
Grundangebotes gesetzt. Darin sind auch Dienstleistungen, kulturelle und soziale Angebote enthalten. Die Angebote werden durch Bürger mitbestimmt und können so auf lokale Bedürfnisse reagieren. Der langfristige Effekt einer Revitalisierung wird somit gestärkt. Regionale Betriebe werden einbezogen und somit die lokale Wirtschaft unterstützt. So entstehen wieder Stadtteilzentren mit eigener funktionsfähiger Versorgung, wodurch gerade soziale Randschichten integriert werden. Senioren, kranke Menschen aber auch junge Familien profitieren von kürzeren Wegen.

Diese ganzheitliche Nahversorgung ist die Basis für einen integrativ-kommunikativen Knotenpunkt. Durch die Ergänzung mit kulturellen und sozialen Angeboten besitzt das Konzept aber dennoch eine überregionale Anziehungskraft. Deshalb ist die Planung eines Supermarktes oder Discounters nicht der richtige Lösungsansatz.

Basis bildet ein Lebensmitteleinzelhändler im Bereich des alten Ringofens, mit einem Lager im ehemaligen Labor.

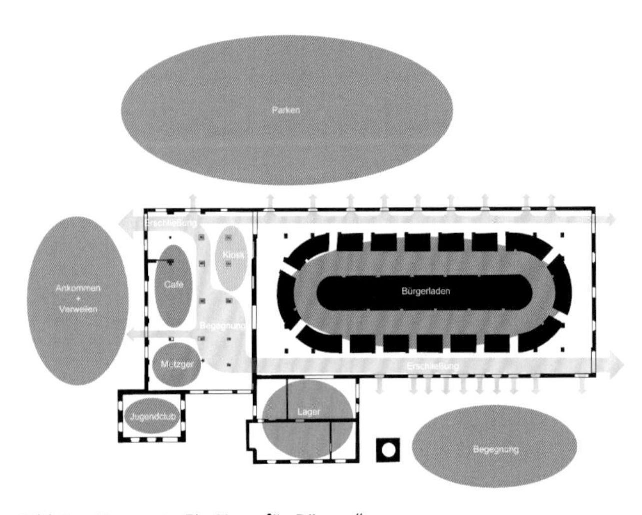


Bild 2 Konzept „Ein Haus für Bürger“

Organisiert als Bürgerladen verfügen die Anwohner über großen Einfluss auf Öffnungszeiten, Produktangebote sowie Preisgestaltung. Dies stärkt gleichermaßen die Attraktivität sowie die Identifikation der Anwohner mit dem Areal. Da die alte Ziegelei ohnehin einen ortsbildprägenden Charakter besitzt, eignet sie sich ideal als kommunikativer Treffpunkt. Ein Café sowie eine Metzgerei in dem ehemaligen Pressenhaus ergänzen die Versorgung im Lebensmittelsektor und bieten gleichzeitig Raum für Austausch und Begegnung. Abgerundet wird das Angebot im Pressenhaus durch einen Kiosk mit Postdienst und einen Bankautomaten.

Auf dem ehemaligen Trockenboden, direkt über dem Ringofen, entstehen Räume für Freizeitgestaltung sowie notwendige Nebenräume. Im vormaligen Wasserturm wird ein Jugendclub eingerichtet. Um die funktionale Einheit des Gebäudes auch gestalterisch zu verkörpern, besitzt jede dieser Funktionseinheit eine eigene Hülle. Die Einheiten werden in die vorhandene Struktur eingeschoben. Die Raumwirkung und das Gefüge der alten Ziegelei bleibt jederzeit für den Nutzer lesbar.

Bild 3 Perspektive

Die Grundidee des Entwurfs basiert auf der Erhaltung des Erscheinungsbildes der Ziegelei. Die Gebäudehülle wird instandgesetzt, der Raumeindruck im Inneren erhalten und ehemalige Fensteröffnungen wiederhergestellt. Mit den sozialen und kulturellen Angeboten bildet der Gebäudekomplex mit dem gegenüberliegenden Kindergarten einen funktionalen Knotenpunkt. Eigenständige Funktionseinheiten werden im Gebäudekomplex positioniert ohne die bestehende Konstruktion zu stören.
Erschlossen wird das Haus für Bürger vor allem durch die neustrukturierte Arkadenzone im Erdgeschoss des Ringofens sowie über die Westseite des Pressenhauses. Der Fokus der Erschließung liegt auf Fuß- und Radverkehr. Durch die vorhandene Einbahnstraßenregelung an Ziegelei und Kindergarten gewinnen nicht motorisierte Besucher an Bedeutung. Fahrradstellplätze stehen an den wesentlichen Gebäudeeingängen zur Verfügung. Um dennoch den anfallenden motorisierten Individualverkehr abzuwickeln, werden am Pressenhaus ca. 30 Stellplätze mit drei rollstuhlgerechten Parkplätze zur Verfügung gestellt. Da eine gute Erreichbarkeit durch den ÖPNV an der Nossener Straße gewährleistet ist, wird von großzügigeren Parkmöglichkeiten abgesehen. Stattdessen wird der Schwerpunkt der Außenraumgestaltung auf vielfältige und offene Freizeitangebote wie Sportplatz, Sandspielflächen und Sitzmöglichkeiten gelegt. Eine ähnliche Nutzung ist auch auf den südlich angrenzenden Flurstücken denkbar. Für die Öffentlichkeit soll dadurch ein hochwertiger Außenraum entstehen.

Betreten wird der Gebäudekomplex über die Arkadenzone im Ringofen und drei Eingänge ins Pressenhaus. Der Veranstaltungsraum kann über die Ostseite des Ringofens separat erschlossen werden. Auch der Jugendclub verfügt über einen eigenständigen Eingang. Durch die flexible Erschließung und die sich kurz ergebenden Laufwege steigert sich die Funktionalität der Anlage. Im Pressenhaus befinden sich dienstleistende Funktionen sowie ergänzende Nahversorger. Ein Café, welches sich zum Kindergarten orientiert und auch den Platz vor der Ziegelei bespielt, bildet einen kommunikativen Treffpunkt für Anwohner und Besucher. Diese Funktion erstreckt sich über zwei Geschosse innerhalb des Pressenhauses und prägt den Inneneindruck des Pressenhauses. Ein Zeitschriftenhandel mit Artikeln des täglichen Gebrauchs und einer Postdienststelle, ein Metzger und sanitäre Anlagen ergänzen das Angebot. Um auch finanzielle Belange bewältigen zu können, steht dem Besucher ein Geldautomat zur Verfügung. Der vorhandene Zwischenraum kann durch ergänzende Rahmenangebote wie Bücherverleih, Beratungsangebote oder ähnliches bespielt werden. Auf einen Bäcker wurde verzichtet, da dieser im Quartier unweit der Ziegelei vorhanden ist.

Die Auswahl der Funktionen wurde auf Grundlage einer Nutzungsanalyse entschieden. Selbstverständlich ist es jedoch möglich, bei Bedarf andere Nutzungen zu integrieren. Um die Wahrnehmung des Raumeindrucks der 2,5-geschossigen Halle nicht zu stören, werden die Funktionseinheiten als in sich geschlossene Körper platziert. Sie besitzen eine eigene thermische Hülle und sind selbsttragend konstruiert. Um eine flexible Umnutzung zu gewährleisten, wird die Konstruktion als leichter Holzrahmenbau konstruiert.

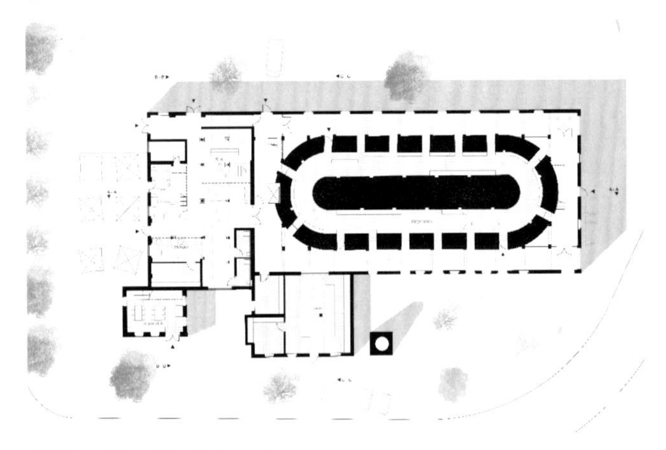

Bild 4 Grundriss Erdgeschoss

Der ehemalige Ringofen ist die Basis der gesamten Anlage sowohl im Betrieb der Ziegelei als auch im Revitalisierungskonzept. Deshalb befindet sich an dieser Stelle ein Bürgerladen. Dieser gewährleistet die Grundversorgung des Umfeldes und ist Hauptanziehungspunkt des Hauses. Der Schwerpunkt des Bürgerladens liegt jedoch nicht auf einem umfangreichen Angebot, vielmehr steigert er die Attraktivität des gesamten Quartiers, besonders für junge Familien und ältere Leute. Im Gegensatz zu herkömmlichen Lebensmittelgeschäften liegt der Fokus auf der einzigartigen Einkaufsatmosphäre. Massive ziegelsichtige Außenwände, Tonnengewölbe und die ovale Grundrissform machen das Einkaufen zum Erlebnis. Durch die vorhandene niedrige Räumhöhe in den Brennkammern ist eine Tieferlegung des Fußbodens um ca. 20 cm notwendig. Zwei Rampen an den Eingängen ermöglichen auch hier eine barrierefreie Zuwegung. Der Ofenumgang wird in eine offene Arkadenzone gewandelt. Fenster und Türen werden geöffnet, der Außenraum verschmilzt mit dem Innenraum. Auch diese Zone bleibt frei bespielbar, beispielsweise mit einem Flohmarkt. An den Stirnseiten liegen zwei Erschließungsblöcke mit Treppenanlagen und Aufzug. In dem südlich des Ringofens gelegenen ehemaligen Labor stehen Flächen für Lager und Technik mit externem Zugang zur Verfügung.

Um dem Problem der fehlenden Jugendbetreuungsangebote Genüge zu tun, wird im alten Wasserturm ein Treffpunkt für Jugendliche angeboten. Auf allen vier Etagen des Gebäudes erstreckt sich das Angebot mit verschiedenen Bereichen wie entspannen, kochen und austoben. Die Idee des Jugendtreffs entstand schon während der Bauaufnahme, da seitens der Autorin immer wieder festgestellt wurde, dass das Areal von Jugendlichen in vielfältiger Weise genutzt wird.

Der Trockenboden, der sich über dem alten Ringofen befindet, wird über die bereits erwähnten Erschließungsblöcke betreten. Der östliche erschließt die erste der fünf sich auf dem Ringofen befindenden Funktionseinheiten, die gleichfalls als eingeschobene Boxen gestaltet werden. So kann auch hier der Raumeindruck des Trockenbodens erhalten bleiben. Ein großer Veranstaltungssaal für bis zu 100 Personen bietet Raum für verschiedene kulturelle Veranstaltungen. Dieser besitzt auch ein eigenes Foyer mit Garderobe. Weiterhin können in zwei kleinen Einheiten Versammlungen, Schulungen und Kurse stattfinden. Die beiden anderen Funktionseinheiten, Verwaltung und sanitäre Anlagen, begrenzen den Erschließungsweg und lassen so im Zwischenraum Begegnungsflächen entstehen. Oberlichter in den Dachlaternen betonen die öffentlichen Versammlungsbereiche. Wichtige Aufenthaltsräume werden an der Fassade positioniert, einerseits um natürliche Belichtung und Belüftung zu gewährleisten, andererseits um den Dialog mit dem Umfeld zu fördern und Aufmerksam-

keit zu generieren. Unterrangige Räume werden nach innen versetzt und bei Bedarf über Oberlichter belichtet.
Die vorhandene Trag- und Dachkonstruktion wird erhalten und bleibt sichtbar. Insgesamt kommt der Entwurf mit wenigen Eingriffen zurecht. Die Außenhülle der Ziegelei wird als Wetterschutz genutzt, ist aber in weiten Teilen nicht die thermische Hülle, wodurch umfangreiche Modernisierungsmaßnahmen erspart bleiben. Auch das monolithische Erscheinungsbild ist nach der Sanierung weiterhin erkennbar. Nur so kann die Ziegelei als Identifikationsort bestehen bleiben.

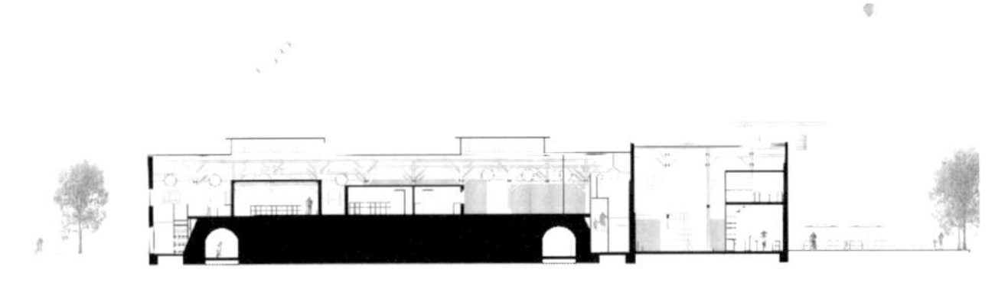

Bild 5 Schnitt A-A

## 4 Sanierungskonzept und Kosten

Laut Bestandsbewertung und entwickeltem Nutzungskonzept sind Kanaltrockenanlage sowie der westliche Anbau an dem Pressenhaus nicht erhaltenswert. Die beiden Gebäudeteile werden bis auf die Fundamente rückgebaut. Um jedoch die ursprüngliche Gebäudestellung weiterhin ablesen zu können, werden die Umrisse der Außenmauern optisch sowie gestalterisch in das Konzept der Außenanlagen integriert. Im selben Zuge wird die bauzeitliche Fassung der Nord- und Westfassade des Pressenhauses sowie die Nordfassade des Ringofengebäudes wiederhergestellt. Dies betrifft vor allem Tür- und Fensteröffnungen. Im Innenraum des Pressenhauses müssen Maschinenfundamente abgebrochen sowie -gruben auf ein einheitliches Bodenniveau angepasst werden. Die Elevatoren sowie die dazugehörigen Arbeitspodeste werden demontiert. Im Ringofen werden die ehemaligen Lorenbahnen beseitigt, da sie für die Öffentlichkeit eine zu große Verletzungsgefahr darstellen. Des Weiteren werden großflächig Trockenregale, Deckenbeläge und Deckenbalken über dem Umlauf entnommen. Dadurch wird die Blickbeziehung zwischen ehemaligem Trockenboden und Umlauf, wie im Entwurf gefordert, gestärkt.

Die Ertüchtigung von Bauteilen betrifft vor allen zwei Bauteilklassen. Dies ist zum einen das Mauerwerk, welches trockengelegt sowie in seiner Funktion als Raumabschluss wiederhergestellt werden muss. Zum anderen werden die

Dachtragwerke aus Holz ausgetauscht und ergänzt, um einen zeitgemäßen Dachaufbau herstellen zu können.
Die Mauerwerkstrockenlegung wird durch kapillaraufsteigende Feuchtigkeit aus dem Erdreich notwendig. Bei bestehendem Mauerwerk kann das Aufsteigen der Nässe nur durch das nachträgliche Einbringen einer Horizontalabdichtung erfolgen. Hierfür stehen verschiedene Methoden zur Verfügung. Dazu zählen das Horizontalschnittverfahren, das Mauersägeverfahren, das Riffelblechverfahren sowie das Injektionsverfahren [1]. Bei üblichen, einschaligen Außenmauern des Gebäudekomplexes kann auf das Riffelblechverfahren zurückgegriffen werden. Hierbei wird in eine durchgehende horizontale Fuge ein geriffeltes Edelstahlblech über den gesamten Mauerquerschnitt eingerammt. Diese Methode besitzt eine sichere Wirksamkeit, allerdings muss die Tragfähigkeit der Wand im Vorfeld nachgewiesen werden. Aufgrund der Mauerwerksstärke und -konstruktion der Ringofenwände, muss hier auf ein alternatives Verfahren zurückgegriffen werden. Deshalb wird eine Bohrlochinjektion mit hohlraumausfüllender Zementsuspension vorgeschlagen. Durch eine Kernbohrung wird der genaue Wandaufbau im Vorhinein geklärt. Um die Wandoberflächen behandeln zu können, ist eine vorherige Reinigung der Oberfläche mit Wasser oder durch das Partikelstrahlverfahren zu empfehlen [2]. Sichtmauerwerke wie beispielsweise die Ringofenwände sollten mit einem Anstrich aus hydrophobierenden Mitteln, das heißt einer Imprägnierung, bestrichen werden. Diese dünnflüssigen Substanzen dringen in die Poren der Fugen und des Mauerwerks ein. Hierfür ist eine saubere und glatte Oberflächenbeschaffenheit notwendig. Als Hydrophobierungsmittel kommen Silikonharze und Siloxane in Frage. Sie schützen die Konstruktion vor Wasser- und Salzaufnahme, steigern die Beständigkeit gegen Licht- und UV-Strahlung, erhöhen den Wasserdampfdurchlässigkeitswiderstand und verringern die Verschmutzungsneigung [1]. Ergänzungen bzw. Austausch von stark beschädigten Ziegeln sind z.B. im Sockelbereich der Ringofenwand notwendig.
Ähnliche Vorgehensweise gilt für die Fugensanierung. Der alte Fugenmörtel sollte zwei bis drei cm tief entfernt werden. In ein bis zwei Schichten wird der neue Fugenmörtel eingebracht. Hierbei ist ebenfalls die Übereinstimmung der Baustoffeigenschaften zu berücksichtigen.
Um vor allem die Salzbelastung im Inneren des Ringofens zu mindern, können Sanierputze oder Kompressen angewandt werden [2]. Diese entziehen dem Mauerwerk die vorhandenen Salze und binden diese. Da das Ringofengewölbe ziegelsichtig bleiben soll, werden in diesen Bereichen Kompressen als Sanierungsverfahren empfohlen. Ehemals verputzte Flächen wie beispielsweise die Außenwände des Ringofengebäudes und des Pressenhauses werden von

schadhaftem Putz befreit und die Wandoberfläche gesäubert. Daraufhin sollte das Mauerwerk austrocknen und bei Salzkristallisation mit einem Sanierputz behandelt werden. Nicht betroffene Flächen werden nach der Austrocknungsphase neu verputzt.
Das Dachtragwerk, welches durch beschädigte Dachhaut sowie fehlender Wartung von eindringendem Niederschlagswasser betroffen ist, wurde stark geschädigt. Deshalb müssen mehrere Gebinde komplett ausgetauscht bzw. verstärkt werden. Aufgrund der erhöhten Dachlast durch Dämmung, Dachschalung und Dacheindeckung ist eine exakte statische Berechnung notwendig. Daraus ergeben sich erforderliche Querschnitte für Verstärkungsmaßnahmen. Bei intakten Dachbindern bzw. Sparren im guten Zustand können seitliche Aufdopplungen angebracht werden, zu stark zerstörte Bauteile wie im Dachdurchbruch der südlichen Dachfläche werden komplett ausgetauscht. Die Mauerlatte im Traufpunkt sollte aufgrund des hohen Durchfeuchtungsgrades erneuert werden. Ebenfalls betroffene Sparrenköpfe sollten ebenfalls entfernt und anschließend durch Laschen ergänzt werden. Trockene aber vom Pilz befallene Einzelteile müssen bei Bedarf komplett entfernt werden oder bis mindestens 30 cm über dem sichtbaren Befall abgeschnitten und ergänzt werden. Angrenzende Mauerwerkswände sollten auf Pilzbefall untersucht und gegebenenfalls behandelt werden. Dafür wird der Putz entfernt und die Mörtelfugen ausgekratzt. Alle betroffenen Baustoffe, zu denen auch Schüttungen in Deckenbalkenlagen gehören können, müssen unbedingt entsorgt werden. Um einem erneuten Befall entgegenzuwirken, sollte der vorbeugende Holzschutz beachtet werden [1]. Hierzu zählen ausreichende Dachüberstände, Insektengitter in Hinterlüftungsebenen sowie ausreichend trockenes Holz im Bauprozess. Die Holzfeuchtigkeit sollte unter 15% liegen. Um Tauwasseranfall in der Konstruktion zu vermeiden, wird ein diffusionsoffener Dachaufbau gewählt.

Um die neu einzubauenden Funktionseinheiten mit dem Bestand abzustimmen, wurde das Ringofengebäude exemplarisch näher betrachtet und ein Fassadenschnitt erstellt. Der Schwerpunkt lag hierbei auf dem Schichtaufbau der Bauteile. Das Ziel bestand darin, möglichst wenige Eingriffe in die vorhandene Substanz vorzunehmen und diese bestmöglich zu erhalten. Aufgrund des Dachzustandes benötigt das Ziegeleigebäude eine komplett neue Dachhaut. Sie besteht aus einer Ziegeleindeckung mit Unterdeckung aus imprägnierten Holzwolleplatten sowie Zwischensparrendämmung. Dieser Aufbau erreicht einen Wärmedurchgangskoeffizienten von 0,236 W/m²K. Die Außenwände des Ringofenobergeschosses bleiben erhalten. Die thermische Hülle wird durch eine eigenständige Holzständerwand hergestellt. Dazwischen wird eine Hinterlüftungsebene angeordnet. Auf diese Maßnahme wurde zurückgegriffen, um eine feuchte empfindliche Innendämmung mit Dampfbremse zu umgehen. Deshalb ist auch hier der Aufbau der Holzständerwand diffusionsoffen gewählt. Der Wärmedurchgangskoeffizient beträgt 0,229 W/ m²K.

Für den Fußboden im Obergeschoss wird die Deckenbalkenlage im Bereich der Funktionseinheiten erneuert. Durch eine Zwischenbalkendämmung und einem zeitgemäßen robusten Fußbodenaufbau wird ein U-Wert von 0,166 W/m²K erreicht. An der Ringofenaußenwand werden aufgrund der erhaltenswerten Wandoberflächen auf zusätzliche Wärmeschutzmaßnahmen verzichtet. Durch die massive Wanddicke von ca. zwei Metern wird ein U-Wert von 0,35 W/m²K erlangt.

Der Boden im Ringofens wird um ca. 20 cm tiefer gelegt und erfordert einen komplett neuen Aufbau. Eine gedämmte Bodenplatte wird eingebracht, auf der ein schwimmender Gussasphaltestrich vergossen wird. Der U-Wert beträgt 0,224 W/m²K. Im Ofenumlauf wird der Fußbodenaufbau simultan angewandt, jedoch unter Berücksichtigung der vorhandenen Bodenplatte. Außenwände des Erdgeschosses werden gegen aufsteigende Feuchtigkeit abgedichtet, ergänzt und neu verputzt. Eine Wärmedämmung ist aufgrund der Zugehörigkeit zum Außenraum nicht notwendig.

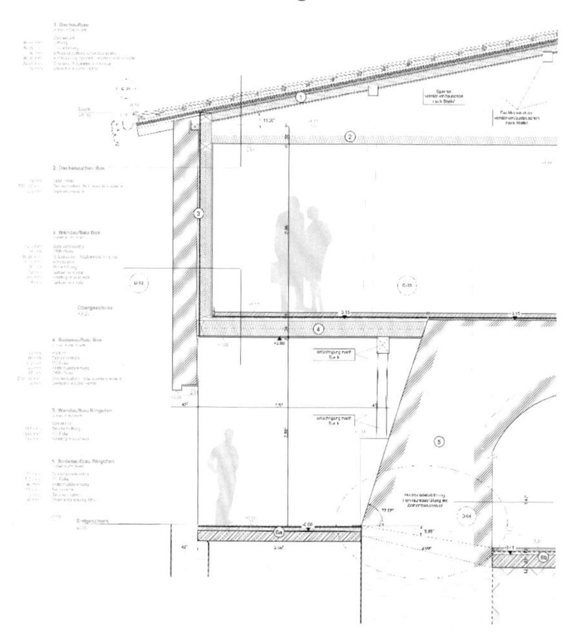

Bild 6 Fassadenschnitt Ringofengebäude

Um die Kosten entsprechend des Entwurfsstandes ermitteln zu können, wurde eine Kostenschätzung nach DIN 276 vorgenommen. Hierbei wurde die Kostengruppe 100 vernachlässigt, da das beplante Grundstück bereits im Besitz des Eigentümers ist. Kostengruppe 200, 500, 600 und 700 ermittelte die Autorin in der erster Ebene der Kostengliederung, bezogen auf die Bruttogeschossfläche von 2101 m² bzw. die Fläche des Baugrundstückes von 6049 m². Kostenkennwerte wurden aus den „BKI Baukosten 2005: Teil 1: Statistische Kostenkennwerte für Gebäude" entnommen. Als Vergleichsobjekt diente die Gebäudeklasse „Gemeindezentrum, mittlerer Standard". Da für die Kostengruppe 300 und 400 keine adäquaten Kennwerte im Altbau zur Verfügung standen und um die Genauigkeit der Kostenermittlung im Altbau zu verbessern, griff die Autorin auf Werte aus den „BKI Baukosten 2005: Teil 2: Statistische Kostenelemente für Bauelemente" zurück. Die Aufschlüsselung erfolgte in die zweite Ebene und wurde bauelementbezogen betrachtet. Dieser Teil gliedert sich in die Kosten für Abbrechen, Wiederherstellen und Herstellen. Angesichts des Zustandes der einzelnen Bauteile wurden Gründungen, Dächer, konstruktive Innenausbauten und technische Anlagen in die Kategorie „Herstellen" eingeordnet. Außenwände, bestehende Innenwände und Teilbereiche vorhandener Decken konnten unter die Klasse „Wiederherstellen" eingegliedert werden. Um die Elementpreise dem heutigen Stand und den regionalen Gegebenheiten anzupassen, sind die ermittelten Preise mit Preisindex und Regionalfaktor multipliziert worden.
Die Gesamtkosten für das Projekt „Ein Haus für Bürger" belaufen sich somit auf ca. 3,4 Mio €. Davon betragen allein die Bauwerkskosten ca. 2,4 Mio €, für Baunebenkosten ergeben sich ca. 500.000 €. Die Kosten für Abbrucharbeiten belaufen sich auf ca. 150.000 €. Daraus ergibt sich ein Kostenkennwert je Quadratmeter Bruttogeschossfläche von 1.150 € brutto.

## Literaturverzeichnis

[1] Bundesarbeitskreis Altbauerneuerung e. V., Bauen im Bestand: Katalog für die Altbauerneuerung, 3. Auflage, Vertragsgesellschaft, Rudolf Müller GmbH & Co. KG, Köln 2015

[2] S. Wallasch, Altbaumodernisierung – Instandsetzung von Ziegelmauerwerk, Deutsche Verlags-Anstalt GmbH, Stuttgart 1999

# Die Beweisaufnahme des Sachverständigen

*K.-H. Keldungs, Düsseldorf*

## Zusammenfassung

Gegenstand der Betrachtung ist die Tätigkeit des Sachverständigen im gerichtlichen Verfahren (Hauptsacheverfahren, selbstständiges Beweisverfahren). Dargestellt werden die Aufnahme der Tätigkeit des Sachverständigen durch die Lektüre des Beweisbeschlusses und der Gerichtsakte, die Probleme bei der Vorbereitung und Durchführung der Ortsbesichtigung, einschließlich einer notwendigen Bauteilöffnung, die Erstellung des schriftlichen Gutachtens und der nahezu unvermeidlichen Gutachtenergänzungen in Form einer schriftlichen Ergänzung des Gutachtens und/oder einer mündlichen Anhörung durch das Gericht sowie der notwendige Kontakt des Sachverständigen mit dem Gericht, falls seine Tätigkeit nicht störungsfrei verläuft. Beleuchtet werden auch die Besonderheiten des selbstständigen Beweisverfahrens und die Tätigkeit des Sachverständigen in diesem Verfahren.

## 1 Der Beweisbeschluss

Der gerichtliche Beweisbeschluss ist das Ergebnis der vom Richter angewandten Relationstechnik, in der der Richter den unstreitigen vom streitigen Sachverhalt trennt. Über den streitigen Sachverhalt erhebt er Beweis. Da die Rechtsanwälte ebenso wie die Richter – von Ausnahmen abgesehen – technische Laien sind, werden in einem Gerichtsverfahren Behauptungen vorgetragen, die von Technikern aufgrund ihrer besonderen Kenntnisse mitunter nicht nachvollzogen werden können. Der Richter als Laie erkennt aber diese Ungenauigkeiten nicht und formuliert einen Beweisbeschluss, der auf Anhieb unverständlich wirken kann.

In Bausachen wird der Beweis entweder durch eine Augenscheinseinnahme oder die Einholung eines Sachverständigengutachtens geführt. Die Augenscheinseinnahme führt der Richter in der Regel allein durch. Das kommt vor allem bei optischen Mängeln oder Schallschutzmängeln in Betracht. Er kann diese Augenscheinnahme auch unter Hinzuziehung eines Sachverständigen durchführen, was dem Sachverständigen die Anfertigung eines schriftlichen Gutachtens erspart. Soweit die Sachaufklärung durch Augenscheinnahme nicht möglich ist, erhebt der Richter Beweis durch Einholung eines Sachverständigengutachtens.

Die unterschiedliche Sichtweise zwischen dem Sachverständigen und dem Richter führt nicht selten zu Verständnisschwierigkeiten beim Sachverständigen. Der Sachverständige geht strukturierter an eine Sachaufklärung heran. Er übersieht dabei, dass der Richter über das Unstreitige keinen Beweis mehr erhebt und auch nicht mehr erheben darf. Deswegen erscheinen dem Sachverständigen gerichtliche Beweisbeschlüsse oft lückenhaft und sind für ihn nicht verständlich. In den 90-iger Jahren des vergangenen Jahrhunderts hat eine Umfrage unter den Sachverständigen in einem OLG-Bezirk ergeben, dass ihnen 40 % aller Beweisbeschlüsse unverständlich erscheinen. Dem muss der Sachverständige dadurch begegnen, dass er nach Erhalt und Durchsicht der Akte Kontakt mit dem Richter aufnimmt. Ein Sachverständiger, der einen Beweisbeschluss nicht versteht, läuft Gefahr, die Beweisfrage falsch oder unvollständig zu beantworten.

Es soll an dieser Stelle nicht verkannt werden, dass es vielen Sachverständigen Schwierigkeiten bereitet, telefonischen Kontakt mit dem Richter aufzunehmen. Das darf sie jedoch nicht dazu verleiten, von einer Kontaktaufnahme abzusehen, sondern es gegebenenfalls über die Geschäftsstelle der Kammer oder des Senats weiter zu versuchen. Erreicht der Sachverständige den Richter, kann der ihm den Beweisbeschluss erläutern.

Führt die gestellte Beweisfrage dazu, dass der Sachverständige, würde er sie buchstabengetreu beantworten, einen gewaltigen und für die Parteien unzumutbaren Aufwand betreiben müsste, ist es für ihn unumgänglich, das Gericht über die Konsequenzen der angeordneten Beweiserhebung aufzuklären. Hätte beispielsweise die Beweisfrage, ob Balkone undicht sind, zur Folge, dass 50 Balkone untersucht und gegebenenfalls sogar geöffnet werden müssten, so wäre dies ein in der Regel auch von den Parteien nicht gewünschter Aufwand. In derartigen Fälle ist es angezeigt, nur einige Balkone zu untersuchen und die Parteien über den Richter zu fragen, ob sie bereit sind, das gefundene Ergebnis stellvertretend für alle Balkone zu akzeptieren. Der Sachverständige sollte deshalb mit dem Gericht Rücksprache nehmen, ob tatsächlich alle 50 Balkone untersucht werden sollen oder stellvertretend für alle nur einige wenige.

Hat es der Sachverständige versäumt, dieses Problem rechtzeitig mit dem Gericht zu klären, kann dies auch durch Rücksprache mit den Parteien bei der von ihm anberaumten Ortsbesichtigung geklärt werden. Er sollte dies im Gutachten

unbedingt erwähnen, damit das Gericht in die Lage versetzt wird festzustellen, was der Sachverständige aufgeklärt hat.
Mitunter sind sich sowohl die Parteien als auch das Gericht nicht im Klaren darüber, welche finanziellen Folgen eine Beweisanordnung hat. Deshalb werden die Sachverständigen bei der Beauftragung gebeten zu prüfen, welche Kosten voraussichtlich für das Gutachten entstehen werden (§ 407 Abs. 3 Satz 2 ZPO). Stellt der Sachverständige bei dieser Prüfung fest, dass die voraussichtlichen Kosten erkennbar außer Verhältnis zum Wert des Streitgegenstandes stehen oder den durch den Vorschuss gedeckten Betrag erheblich übersteigen, ist er gehalten, dem Gericht (nicht den Parteien) die ermittelte Höhe der Kosten mitzuteilen und von einer Begutachtung vorerst abzusehen. Dies gilt auch dann, wenn er im Laufe seiner Tätigkeit erkennt, dass höhere Kosten entstehen werden als zunächst angenommen. Dahinter steckt die Überlegung, dass den Parteien noch einmal die Möglichkeit gegeben werden soll zu prüfen, ob sie wirklich mit dem erforderlichen Aufwand den Prozess führen wollen. Von einer weiteren Bearbeitung ist vorerst abzusehen. Das Gericht fordert dann die mit der Vorschusspflicht belastete Partei auf, einen weiteren Vorschuss einzuzahlen.
Soll der Sachverständige gemäß dem Beweisbeschluss die Höhe etwaiger Mängelbeseitigungskosten ermitteln, muss er beim Studium der Akte klären, welcher Anspruch bezüglich der Mängel geltend gemacht wird. Die Aufklärung eines endgültig zuzusprechenden Schadensersatzanspruches erfordert einen viel höheren Aufwand als der später abzurechnende Kostenvorschussanspruch. Wegen dieser Abrechnungsverpflichtung kann die Schätzung der Höhe der Mängelbeseitigungskosten beim Kostenvorschussanspruch deshalb gröber sein.

## 2 Die Vorbereitung des Gutachtens

Zur Erstellung des Gutachtens wird dem Sachverständigen die Gerichtsakte einschließlich aller Beiakten übersandt. Nach der Lektüre der Gerichtsakte ist der Sachverständige in der Lage festzustellen, ob er das Gutachten mit dem ihm übersandten Material erstellen kann oder nicht. Ist dies nicht der Fall, weil etwa Pläne nicht zur Akte gelangt sind oder in Schriftsätzen angekündigte Unterlagen den Schriftsätzen nicht beigefügt waren, so kann der Sachverständige die entsprechende Partei auffordern, die von ihm benötigten Unterlagen zur Akte zu reichen. In Anwaltsprozessen sollte er dies dringend über den Anwalt veranlassen, weil der Rechtsanwalt entscheidet, welche Pläne oder andere Unterlagen zur Akte gereicht werden. Auch das Gericht sollte hiervon in Kenntnis gesetzt werden, da der Sachverständige für sein Gutachten auf Schriftverkehr o-

der Urkunden zurückgreift, die vorher nicht Aktenbestandteil und deshalb dem Richter nicht bekannt waren.
Unbedingt erforderlich ist es auch, dass der Anwalt der Partei, die nicht zur Vorlage von Unterlagen aufgefordert wird, von dieser Aufforderung Kenntnis erlangt, damit er weiß, was der Sachverständige zur Grundlage seines Gutachtens macht. Fordert ein Sachverständiger von einer Partei Unterlagen an, ohne die Gegenpartei davon in Kenntnis zu setzen, erweckt er den Eindruck, der anderen Partei etwas vorenthalten zu wollen, und liefert sich dem Vorwurf der Befangenheit aus.
Weigert sich eine Partei, vom Sachverständigen für die Gutachtenerstellung benötigte Unterlagen diesem zur Verfügung zu stellen, muss der Sachverständige unverzüglich das Gericht davon in Kenntnis setzen und ihm die Konsequenzen der fehlenden Unterlagen verdeutlichen. Das Gericht kann dann mit den ihm zur Verfügung stehenden Mitteln Druck auf die sich weigernde Partei ausüben.
Sind die Parteien nicht in der Lage, vom Sachverständigen benötigte Unterlagen zu beschaffen, und zwar Unterlagen, die auch über das Gericht nicht angefordert werden können, so hat sich der Sachverständige, wenn dazu das Einverständnis einer Partei erforderlich ist, von der betroffenen Partei zur Einsicht in behördliche Akten bevollmächtigen zu lassen. Die gegnerische Partei ist über dieses Vorgehen zu informieren.
Gemäß § 142 ZPO kann das Gericht anordnen, dass ein Dritter die in seinem Besitz befindlichen Urkunden oder sonstigen Unterlagen, auf die sich eine Partei bezogen hat, zur Akte reicht. Dritte sind nur dann nicht zur Vorlage verpflichtet, wenn ihnen dies nicht zumutbar ist oder sie ein Zeugnisverweigerungsrecht besitzen. Zu diesen Unterlagen können auch Unterlagen gehören, die der Sachverständige zur Erstellung seines Gutachtens benötigt. Erlangt der Sachverständige bei der Vorbereitung seines Gutachtens Kenntnis davon, dass sich eine von ihm benötigte Unterlage nicht im Besitz der Parteien befindet, sondern im Besitz eines Dritten (z.B. Architekt, Erwerber einer Eigentumswohnung), so hat er die Möglichkeit, die Parteien zu bitten, die Unterlage bei dem Dritten anzufordern. Ist aber zu erwarten, dass die Bitte um Vorlage der Unterlage zu Schwierigkeiten führen könnte, sollte sich der Sachverständige an das Gericht wenden. Das Gericht hat dann die Möglichkeit, den Dritten aufzufordern, diese Unterlage zur Akte zu reichen und dem gegebenenfalls durch die Verhängung eines Ordnungsgeldes Nachdruck verleihen.

# 3 Die Ortsbesichtigung

In Bauprozessen ist die von dem beauftragten Sachverständigen durchgeführte Besichtigung der örtlichen Gegebenheiten vielfach der Zeitpunkt, an dem sich ein Bauprozess entscheidet. Hängt das Obsiegen oder Unterliegen von sachverständigen Feststellungen ab, so entscheidet das, was der Sachverständige vor Ort feststellt, meist den Prozess. Bei seiner Ortsbesichtigung legt der Sachverständige die Grundlagen für sein späteres Gutachten. Die Gewissenhaftigkeit und das Können eines Sachverständigen bei der Aufnahme der örtlichen Feststellungen entscheiden darüber, was als Ergebnis des Gutachtens dem Gericht mitgeteilt wird. Was der Sachverständige bei der Ortsbesichtigung festzustellen unterlässt, lässt sich in aller Regel später durch noch so gute theoretische Ausführungen nicht mehr ergänzen.

## 3.1 Die Vorbereitung der Ortsbesichtigung

Der Sachverständige hat die Parteien und Rechtsanwälte rechtzeitig zu einem Ortstermin zu laden. Die Ladungsfrist sollte mindestens 14 Tage betragen, während der Ferienzeiten gegebenenfalls länger, um allen Beteiligten die Möglichkeit zu geben, an dem Termin teilnehmen zu können. Es ist möglich, bei Dringlichkeit, z.B. Gefahr im Verzug, mit allen Beteiligten einen kurzfristigen Termin telefonisch zu vereinbaren. Eine Durchschrift der Ladung erhält das Gericht. Der Sachverständige sollte sich den Termin von den Parteien schriftlich bestätigen lassen.

## 3.2 Keine Kontaktaufnahme mit den Parteien vor der Ortsbesichtigung

Der Sachverständige sollte unbedingt vermeiden, vor Beginn der Ortsbesichtigung mit einer Partei Verbindung aufzunehmen (außer telefonischer Kontaktaufnahme zur Terminfestlegung) oder mit einer Partei oder ihrem Prozessbevollmächtigten gemeinsam bei einem Ortstermin zu erscheinen, da dies den Vorwurf der Befangenheit des Sachverständigen durch die andere Partei begründen könnte.

## 3.3 Keine Ortsbesichtigung ohne die Parteien

Ohne die Anwesenheit der Parteien sollte der Ortstermin in keinem Fall durchgeführt werden, selbst wenn sie anwaltlich vertreten sind, da die Parteien ein Anwesenheitsrecht haben und der Sachverständige oft Informationen benötigt, die ihm nur die Parteien geben können. Nur dann, wenn die Teilnahme einer Partei mit einem unzumutbaren zeitlichen und finanziellen Aufwand verbunden ist, sollte auf die Teilnahme verzichtet werden.

Es gibt Situationen, bei denen sich am Ende einer Ortsbesichtigung ergibt, dass der Sachverständige den Zustand des Streitobjekts bei anderen Witterungsverhältnissen noch einmal in Augenschein nehmen muss. In diesen Situationen regen die Anwälte in einzelnen Fällen an, dass der Sachverständige diese Feststellungen allein trifft, weil sie sich und ihrer Partei einen weiteren Termin ersparen wollen. Dieser Anregung sollte der Sachverständige nur nachkommen, wenn er beide Anwälte kennt und daraus die Gewissheit hat, dass die Anwälte diese Situation nicht ausnutzen, um neuen Streit zu verursachen. Außerdem sollte der Sachverständige diese Anregung im Protokoll festhalten.
Bittet ein Rechtsanwalt um Terminverlegung, sollte der Sachverständige dem nachkommen, selbst wenn alle anderen Beteiligten den Termin wahrnehmen können, da von Rechtsanwälten, die nicht an der Ortsbesichtigung teilgenommen haben, obwohl sie dies wünschten, in der Folgezeit jedenfalls dann Schwierigkeiten zu erwarten sind, wenn das Gutachten ganz oder teilweise zum Nachteil ihrer Partei ausgeht.

### 3.4 Abarbeiten des Beweisbeschlusses

Es ist angezeigt, bei der Ortsbesichtigung den Beweisbeschluss Punkt für Punkt abzuarbeiten. Der Sachverständige sollte den von ihm beabsichtigten Verlauf der Ortsbesichtigung mit den Beteiligten besprechen. Nicht selten gewichten Parteien die Mängel anders als das Gericht und bitten den Sachverständigen anders vorzugehen. Das ist zwar zulässig, kann jedoch dazu führen, dass die Abarbeitung von Teilen des Beweisbeschlusses versehentlich unterlassen wird. Weicht der Sachverständige aus sachlichen Erwägungen von der Reihenfolge des Beweisbeschlusses ab, sollte er bei Abfassung des schriftlichen Gutachtens jedoch wieder zu dieser Ordnung zurückkehren, da das Gericht die Ordnung wiedererkennen möchte, für die es sich entschieden hat.

### 3.5 Bauteilöffnungen

Alle mit Bauteilöffnungen verbundenen Probleme können an dieser Stelle nicht dargestellt werden, weil sie den Umfang dieses Manuskripts sprengen würden. An dieser Stelle sei deshalb nur auf einige Probleme hingewiesen.
Ohne Bauteilöffnungen lassen sich viele Bauprozesse nicht richtig entscheiden. Kommt der vom Gericht beauftragte Sachverständige zu dem Ergebnis, dass er ohne Bauteilöffnung zuverlässige Feststellungen nicht treffen kann, dann ist die Bauteilöffnung erforderlich, um feststellen zu können, ob der Vortrag der Parteien richtig oder falsch ist. Sachverständige, die den mit einer Bauteilöffnung verbundenen Aufwand scheuen oder Angst vor Haftungsfragen haben, sind gezwungen zu spekulieren und somit nicht in der Lage, dem Gericht eine zuver-

lässige Grundlage für seine Urteilsfindung zu geben. Unterscheiden muss man zwischen drei Varianten der Beweisführung

a) Das Objekt ist Eigentum desjenigen, der Mängel der Werkleistung behauptet
b) Das Objekt ist Eigentum des Prozessgegners, der Beweisführer will beweisen, dass er seine Werkleistung mangelfrei erbracht hat
c) Das Objekt ist Eigentum eines Dritten, der es nach Fertigstellung der Werkleistung erworben hat und die Parteien streiten über Mängel der Werkleistung

aa) Bauteilöffnungen im Eigentum des Berechtigten

Hat der Sachverständige bei der Vorbereitung der Ortsbesichtigung oder während einer Ortsbesichtigung festgestellt, dass eine Bauteilöffnung erforderlich ist, sollte er veranlassen, dass diese von der Partei, in deren Eigentum sich das Objekt befindet, durchgeführt wird, da dann die Verantwortung für die mit der Bauteilöffnung verbundene Beschädigung bei der Partei selbst liegt. Das setzt allerdings voraus, dass der Sachverständige der Partei genaue Anweisungen erteilt, in welchem Umfang er Bauteilöffnungen benötigt. Es empfiehlt sich, dass der Sachverständige an der Bauteilöffnung teilnimmt, um der verantwortlichen Partei die Möglichkeit der Manipulation zu nehmen. Der Sachverständige muss auch darauf achten, dass bei Bauteilöffnungen keine Veränderungen entstehen, die eine Beweisführung verfälschen oder unmöglich machen.

bb) Bauteilöffnungen am Eigentum des Gegners

Steht das Objekt im Eigentum des Prozessgegners, muss der Sachverständige vor Durchführung der Bauteilöffnung den Prozessgegner oder dessen Prozessbevollmächtigten fragen, ob sie mit einer Bauteilöffnung einverstanden sind. Dabei ist es zwingend erforderlich, dass dem Prozessgegner mit aller Deutlichkeit klar gemacht wird, welche Folgen die Bauteilöffnung für das Objekt haben wird und dass eine Wiederherstellung des ursprünglichen Zustandes nicht immer gewährleistet ist. Diese Aufklärung sollte der Sachverständige unbedingt protokollieren. Erklärt sich der Prozessgegner mit der Bauteilöffnung einverstanden, sollte der Sachverständige dieses Einverständnis ebenfalls protokollieren. Weigert sich der Prozessgegner, was wahrscheinlicher ist, die Bauteilöffnung durchführen zu lassen, muss der Sachverständige die weitere Sachaufklärung abbrechen und das Gericht informieren. Das Gericht muss dann entscheiden, ob die Bauteilöffnung für den Prozessgegner unzumutbar ist oder die Weigerung Beweisvereitelung darstellt. Der Sachverständige muss dann abwarten, ob das Gericht die Akte zurückfordert.

cc) Bauteilöffnungen am Eigentum Dritter
Steht das Objekt im Eigentum eines Dritten, muss der Sachverständige den Beweisführer oder dessen Prozessbevollmächtigten über das Erfordernis der Bauteilöffnung informieren. Er kann dann abwarten, ob es dem Beweisführer gelingt, die Zustimmung des Dritten zur Bauteilöffnung zu erreichen. Weigert sich der Dritte, die Bauteilöffnung zuzulassen, muss der Sachverständige dies dem Gericht mitteilen und abwarten, ob das Gericht Maßnahmen nach § 144 ZPO ergreift. Das Gericht wird dem Sachverständigen entweder „grünes Licht" für die Bauteilöffnung geben oder die Akte zurückfordern.

dd) Bauteilöffnung durch den Sachverständigen selbst oder einen von ihm beauftragten Handwerker
In den vergangenen zehn Jahren ist Streit darüber entstanden, ob das Gericht den Sachverständigen anweisen kann, eine Bauteilöffnung selbst vorzunehmen oder einen Handwerker zu beauftragen. Die damit verbundenen Fragen sind vielfältig. Festzuhalten ist, dass es Oberlandesgerichte gibt, die dieses Recht dem Gericht nicht geben (OLG Düsseldorf -22. Zivilsenat-, OLG Brandenburg, OLG Schleswig und OLG Bamberg), andere Oberlandesgerichte sind dagegen der Auffassung, dass die Gerichte zu einer solchen Anweisung befugt sind und dieses Recht aus § 404 a ZPO herzuleiten ist. (OLG Düsseldorf -23. Zivilsenat-, OLG Koblenz, OLG Celle und OLG Jena). Eine Entscheidung des Bundesgerichtshofs zu dieser Frage existiert nicht. Der Sachverständige, der keine Bauteilöffnungen vornehmen und auch keine Handwerker beauftragen will, sollte sich vor einer solchen Entscheidung danach erkundigen, wie das örtliche Oberlandesgericht die Sache sieht. Ein Sachverständiger, der eine Anordnung eines Richters zur Durchführung einer Bauteilöffnung nicht befolgt, läuft Gefahr, dass er in dem entsprechenden Gerichtsbezirk nicht mehr beauftragt wird.
Selbstverständlich muss der Sachverständige dafür Sorge tragen, dass dem Handwerker das Gebäude zur Verfügung steht, um die Bauteilöffnung durchführen zu können. Er muss deshalb mit der Partei, in deren Eigentum das Gebäude steht, den Termin absprechen und dafür Sorge tragen, dass der Zutritt mit allen Werkzeugen, die für die Bauteilöffnung benötigt werden, gesichert ist. Schließlich muss der Sachverständige bewerkstelligen, dass das Bauteil nur in dem Umfang geöffnet wird, den er für die Begutachtung benötigt. Es ist deshalb die Anwesenheit des Sachverständigen bei der Bauteilöffnung notwendig oder es bedarf einer genauen Absprache mit dem Handwerker, an welcher Stelle er die Bauteilöffnung vorzunehmen hat.

ee) Die Verpflichtung zum nachträglichen Verschließen
Die Frage, ob es eine Verpflichtung des Sachverständigen gibt, geöffnete Bauteile wieder zu verschließen, hat nichts mit der Aufklärung des Sachverhalts zu tun. Der Sachverständige erfüllt seine Aufgabe zu klären, ob ein Mangel vorliegt, nur durch das Öffnen des Bauteils. Dennoch wird durchgängig in der Literatur die Auffassung vertreten, dass der Sachverständige auch verpflichtet ist, das geöffnete Bauteil wieder zu verschließen. Das OLG Celle lehnt eine solche Verpflichtung ab.

## 3.6 Vorläufige Erklärungen und Einschätzungen

Der Sachverständige sollte bei der Ortsbesichtigung möglichst keine Erklärungen und vorläufigen Einschätzungen abgeben, da Erklärungen und vorläufige Einschätzungen unweigerlich zu Diskussionen der Parteien und Anwälte mit dem Sachverständigen führen. Sind Parteien bei der Ortsbesichtigung mit einem Privatgutachter erschienen, führen vorläufige Einschätzungen zu Diskussionen mit dem Privatgutachter, was vermieden werden soll.

## 3.7 Erklärungen der Parteien während der Ortsbesichtigung

Erklärungen der Parteien während der Ortsbesichtigung im Zusammenhang mit der Bauleistung sollte der Sachverständige unbedingt zu Protokoll nehmen, da es sich vielfach um wichtige Ergänzungen, manchmal auch Korrekturen des bisherigen Sachvortrags handelt. Unterbleibt die Protokollierung, gehen derartige Erklärungen entweder vollständig verloren oder sind später nur mühevoll zu rekonstruieren.

## 3.8 Verlassen der Örtlichkeit vor Beendigung der Ortsbesichtigung durch eine Partei

Verlässt eine Partei oder ihr Anwalt vor Beendigung der Ortsbesichtigung die Örtlichkeit, muss der Sachverständige klären, ob sie damit einverstanden ist, dass er weitere Feststellungen in ihrer Abwesenheit trifft und dies zu Protokoll nehmen. Ist dies nicht der Fall, muss er die Ortsbesichtigung abbrechen und das Gericht informieren. Verlässt eine Partei oder ein Anwalt im Zorn über das Verhalten des Sachverständigen oder der gegnerischen Partei die Örtlichkeit und gibt dem Sachverständigen überhaupt keine Gelegenheit zu klären, ob er Feststellungen in ihrer Abwesenheit treffen kann, muss er die Ortsbesichtigung in jedem Fall abbrechen, und zwar auch dann, wenn eine neue Ortsbesichtigung mit nicht unerheblichem Aufwand verbunden ist. Dies gilt erst recht für den Fall, dass die Partei, die über das Hausrecht verfügt, aus Verärgerung über das Verhalten der anderen Partei und/oder deren Anwalts von ihrem Hausrecht Gebrauch macht und ein Hauverbot ausspricht.

### 3.9 Beendigung der Ortsbesichtigung

Bei Beendigung der Ortsbesichtigung sollte der Sachverständige die Parteien darüber informieren, ob er seine Feststellungen abgeschlossen hat oder ob es einer weiteren Ortsbesichtigung bedarf, da die Parteien wissen sollen, wann der Sachverständige die für sein Gutachten notwendigen Feststellungen abgeschlossen hat. Bedarf es einer weiteren Ortsbesichtigung und zeigt der Sachverständige den Parteien dies nicht an, droht die Gefahr eines unnötigen Schriftverkehrs der Parteien mit dem Gericht. Mitunter ist den Parteien der Beweisbeschluss des Gerichts bei der Ortsbesichtigung nicht mehr präsent, dann haben sie in dieser Situation noch einmal die Gelegenheit, sich zu verdeutlichen, dass der Sachverständige seine Sachaufklärung beendet hat.

## 4 Das schriftliche Gerichtsgutachten

Damit das Gutachten für den Richter nachvollziehbar ist, sind gewisse Regeln einzuhalten. So muss jedes Gutachten auch für Dritte durch genaue Beschreibungen nachvollziehbar sein bzgl.

- Angaben zum Gericht (z.B. Zivilkammer, Senat und Ort)
- Geschäftsnummer
- Parteien und Prozessbevollmächtigte
- Daten der durchgeführten Termine
- Angaben zur Örtlichkeit
- Detailangaben zu den durchgeführten Untersuchungen
- Erläuterung technischer Ausdrücke.

Fachausdrücke, die einmal erläutert wurden, sollten beibehalten werden. Nichts verwirrt den Richter so sehr wie ein Wechsel der Fachausdrücke. Bei Gerichtsgutachten wird der Sachverständige als Berater des Gerichts tätig. Damit ist er verpflichtet, das Gutachten so aufzubauen, dass es der Richter nachvollziehen kann. Der Richter möchte die Reihenfolge seines Beweisbeschlusses im Gutachten wiederfinden.
Grundsätzlich sollte der Sachverständige bei der Erstellung des Gerichtsgutachtens keine juristischen Ausführungen in sein Gutachten einarbeiten. Es kommt durchaus vor, dass innerhalb eines Beweisbeschlusses Fragen enthalten sind, die zum Teil oder sogar in vollem Umfang nur juristisch beantwortet werden

können. Bei solchen Fragen kann der Sachverständige nur seine technischen Erläuterungen beitragen. Es ist ausschließlich Sache des Gerichts, die vom Sachverständigen erläuterten technischen Begriffe auszuwerten. Ein Gutachten, in dem juristische Fragen beantwortet werden, kann zur völligen Unverwertbarkeit führen. Der Sachverständige kann aber dabei mitwirken, wenn das Gericht aufbauend auf seinen technischen Erläuterungen Rechtsfragen prüfen muss, dass das Gericht zu den richtigen Schlüssen kommt.
Die während der Ortsbesichtigung durchgeführten Untersuchungen sind nachvollziehbar darzustellen. Ferner müssen die Feststellungen auf eigene, vom Sachverständigen durchgeführte Untersuchungen zurückzuführen sein. Mutmaßungen und bloße Annahmen gehören nicht ins Gutachten.
Fotos sollten in das Gutachten an der Stelle angebracht werden, wo der Sachverständige Ausführungen zum Festgestellten macht, damit der Richter die Ausführungen des Gutachtens nachvollziehen kann.
Die Kunst des guten Bausachverständigen besteht darin, dass er einem Laien einen technisch schwierigen Sachverhalt nachvollziehbar darlegen kann, ohne dass die wissenschaftliche Genauigkeit darunter leidet.

# 5 Gutachtenergänzungen

Gutachtenergänzungen gibt es in Form von ergänzenden schriftlichen Stellungnahmen und ergänzenden Ausführungen im Rahmen einer mündlichen Anhörung vor Gericht.

## 5.1 Die ergänzende schriftliche Stellungnahme

Nicht selten werden Sachverständigengutachten angegriffen, obwohl sie überzeugend sind, nämlich allein deshalb, weil einer Partei das Ergebnis nicht passt. Geht ein Gutachten zum Nachteil einer Partei aus, wird der Partei und ihrem Prozessbevollmächtigten bewusst, dass sie den Prozess verliert. Das führt zu Angriffen auf das Gutachten, die in der Wortwahl mitunter überzogen sind. Diese Situation muss sich der Sachverständige klar machen, wenn sein Gutachten angegriffen wird. Viele Sachverständige reagieren beleidigt und „zahlen mit gleicher Münze zurück". Die Sachverständigen müssen sich aber bewusst sein, dass sie wie Richter als befangen abgelehnt werden können. Deshalb verbieten sich Überreaktionen in ergänzenden schriftlichen Stellungnahmen. Wenn der Sachverständige sachlich das von ihm gefundene Ergebnis bestätigt, ist er auf sicherem Terrain.

## 5.2 Die mündliche Anhörung vor Gericht

Vor einer mündlichen Anhörung sind die Gerichte gehalten, dem Sachverständigen rechtzeitig vor dem Termin die Gerichtsakte noch einmal zuzuleiten, damit er der Akte entnehmen kann, was dazu geführt hat, dass eine mündliche Anhörung für erforderlich gehalten wird. Macht das Gericht dies nicht von sich aus, sollte der Sachverständige die Akte noch einmal beim Gericht anfordern.
Dem Sachverständigen wird anders als bei schriftlichen Angriffen auf das Gutachten, zu denen der Sachverständige Stellung nehmen soll, kein Fragenkatalog zugeleitet, weil die Parteien vor einer mündlichen Anhörung keine Fragen stellen müssen. Der Sachverständige kann nur der Akte entnehmen, mit welchen Angriffen auf sein Gutachten zu rechnen ist. Ist die Anordnung der mündlichen Anhörung nicht auf eine Initiative des Gerichts zurückzuführen, sondern ausschließlich auf eine Initiative eines Anwalts, ist der Gegenstand der Anhörung den anwaltlichen Schriftsätzen nach Vorlage des Gutachtens zu entnehmen.
Der Sachverständige muss sich jederzeit vor Augen führen, dass das Gericht ihn zur Lösung seiner Aufgabe braucht und deshalb auch jederzeit bereit ist, ihn vor unsachlichen Angriffen zu schützen. Der Sachverständige hat deshalb seinerseits auch alles zu tun, um sich das nach einem überzeugenden Gutachten erworbene Wohlwollen zu erhalten. Es verbietet sich, Fragen des Gerichts patzig, genervt oder arrogant zu beantworten. Dies gilt auch für Fragen von Rechtsanwälten. Wenn Anwälte nervig fragen, tun sie dies, um ihrem Mandanten die letzte Chance für eine Wende im Prozess zu gaben. Macht der Sachverständige sich dies klar, kann er Fragen des Anwalts gelassen beantworten.
Rechtsfragen an den Sachverständigen sind unzulässig. Der Sachverständige sollte sich aber auch selbst jeder Rechtsausführung enthalten. Sachverständige liefern den Gerichten die notwendigen Parameter, die diese benötigen, um den Parteien Ansprüche zuzuerkennen oder nicht. Der Sachverständige schildert dem Gericht beispielsweise den für die Mängelbeseitigung erheblichen materiellen Aufwand. Ob dieser Aufwand unverhältnismäßig ist, entscheidet nicht der Sachverständige, sondern das Gericht.
In nicht wenigen Fällen kommen Rechtsanwälte zum Anhörungstermin in Begleitung eines Privatgutachters, manchmal sogar mit Gutachtern, die aufgrund eines Forschungsauftrages über überlegene wissenschaftliche Kenntnisse verfügen. Das braucht den Sachverständigen jedoch nicht zu schrecken. Wenn er bei der Ortsbesichtigung sorgfältig gearbeitet hat, zuverlässige Feststellungen getroffen und daraus die richtigen Schlussfolgerungen gezogen hat, können auch noch so gute theoretische Überlegungen die Richtigkeit der Feststellungen nicht infrage stellen. Stellt der Sachverständige jedoch bei der Befragung durch den Privatgutachter fest, dass er entgegen seiner Auffassung noch nicht

alle Untersuchungsmöglichkeiten ausgeschöpft hat oder einen Einzelaspekt falsch eingeschätzt hat, so muss er unbedingt diesen Fehler einräumen oder ergänzende Untersuchungen anregen. Ein Sachverständiger, der trotz besserer Erkenntnis auf einem falschen Standpunkt beharrt und dann möglicherweise von einem Privatgutachter „vorgeführt wird", gefährdet seine Karriere.
Stellt der Sachverständige beim Diktat seiner ergänzenden mündlichen Ausführungen fest, dass der diktierende Richter Begriffe ungenau ins Protokoll aufnimmt, sollte er unbedingt korrigierend eingreifen, da ansonsten seine Darlegungen für Dritte nicht verständlich sind. Stellt beispielsweise ein Berufungsgericht fest, dass sich Darlegungen aus dem schriftlichen Gutachten nicht mit den ergänzenden mündlichen Ausführungen des Sachverständigen decken, werden Widersprüche vermutet, die tatsächlich gar nicht vorhanden sind, sondern auf einem falschen Diktat des erstinstanzlichen Richters beruhen.

## 6 Der Sachverständige im selbstständigen Beweisverfahren

Im Gegensatz zum streitigen Verfahren ist der Beweisbeschluss im selbstständigen Beweisverfahren nicht das Ergebnis einer Prüfung des streiterheblichen Sachverhalts durch das Gericht, sondern das Ergebnis eines Antrags der antragstellenden Partei. Die Partei bittet das Gericht, von ihm an das Gericht herangetragene Fragen von einem Sachverständigen beantworten zu lassen. Da das Gericht – von Ausnahmen abgesehen – Änderungen an dem Antrag nicht vornimmt, bekommt der Sachverständige den Fragenkatalog vorgelegt, den er im Interesse der antragstellenden Partei beantworten soll. Unverständliches oder nicht ohne weiteres Nachvollziehbares kann er mit dem Gericht nicht klären.
Zur Ortsbesichtigung des Sachverständigen ist der Antragsgegner so rechtzeitig zu laden, dass er bei der Ortsbesichtigung seine Rechte wahrnehmen kann. Der Fragenkatalog, den der Sachverständige abarbeiten muss, ist häufig im selbstständigen Beweisverfahren umfangreicher als im streitigen Verfahren.
Mehr noch als das Gutachten im streitigen Verfahren ist das Gutachten des Sachverständigen im selbstständigen Beweisverfahren der Kritik ausgesetzt. Während das Gutachten im streitigen Verfahren am Ende eines Streites steht, beginnt in den Fällen, die nicht mit einer gütlichen Einigung beendet werden, der Streit mit der Vorlage des Gutachtens. Der Antragsgegner hat nur eine Chance, bei einem für ihn nachteiligen Gutachten zu obsiegen, wenn er das Gutachten von Anfang an zum zentralen Punkt seiner Angriffe macht. Der Antragsteller hat eine Chance, die weitere Einholung eines Gutachtens zu vermeiden, wenn das Gutachten überzeugend und nicht angreifbar ist. Das muss sich der Sachverständige bei der Erstellung des Gutachtens klar machen.

Auch im selbstständigen Beweisverfahren gibt es Anträge auf Gutachtenergänzungen. Im Gegensatz zum streitigen Verfahren gehen sie aber ausschließlich von den Parteien aus, da das Gericht nur Mittler ist. Das Verfahren entspricht dem im streitigen Verfahren.

## Literaturverzeichnis

[1] Keldungs, Ganschow, Arbeiter, Leitfaden für Bausachverständige, 4. Aufl., 2018, SpringerVieweg

# Zulässigkeit von Bauverfahren außerhalb der allgemein anerkannten Regeln der Technik

*P. Klum, Berlin*

## Zusammenfassung

Das Referat befasst sich zunächst mit dem Begriff der allgemein anerkannten Regeln der Technik, der seit über 100 Jahren Eingang in die Rechtsprechung gefunden hat. Es zeigt auf, in welchen Vorschriften dieser Begriff vorkommt und was darunter im Einzelnen zu verstehen ist. In diesem Zusammenhang wird das Wechselspiel mit den DIN-Normen erläutert und auf das Verhältnis zu den Begriffen des Stands der Technik und des Stands von Wissenschaft und Technik hingewiesen. Sodann wird darauf eingegangen, welche Rechtsfolgen die Nichteinhaltung der anerkannten Regeln der Technik nach sich ziehen. Dabei wird der Mängelbegriff des Werkvertragsrecht näher erläutert. Es wird klargestellt, dass auch bei Einhaltung der allgemein anerkannten Regeln der Technik ein Werk mangelhaft sein kann und umgekehrt die Nichteinhaltung dieser Regeln nicht in jedem Fall zu einer Mangelhaftung führen muss. Im Anschluss daran wird der europarechtliche Kontext des Begriffes aufgezeigt. Abschließend wird erläutert, wie innovative Herstellungsmethoden und/oder Produkte zum Einsatz kommen können, ohne dass bei deren Verwendung bereits feststeht, ob diese den Anforderungen der anerkannten Regeln der Technik standhalten.

## Vorbemerkung

Die Thematik der Zulässigkeit von Bauverfahren außerhalb der allgemein anerkannten Regeln der Technik wird im Folgenden aus privatrechtlicher Sicht beleuchtet und ausgeführt, welche Konsequenzen die Nichteinhaltung der anerkannten Regeln der Technik für die am Bau Beteiligten haben kann. Nicht näher wird dabei auf die öffentlich-rechtliche Komponente in Form der Genehmigungsfähigkeit von Bauvorhaben bei Nichteinhaltung der anerkannten Regeln der Technik eingegangen.

## 1 Die allgemein anerkannten Regeln der Technik im Werkvertrag

Niedergeschrieben hat der deutsche Gesetzgeber den Begriff der allgemein anerkannten Regeln der Technik in den §§ 4 Abs.2 Nr.1 Satz 2, 13 Abs. 1 Satz 2 VOB/ B 2016.
Diese Vorschriften lauten:

*§ 4 Abs.2 Nr.1 Satz 1 und 2*

> *Der Auftragnehmer hat die Leistung unter eigener Verantwortung nach dem Vertrag auszuführen. Dabei hat er die anerkannten Regeln der Technik und die gesetzlichen und behördlichen Bestimmungen zu beachten.*

*§ 13 Abs.1Satz 1 und 2*

> *Der Auftragnehmer hat dem Auftraggeber seine Leistung zum Zeitpunkt der Abnahme frei von Sachmängeln zu verschaffen. Die Leistung ist zur Zeit der Abnahme frei von Sachmängeln, wenn sie die vereinbarte Beschaffenheit hat und den anerkannten Regeln der Technik entspricht.*

Im BGB Werkvertrag findet sich hingegen auch nach der Einführung des neuen Werkvertragsrechts der Begriff der allgemein anerkannten Regeln der Technik nicht. Im Zuge der Schuldrechtsmodernisierung wurde die Aufnahme des Begriffs in den § 633 BGB diskutiert, jedoch mit der Begründung verworfen, dass eine ausdrückliche Erwähnung keinen Nutzen bringt. Sie könnte nach Aussage der Gesetzesbegründung eher zu Missverständnissen dahingehend verleiten, dass der Unternehmer seine Leistungspflicht allein mit Einhaltung der anerkannten Regeln der Technik eingehalten hat. Dass die allgemein anerkannten Regeln der Technik aber eingehalten werden müssen, steht nach der Gesetzesbegründung jedoch außer Frage. [1]
Eine Legaldefinition des Begriffes gibt es somit nicht, weshalb zur Festlegung des unbestimmten Rechtsbegriffes in Kommentaren oftmals auf eine Entscheidung des Reichsgerichts aus dem Jahre 1910 verwiesen wird. Dort kam eine Regelung aus dem Strafrecht zur Anwendung, die den Fall der Baugefährdung regelt.

Dies war der § 330, der wie folgt lautet:

> *Wer bei der Leitung oder Ausführung eines Baues wider den allgemein anerkannten Regeln der Baukunst dergestalt handelt, dass hieraus für andere Gefahr entsteht, wird mit Geldstrafe bis zu 900 Mark oder mit Gefängnis bis zu einem Jahr bestraft.*

Der Hintergrund der Entscheidung des Reichsgerichts vom 11. Oktober 1910 ist ein tragischer. In Görlitz wurde im Jahre 1908 eine Musikhalle gebaut. Kurz vor Fertigstellung dieser Halle brach das Dach mit dem eisernen Dachstuhl herunter, wodurch mehrere Arbeiter getötet oder verletzt wurden. Im Rahmen der Ermittlungen stellte sich heraus, dass Verbauen von sogenannten „Stoßlaschen" das Unglück hätte verhindern können. In diesem Zusammenhang hat das Reichsgericht ausgeführt, dass der Begriff der allgemein anerkannten Regeln der Baukunst nicht schon dadurch erfüllt sei, dass eine Regel bei völliger wissenschaftlicher Erkenntnis sich als richtig und unanfechtbar darstellt, sondern sie muss auch allgemein anerkannt sein, d. h. durchweg in den Kreisen der betreffenden Techniker bekannt und als richtig anerkannt sein. Auf die Begriffserklärung wird nachfolgend unter Ziffer II näher eingegangen. Bemerkenswert ist jedoch, dass der Begriff bereits seit über einem Jahrhundert in das Recht eingeflossen ist.
Nachfolger des § 330 StGB a.F. ist der jetzt geltende § 319 StGB.
Dieser lautet wie folgt:

> *(1) Wer bei der Planung, Leitung oder Ausführung eines Baus oder des Abbruchs eines Bauwerks gegen die allgemein anerkannten Regeln der Technik verstößt und dadurch Leib oder Leben eines anderen Menschen gefährdet, wird mit Freiheitsstrafe bis zu fünf Jahren oder mit Geldstrafe bestraft.*
> *(2) Ebenso wird bestraft, wer in Ausübung eines Berufs oder Gewerbes bei der Planung, Leitung oder Ausführung eines Vorhabens, technische Einrichtungen in ein Bauwerk einzubauen oder eingebaute Einrichtungen dieser Art zu ändern, gegen die allgemein anerkannten Regeln der Technik verstößt und dadurch Leib oder Leben eines anderen Menschen gefährdet.*
> ...

## 2 Begriffsklärung

Die im Rahmen von Bauverfahren zu erbringenden Leistungen werden meist mit den Begrifflichkeiten „anerkannte Regeln der Technik“ oder „allgemein anerkannte Regeln der Technik“ näher beschrieben, die synonym verwendet und auch als solche angesehen werden. Der präzisere Begriff ist jedoch der der „allgemein anerkannten Regeln der Technik“. [2]
Den Begriff des Bauverfahrens definiert der Duden als Verfahren des Bauens hinsichtlich der Methoden, des Materials und der Ausrüstung. Bauverfahren werden in Anlehnung an die Entscheidung des Reichsgerichts aus dem Jahr 1910 als den allgemein anerkannten Regeln der Technik entsprechend angesehen, wenn sie in der Theorie, Lehre und Wissenschaft anerkannt sind, zusätzlich bei Praktikern bekannt sind und sich auch in der Praxis bewährt haben. [3]
Doch auch diese Definition ist noch sehr abstrakt und ist insbesondere für Juristen schwer auf Praxisbeispiele anzuwenden. Für die Beurteilung werden entsprechende technische und empirische Daten benötigt, weshalb die letztendliche Feststellung meist nur durch einen Sachverständigen getroffen werden kann. [4]
Aus diesem Grund werden oftmals Normen, wie beispielsweise DIN-Normen, als Konkretisierungshilfen herangezogen. Das bedeutet aber nicht, dass das Entsprechen von DIN-Normen automatisch eine Leistung innerhalb der anerkannten Regeln der Technik darstellt. Vielmehr sind die DIN-Normen den anerkannten Regeln der Technik unterzuordnen.
Dem Unternehmer kommt dabei die widerlegliche Tatsachenvermutung zugute, dass eine dem aktuellen Stand der einschlägigen DIN-Normen entsprechende Werkleistung regelmäßig auch als mangelfrei anzusehen ist. Dem Besteller obliegt dann die Darlegungs- und Beweislast für die Mangelhaftigkeit der erbrachten Leistung wegen Verstoßes gegen die anerkannten Regeln der Technik. Diesen Beweis wird der Besteller in aller Regel nur mit Hilfe eines Sachverständigengutachtens erbringen können und selbst für den Sachverständigen ist die Feststellung des tatsächlichen Zeitpunkts, zu welchem eine Anerkennung in Theorie und Praxis stattgefunden hat, nicht einfach zu treffen. Erschwerend kommt hinzu, dass Sachverständige kaum dazu neigen, DIN-Normen als nicht anerkannte Regeln der Technik zu bezeichnen.
Nicht vermischt werden dürfen die Begriffe der allgemein anerkannten Regeln der Technik, des Stands der Technik und des Stands von Wissenschaft und Technik, die keine Synonyme darstellen. Konkretisiert werden die Begriffe jeweils von der sogenannten „Drei-Stufen-Theorie“, die aus der Kalkar-Entscheidung des Bundesverfassungsgerichts entstanden ist. [5]

Nach dieser stehen die allgemein anerkannten Regeln der Technik auf der untersten Stufe. Zur Feststellung der Einhaltung muss hier die Mehrheitsauffassung unter den technischen Praktikern ermittelt werden. [6]
Danach kommt der Stand der Technik, der in § 3 BImSchG wie folgt legaldefiniert ist:

> *„Stand der Technik im Sinne dieses Gesetzes ist der Entwicklungsstand fortschrittlicher Verfahren, Einrichtungen oder Betriebswiesen, der die praktische Eignung einer Maßnahme zur Begrenzung von Emissionen in Luft, Wasser und Boden, zur Gewährleistung der Anlagensicherheit, zur Gewährlistung einer umweltverträglichen Abfallentsorgung oder sonst zur Vermeidung oder Verminderung von Auswirkungen auf die Umwelt zur Erreichung eines allgemein hohen Schutzniveaus für die Umwelt insgesamt gesichert erscheinen lässt. Bei der Bestimmung des Standes der Technik sind insbesondere die in der Anlage aufgeführten Kriterien zu berücksichtigen."*

Unter diesen Begriff fallen auch Techniken, die sich eben gerade noch nicht in der Praxis bewährt haben. Der Fokus liegt vielmehr auf dem technischen Fortschritt. [7]
Zuletzt kommt der Stand von Wissenschaft und Technik, der sich stark an der Forschung und Wissenschaft orientiert. Er umfasst die jeweils neuesten technischen und wissenschaftlichen Erkenntnisse und wird nicht durch das Realisierbare oder Machbare begrenzt. [8]
Dass diese Begrifflichkeiten schwer zu unterscheiden sind und trotz dieser Unterscheidungen dennoch vermischt werden, zeigen etliche Urteile. So entschied beispielsweise das OLG München, dass beim vertraglich vereinbarten Begriff des „neuesten Standes der Technik" trotzdem die allgemein anerkannten Regeln der Technik gelten sollen. [9] Zwar würden mit dem Begriff „neueste" bereits neue wissenschaftliche Erkenntnisse mit einfließen, die Praxiserprobung würde damit jedoch wegfallen. Eine theoretisch richtige Regel könnte sich somit im Nachhinein als praktisch untauglich erweisen. Das Gericht ging davon aus, dass der Besteller dieses Risiko nicht tragen wollte, sondern vielmehr klargestellt werden sollte, dass obwohl es sich um ein Bestandsgebäude handelt, dennoch die neuesten Erkenntnisse maßgeblich sein sollen. Den Begriff „Standard" nahm das Gericht als Hinweis auf, dass die anerkannten Regeln der Technik auch über praktische Bewährung verfügen sollen.

# 3 Nichteinhaltung der anerkannten Regeln der Technik

## 3.1 Grundsatz

Bedeutung erlangt der Begriff der allgemein anerkannten Regeln der Technik immer dann, wenn es um Mängelansprüche geht. Dabei lässt sich grundsätzlich sagen, dass ein bestehender Sach- oder Rechtsmangel zu einer mangelhaften Leistung und somit zu Mängelansprüchen führt. Der Begriff des Mangels richtet sich zunächst nach dem bestellten Werk (VOB/B) oder der vereinbarten Beschaffenheit (BGB). Maßgeblich ist folglich die Soll-Leistung, die mit der Ist-Leistung abgeglichen wird.

Bestehen keine Vereinbarungen zur Leistung wird auf die nach dem Vertrag vorausgesetzte Verwendung abgestellt. Falls auch hierzu keine Anhaltspunkte im Vertrag zu finden sind, wird auf die gewöhnliche Verwendung zurückgegriffen.

Zur Feststellung, welche Beschaffenheit von den Parteien vertraglich vereinbart wurde, muss der Vertrag ausgelegt werden. Der Unternehmer verspricht in der Regel stillschweigend bei Vertragsschluss, die allgemein anerkannten Regeln der Technik einzuhalten. Diese Einhaltung dient der Gewissheit, dass bestimmte Eigenschaften eines Werkes erreicht werden. Werden diese Eigenschaften auf eine andere Weise hergestellt und bestehen keine weiteren Nachteile durch die Nichteinhaltung der allgemein anerkannten Regeln der Technik, so kann das Werk dennoch als mangelhaft gelten. [10]

Unabhängig von der Gebrauchstauglichkeit eines Werkes liegt also immer dann ein Mangel vor, wenn die allgemein anerkannten Regeln der Technik nicht eingehalten wurden. Begründet hat der BGH dies in einem Urteil mit der Tatsache, dass die Einhaltung dieser Regeln das Vertrauen in die Zuverlässigkeit und Sicherheit der technischen Leistung stützt. [11]

Doch auch bei Einhaltung der allgemein anerkannten Regeln der Technik kann ein Werk mangelhaft sein. Denn es darf nicht vergessen werden, dass vertragliche Regelungen vordergründig zu beachten sind. Das bedeutet, dass die allgemein anerkannten Regeln der Technik ausnahmsweise nicht von Relevanz für die Mängelbeurteilung sind, wenn vertraglich wirksam etwas anderes vereinbart wurde.

So hat auch das OLG Celle entschieden. [12] Im vorliegenden Fall hielten die Parteien vertraglich fest, dass zur Errichtung des Bauwerkes sämtliche DIN-Normen und Herstellerangaben Anwendung finden sollten, was von beiden Parteien mehrfach schriftlich bestätigt wurde. Für die Wärmedämmung sah die Herstellerangabe vor, dass in die Dämmung Brandschutzbarrieren eingebaut werden. Die entsprechende DIN-Norm sah von einer solchen Regelung ab. Da der Auftragnehmer hier die Herstellerangabe außer Acht ließ und lediglich die den anerkannten Regeln der Technik entsprechende DIN-Norm beachtete, entschied das Gericht auf Vorliegen eines Mangels.

## 3.2 Einschränkung durch vertragliche Regelung

Die zu erbringende Leistung muss vertragsgerecht sein und die vertraglich vorausgesetzte oder für den gewöhnlichen Gebrauch erforderliche Beschaffenheit aufweisen. Wurde nichts vereinbart, dann wird auf den vom Besteller beabsichtigten und dem Unternehmer bekannten Gebrauch abgestellt. In diesem Rahmen kann der Unternehmer auch eine vom Besteller geforderte vertragsgemäße Beschaffenheit schlüssig akzeptieren. Die anerkannten Regeln der Technik finden nur dann Beachtung, wenn bei Vertragsschluss kein bestimmter Gebrauch vorausgesetzt wurde, ansonsten gilt dieser Gebrauch als Maßstab für Mängel. Die Individualvertraglichen Regelungen genießen also Vorrang gegenüber der Anwendung der allgemein anerkannten Regeln der Technik.
Wird vertraglich ein höherer Standard als der der allgemein anerkannten Regeln der Technik vereinbart, so ist eine davon abweichende minderwertige Leistung trotzdem als mangelhaft anzusehen. [13]

Besonders risikobehaftet ist dabei die Vereinbarung einer geringeren Qualität, als sie im Rahmen der anerkannten Regeln der Technik einzuhalten wäre. Die Anforderungen der Rechtsprechung an eine solche Klausel im Vertrag sind hoch. Der Bauunternehmer muss den Besteller deutlich darauf hinweisen, dass die vereinbarte Qualität von der üblichen Qualität abweicht und ihn über die entsprechenden Folgen aufklären. Dazu gehört auch eine verständliche Erklärung zu den Unterschieden zwischen der späteren Bauausführung im Vergleich zur allgemein üblichen sowie die sich daraus ergebenden Auswirkungen. [14]
Die Errichtung von Reihenhäusern, die entgegen der anerkannten Regeln der Technik lediglich eine einschalige Bauweise zur Schalldämmung aufweisen ist auch dann mangelhaft, wenn der Besteller darauf hingewiesen wurde, entschied der BGH. [15]
Die Herabsenkung der Qualität findet insbesondere bei der Sanierung und Renovierung von Bestandsgebäuden Anwendung, wenn die Einhaltung sämtlicher aktueller anerkannter Regeln der Technik gar nicht oder nur schwer möglich wäre. So hatte das OLG Düsseldorf über einen entsprechenden Fall zu entscheiden. [16] Die Dachterrasse eines Bestandsgebäudes sollte saniert werden. Gemäß den geltenden Fachregeln für Dächer mit Abdichtungen ist für solche Dächer ein Gefälle von mindestens 2% angesetzt, wovon nur in Ausnahmefällen abgewichen werden darf. Als solchen Ausnahmefall sah das Gericht die Tatsa-

che an, dass die Tür- und Wandanschlüsse eines Bestandsgebäudes eine zu geringe Höhe aufwiesen.

## 3.3 Allgemein anerkannte Regeln der Technik und technische Regeln

Technische Regeln sind Empfehlungen oder Handlungsableitungen, die einen Weg zur Einhaltung eines Gesetzes aufzeigen. Technische Regeln werden zur Sicherheit, zum Schutz der Umwelt sowie zur Sicherung der Qualität von Produkten aufgestellt. Die wohl bekanntesten Normen innerhalb Deutschlands sind die DIN-Normen, die vom Deutschen Institut für Normung e.V., der nationalen Normungsorganisation Deutschlands erstellt werden. Nur die technischen Regeln, die aus diesen nationalen oder internationalen Normenorganisationen stammen, sollten auch als „Normen" bezeichnet werden. Weitere deutsche Organisationen zur Normung sind die DKE, die Deutsche Kommission Elektrotechnik Elektronik Informationstechnik und das VDE, das Normen und Sicherheitsbestimmungen in den Bereichen Elektrotechnik, Elektronik und Informationstechnik erstellt. Auf europäischer Ebene werden diese Aufgaben von den Normenorganisationen CEN, CENELEC und ETSI wahrgenommen und international sind die ISO, IEC und ITU verantwortlich.
Technische Regeln füllen die unbestimmten Rechtsbegriffe mit Inhalten. Dabei haben in Deutschland insbesondere die DIN-Normen einen Empfehlungscharakter, entwickeln jedoch keine Rechtsverbindlichkeit, was auch von der höchstrichterlichen Rechtsprechung bestätigt wurde. [17] Für die DIN-Normen gilt also die Vermutung, dass sie auch den allgemein anerkannten Regeln der Technik entsprechen, man kann sich jedoch nicht immer darauf verlassen. Tatsächlich verbindlich werden Normen erst, wenn ein Gesetz direkt auf sie verweist, womit diese auch einen sogenannten „Rechtsnormstatus" erlangen. DIN- oder andere Normen können außerdem explizit vertraglich vereinbart und somit verbindlich für den Unternehmer werden. Wurde vertraglich keine Vereinbarung getroffen, gelten die allgemein anerkannten Regeln der Technik und die entsprechenden DIN-Normen entfalten ihre Wirkung. Es muss aber trotzdem von Fall zu Fall individuell geprüft und festgestellt werden, welche Normen tatsächlich Anwendung finden.
DIN-Normen können beispielsweise überholt sein, wie dies beim Schallschutz häufig der Fall ist. Nachdem bereits im November 1989 die jetzt gültige DIN 4109 – nach langem Ringen – die bis dahin geltende DIN 4109 aus dem Jahr 1962 abgelöst hatte, hätte man denken können, die Diskussion um den Schallschutz sei damit in ein ruhigeres Fahrwasser gekommen. Dies war so jedoch nicht zu beobachten. Hierfür gibt es sicherlich mehrere Gründe, z. B. auch die

Tatsache, dass mit der VDI-Richtlinie 4100 im Jahr 1994 eine weitere auf den baulichen Schallschutz abstellende Veröffentlichung geschaffen wurde.
Die anerkannten Regeln der Technik ändern sich hier so schnell, dass die Fortschreibung der DIN-Norm immer etwas hinterherhinkt. Von Bedeutung ist deshalb, sich nicht blind auf die DIN-Normen zu verlassen, sondern zu prüfen, ob sie noch dem aktuellen Stand der anerkannten Regeln der Technik entsprechen. Ob durch die veraltete DIN-Norm auch tatsächlich ein Mangel zu bejahen ist hängt davon ab, ob lediglich ein vertraglich festgelegter Mindeststandard geschuldet wird, oder ob der durchschnittliche Standard und somit die anerkannten Regeln der Technik greifen.
Obgleich die technischen Regeln stets auf Aktualität geprüft werden sollten, so sind sie zumindest als Orientierungshilfe durchaus zweckmäßig. Die Normenorganisationen haben sich in den letzten Jahren auch verstärkt darum bemüht, die Normen dem entsprechenden Stand der Technik anzupassen und somit mit den technischen Entwicklungen Schritt zu halten wie beispielsweise die Überarbeitung der DIN-Norm im Rahmen der Energieeinsparverordnung (EnEV) überarbeitet wurde.

## 3.4 Nicht kodifizierte anerkannte Regeln der Technik

Nicht alle allgemein anerkannten Regeln der Technik sind niedergeschrieben oder in Normen verfasst. Häufig tritt in diesem Zusammenhang die Situation auf, dass aufgrund der ständigen Entwicklung der Bautechnik bereits neue Verfahren erprobt werden, während die Vorgänger noch im Normenausschuss abgestimmt werden. So entsprach – wie dargelegt – die DIN 4109 (Schallschutz) bereits mehrfach kurz nach ihrer Überarbeitung bereits nicht mehr den anerkannten Regeln der Technik.
Aber auch gegenteilige Situationen können auftreten, wie beispielsweise im Bereich des barrierefreien Bauens. Hier sind die durch die DIN festgelegten Anforderungen für den Heimbereich und öffentliche Bauten für eine Privatperson viel zu hoch, meist nicht notwendig und zu teuer. Es hat sich eine anerkannte Regel der Technik für Privatpersonen gebildet, die unterhalb der DIN-Norm für öffentliche Gebäude und Heime liegt.
Aufgrund der nicht niedergeschriebenen anerkannten Regeln der Technik ist in diesen Situationen das Know-how der Bauingenieure, Fachplaner und Architekten von großer Bedeutung. Die ständige Weiterbildung und Information zu technischen Entwicklungen sind daher unverzichtbar. Auch die frühzeitige Absprache zwischen Planer und Besteller sowie die Aufnahme der entsprechenden Regelungen in den Vertrag wirkt der Situation nicht niedergeschriebener anerkannter Regeln der Technik entgegen. [18]

## 3.5 Änderung der allgemein anerkannten Regeln der Technik vor der Abnahme

Mehrfach haben sich die Gerichte der Frage zugewandt, welcher Zeitpunkt für die Beurteilung der Mangelfreiheit in Bezug auf allgemein anerkannte Regeln der Technik maßgeblich ist. In Betracht käme der Zeitpunkt der Herstellung, der Abnahme, der Übergabe oder der letzte Tag der mündlichen Verhandlung in einem Bauprozess. Nach höchstrichterlicher Rechtsprechung soll die Abnahme für diese Beurteilung maßgeblich sein. [19] Findet zwischen Vertragsschluss und Abnahme eine Änderung der allgemein anerkannten Regeln der Technik statt, so steht dem Besteller ein Wahlrecht zu.

a) Der Besteller kann die Einhaltung der neuen allgemein anerkannten Regeln der Technik verlangen. Der Aufwand zur Fertigstellung des Werkes kann durch diese Entscheidung erheblich gesteigert werden. Der Auftragnehmer kann für nicht von der Vergütungsvereinbarung erfasste Leistungen eine Anpassung verlangen.
b) Der Besteller kann von der Einhaltung der neuen allgemein anerkannten Regeln der Technik absehen und damit eine Verteuerung des Bauvorhabens umgehen.

Eine weitere Möglichkeit ist die bereits im Voraus festgelegte vertragliche Regelung, wie im Falle einer Änderung der allgemein anerkannten Regeln der Technik verfahren werden soll. Damit eine solche Regelung jedoch wirksam einbezogen werden kann, muss der Auftragnehmer den Besteller über die Bedeutung der allgemein anerkannten Regeln der Technik und die mit der Einhaltung bzw. Nichteinhaltung verbundenen Konsequenzen aufklären. [20]
Wird der ehemals notwendige Standard der allgemein anerkannten Regeln der Technik überflüssig, so darf er ebenfalls nicht ohne weiteres ausgespart werden. Das Leistungs- und Gegenleistungsverhältnis würde durch ein solches Vorgehen gestört werden und das Werk würde dennoch als mangelbehaftet gelten.
Für die Beurteilung, wann und ob eine Änderung der allgemein anerkannten Regeln der Technik stattgefunden hat, können ebenfalls die entsprechenden DIN-Normen oder andere technische Regelwerke herangezogen werden. Bei den DIN-Normen ist dabei von Bedeutung, ob diese fortgeschrieben oder aufgehoben wurden. Nachfolgenormen werden dabei zunächst als Gelbdruck veröffentlicht und können frühestens zu diesem Zeitpunkt der Fachwelt als „bekannt“ gelten und können somit auch nicht in der Praxis erprobt sein. Vorab

lässt sich also nicht von einer Änderung der allgemein anerkannten Regeln der Technik sprechen.

# 4 Allgemein anerkannte Regeln der Technik im europarechtlichen Rahmen

Bei der Verwendung von genormten Bauprodukten ergaben sich in den letzten Jahren im Zusammenhang mit der sogenannten „Doppelnormung" etliche Schwierigkeiten.

Damit hat es folgendes auf sich:
Für Bauprodukte, die eine Normung durch die nationalen Bauregellisten Deutschlands erfahren und das sogenannte Ü-Zeichen erhalten und gleichzeitig durch die europäische Richtlinie 89/106/EWG erfasst sind und damit die CE-Kennzeichnung erlangen, gab es damit eine sogenannte „Doppelnormung". Diese Doppelnormung wurde betrieben, da aus deutscher Sicht die Anforderungen der Richtlinie 89/106/EWG unvollständig waren und außerdem nicht den Anforderungen aus Anhang 1 der Richtlinie sowie den in Deutschland maßgeblichen Landesbauordnungen entsprachen.
Diese Doppelnormung wurde durch die Entscheidung des Europäischen Gerichtshofes mit der Begründung untersagt, das Erfordernis eines weiteren Kennzeichens, um Bauprodukte innerhalb der Bunderepublik Deutschland in Verkehr zu bringen, behindere gerade dieses in Verkehr bringen. Dies sei nach Art. 6 Abs. I RL 89/106/EWG zu unterlassen. Ferner widerspreche dies dem ursprünglichen Ziel der Richtlinie, die Handelshemmnisse innerhalb der EU abzubauen. [21]

Für nicht von der europäischen Richtlinie erfasste Produkte gelten weiterhin die Landesbauordnungen mit den darin enthaltenen Anforderungen. Diese Produkte, die keine CE-Kennzeichnung erfahren, können also auch weiterhin mit dem Ü-Zeichen gekennzeichnet werden.
Die der CE-Kennzeichnung zu Grunde liegenden harmonisierten europäischen Normen gelten damit für sämtliche darunterfallende Bauprodukte, auch wenn diese hinter dem deutschen Standard zurückbleiben. Die bisherigen technischen Regeln und damit die Indizwirkung zur Einhaltung der allgemein anerkannten Regeln der Technik könnten damit für diese Produkte ebenfalls entfallen. Diese Vermutung liegt insbesondere nahe, da diese Produkte aus bauordnungsrechtlicher Sicht nicht alle notwendigen Produkteigenschaften aufweisen. Dass die von der Rechtsprechung des Europäischen Gerichtshofs betroffenen Normen durchaus auch für die Bestimmung von allgemein anerkannten Regeln

der Technik relevant sein können, zeigt das Beispiel der Wärmedämmung. Die entsprechende harmonisierte Norm EN 13162:2008 „Wärmedämmstoffe für Gebäude – Werkmäßig hergestellte Produkte aus Mineralwolle – Spezifikation" kann für die Beurteilung von Wärmedämmsystemen und die damit verbundene Einhaltung der allgemein anerkannten Regeln der Technik durchaus eine Rolle spielen.
Die Einbeziehung europäischer Normen und zugehöriger Produkte sollte derzeit also einer zusätzlichen Überprüfung, durch die am Bau beteiligten unterzogen werden.

## 5 Ergebnis und Ausblick

Bauverfahren außerhalb der allgemein anerkannten Regeln der Technik sind nicht generell als unzulässig anzusehen. Vielmehr muss jeweils im Einzelfall geprüft werden, was bezogen darauf als allgemein anerkannte Regeln der Technik anzusehen ist und welchen Standard die Parteien in dem Vertrag festgelegt haben
Als solche zulässige Abweichung kann auch die Verwendung eines völlig neuen Verfahrens gelten, das über das bisher bewährte Verfahren hinausgeht. Dabei ist jedoch stets zu beachten, dass die Nutzung innovativer und neuer Verfahren auf Grund der fehlenden Bewährung in der Praxis und der damit nicht vorliegenden Zugehörigkeit zu den allgemein anerkannten Regeln der Technik ein hohes Risiko in sich trägt. Wird im Vertrag nicht rechtssicher das neue Verfahren anstatt der allgemein anerkannten Regeln der Technik vereinbart, so begibt sich der Bauunternehmer in ein erhebliches Haftungsrisiko. Eine rechtssichere Vereinbarung liegt nur dann vor, wenn der Unternehmer bzw. der Architekt den Bauherrn umfassend über die mit der neuen Technik einhergehenden Risiken aufklärt und diese Aufklärung „gerichtsfest" dokumentiert. Durch die Aufklärung muss der Bauherr in die Lage versetzt werden, eine umfassende Abwägung der mit dem Einsatz der neuen Technik verbundenen Vorteile und Nachteile vorzunehmen.
Damit kann der zweifelsohne innovationshemmenden Wirkung der Anforderung entgegengetreten werden, dass Bauverfahren regelmäßig den allgemein anerkannten Regeln der Technik entsprechen müssen.

## Literaturverzeichnis

[1] BT-Drs. 14/6040, 14.05.2001
[2] NJW 2013, 3000, 3001
[3] ebd.
[4] Die „Allgemein anerkannten Regeln der Technik“ – was sind sie und gibt es sie überhaupt, Rechtsanwaltsgesellschaft rbi
[5] BVerfG, Urteil vom 08.08.1978 – BVerfG 49, 89
[6] NJW 2013, 3000, 3003
[7] NJW 2013, 3000, 3003
[8] OLG München, Urteil vom 28.07.2015 – 28 U 3070/13
[9] Tobias Dittmar, Der Mangelbegriff im Lichte der anerkannten Regeln der Technik, BTGA-Almanach, 2014
[10] NJW-RR 1996, 146; OLG Düsseldorf
[11] OLG Celle, Urteil vom 11.06.2008 - 14 U 213/07
[12] ebd.
[13] BGH, Urteil vom 04.06.2009 – VII ZR 54/07
[14] BGH, Urteil vom 20.12.2012 – VII ZR 209/11
[15] OLG Düsseldorf, Urteil vom 06.02.2009 – 21 U 63/07
[16] BGH, Urteil vom 14.05.1998 – VII ZR 184/97
[17] Deutscher Anwalts Verein, Pressemitteilung vom 25.05.2018
[18] BGH, Urteil vom 14.05.1998 – VII ZR 184-97
[19] BGH, Urteil vom 14.11.2017 – VII ZR 65/14
[20] EuGH, Urteil vom 16.10.2014 – C-100/13

# Ziegelsplittbetone der Nachkriegsjahre und moderne RC-Betone – Nachhaltigkeit an Objektbeispielen

*S. Stürmer, Konstanz*

## Zusammenfassung

Das Bauwesen gehört zu den größten Verbrauchern an natürlichen Ressourcen und Energie in der deutschen Wirtschaft. Das ist in vielen Fällen trotzdem ökologisch und ökonomisch vertretbar, weil die Bauteile und Bauwerke verglichen mit anderen „Produkten" eine deutlich längere technische Lebensdauer haben – im Fall des Betons zwischen ca. 25 und 100 Jahren – und wenn nach dem Rückbau hohe Recyclingquoten erzielt werden. In Bezug auf Einsparmöglichkeiten spielt der Massenbaustoff Beton eine ganz zentrale Rolle. Neben der Einsparung des sehr energieintensiven Zements und der Entwicklung von Substitutionsbindemitteln, stehen auch die Gesteinskörnungen im Fokus, die den größten Anteil am Beton ausmachen.
Im Artikel werden auf der Basis eigener Ergebnisse aus einem DBU-geförderten Forschungsprojekt zu RC-Betonen die Nachhaltigkeit von Beton an Objektbeispielen vorgestellt und über den Sachstand zur aktuellen Nutzung von R-Betonen in Deutschland informiert. Der Fokus liegt dabei auf der Wertigkeit mineralischer Baustoffe aus vergleichsweise wenigen, überwiegend natürlichen Komponenten wie beim Beton, dessen Instandsetzungsmöglichkeiten und bessere Voraussetzungen für späteres Recycling - gegenüber vielen modernen, kunststoffhaltigen Verbundbaustoffen.

## 1 Einführung

Die Idee, mineralische „Abfälle“ wie Ziegelscherben mit einem Bindemittel zu einem neuen, festen Material zusammenzufügen, ist mehr als 2000 Jahre alt. Bemerkenswerte Beispiele dafür sind u.a. das Opus caementitium, bei dem die Römer Ziegelsplitt und andere keramische Materialien mit Kalk als Bindemittel in festen Mörtel und „Betonen“ einsetzen [1] und Opus signium. Seit 2000 gräbt ein deutsch-italienisches Team auf der Akropolis der Mittelmeer-Insel Pantelleria unter der Leitung von Thomas Schäfer (Universität Tübingen, [1]) u. a. zu diesem Thema. Auf der Insel Pantelleria befinden sich Regenwasser-Zisternen unterschiedlicher Größe in typisch langovaler Form, wie sie aus Karthago und anderen punischen Niederlassungen bekannt sind. Sie sind auf der Wasserseite mit Opus signium „abgedichtet“ und zum Teil so gut erhalten, dass sie noch heute als Wasserspeicher dienen (Bilder 1 und 2).

Bild 1 Über 2000 Jahre alte Zisterne

Bild 2 Detail des Zisternenputzes mit keramischen und natürlichen puzzolanischen Zuschlägen

Im 20. Jh. wurde Mauerwerkbruch in großen Mengen nach dem 2. Weltkrieg u.a. für die Betonherstellung eingesetzt. Einerseits mangelte es an Baustoffen und anderseits lagen die Straßen voller Schutt, der geräumt werden musste. Während die intakten Ziegel vom Mörtel befreit und wieder verbaut wurden, wurden die Bruchstücke in Brecheranlagen zerkleinert und als Gesteinskörnung für Beton eingesetzt. Bis 1955 wurden so ca. 11,5 Mio. Kubikmeter rezyklierte Gesteinskörnung produziert und als Baumaterial verwendet. Als 1960 alle Schuttberge beseitigt waren, wurde das damalige Recycling eingestellt [3]. Die Rezepturen und Erfahrungen aus dieser Zeit sind leider nicht überliefert. Über die Dauerhaftigkeit der daraus hergestellten Bauteile und Bauwerke sind keine nachteiligen Informationen bekannt.

Bei Untersuchungen im Rahmen von DBU geförderten Forschungsprojekten an u. a. an der Fatima-Kirche in Kassel aus Beton mit Ziegelabbruch wurden die wesentlichen Festbetonkennwerte erfasst und mit den Anforderungen an heutige Betone verglichen [4]. Der Zustand dieses monumentalen Kirchenbaus von Architekt Gottfried Böhm war – dem Alter von ca. 60 Jahren angemessen – sehr gut und es bestand vergleichsweise geringer Instandsetzungsbedarf.

Die Idee der Verwendung von rezyklierten Gesteinskörnungen im Beton wurde in den 1990er Jahren wieder aufgegriffen und maßgeblich von Prof. Grübl und Mitarbeitern an der Technischen Hochschule Darmstadt (Institut für Massivbau Baustoffe, Bauphysik, Bauchemie) untersucht und bewertet. Wesentliche Er-

gebnisse sind u.a. im Forschungsbericht „Der Einfluß von Recyclingzuschlägen aus Bauschutt auf die Frisch- und Festbetoneigenschaften und die Bewertung hinsichtlich der Eignung für Baustellen- und Transportbeton nach DIN 1045“ [5] dokumentiert. Sie bildeten die Grundlage für spätere Regelwerke.
Die von Grübl und Mitarbeitern entwickelten Rezepturen wurden für einzelne Bauteile an Pilotobjekten eingesetzt, u. a. an der von Hundertwasser entworfenen Waldspirale in Darmstadt. Anfänglich wurden hauptsächlich CEM I-Zemente (= Portlandzemente) eingesetzt. Aktuell werden für R-Betone fast ausschließlich die energetisch und ökologisch günstigeren CEM II Zemente (= Kompositzemente) der Festigkeitsklasse 42,5 angewendet.

## 2 Dauerhaftigkeit von Ziegelsplittbetonen, Objektbeispiele die zuversichtlich stimmen ...

### 2.1 Max-Kade-Studentenwohnheim in Stuttgart – ein außergewöhnliches Hochhaus aus Trümmerschutt-Beton wird weiter genutzt

In der Nähe der Universität Stuttgart wurde 1952/53 mit einer großzügigen Spende der Max-Kade-Foundation ein Hochhaus als Studentenwohnheim aus Trümmerschuttbeton errichtet (Bild 3). Die Fassade und alle wesentlichen Bauteile dieses Max-Kade-Hauses sind bis heute im Originalzustand erhalten. Die dort lebenden Studierenden bezeichnen es auf ihrer Internet-Seite als „das schönste Studentenwohnheim der Welt“. Der ca. 43 m hohe Massivbau mit 18 Stockwerken wurde von den Architekten W. Tiedje und L. H. Kresse entworfen, die Statik stammt von Fritz Leonhardt. Eine Ausstellung im Jahr 1947 zum Thema „Baustoffe aus Trümmern“ weckte das Interesse Fritz Leonhardts, so dass für den Beton Trümmerschutt als Gesteinskörnung verwendet wurde, u. a. von dem benachbarten Gelände eines historischen Friedhofs. Bei einer Ausstellung „Die Kunst des Konstruierens“ im Jahr 2009 zu Ehren von Prof. Leonhardt wurde ein Stück Wandbauteil aus dem Trümmerschutt-Schüttbeton ausgestellt, das bei Umbauarbeiten im UG des Max-Kade-Hauses entnommen wurde. Bild 4 zeigt den guten Zustand des Original-Betons im Verbund zum Innenputz mit Beschichtung. Bis auf wenige kleine Änderungen (u. a. den Brandschutz betreffend) ist die Bausubstanz, auch ein Großteil des Interieurs des Max-Kade-Hauses noch im Original-Zustand. Bemerkenswert ist ebenso der Zustand des originalen dickschichtigen Kratzputzes an der Fassade (Bild 5). Der Putz ist aufgrund des Alters und der Höhe und Exposition des Objekts zwar verschmutzt, haftet aber noch fest am Untergrund und erfüllt – über die übliche technische Lebensdauer von Außenputzen hinaus – weiter seine Funktion. Mit Hilfe von

Firmen wie Heck Wall Systems, die auch mineralische Mörtel mit angepassten Eigenschaften für historische Bausubstanz herstellen, ist es möglich, lokale kleinflächige Ausbesserungen vorzunehmen – ohne die bewährten Putze abzuschlagen, häufig mit Beschädigungen an der Originalsubstanz.
Nicht zuletzt das Engagement des Technik-Teams des Studierendenwerks Stuttgarts trägt maßgeblich zur Nachhaltigkeit dieses bemerkenswerten Objekts bei: Durch Inspektionen und angemessene Instandhaltung kann die gesamte, damals für das Gebäude aufgewendete graue Energie weiter genutzt werden.

Bild 3 Max-Kade-Studenten-Wohnheim aus Ziegelsplittbeton

Bild 4 Originalstück des Schüttbetons mit Trümmerschutt, im wesentlichen Ziegelsplitt

Bild 5 Originalputz (Kratzputz) von 1953 (Zustand 2018)

## 2.2 Technisches Rathaus in Tübingen – ein Ziegelsplittbetonbau wird erweitert

Der bestehende Teil des Technischen Rathauses in Tübingen stammt aus den 50er Jahren. Da das Gebäude nicht mehr den heutigen Anforderungen an eine Stadtverwaltung entsprach und sich der Bedarf an Arbeitsplätzen verdoppelt hatte, wurde eine Erweiterung durch Neubau notwendig. Die Entwürfe des Architekturwettbewerbs wurden anhand der „Entwurfsgrundlagen Nachhaltiger Architektur" verglichen. Gewinner des Wettbewerbs war das Architekturbüro Ackermann & Raff, deren Entwurf ein Erhalt des Bestandsgebäudes mit einer Angliederung des Neubaus vorsah. Für den Neubau wurde der Einsatz von RC-Beton vorgesehen.
Bei einer Begehung des Bestandsgebäudes mit Herrn Fritz vom Planungsbüro Ackermann und Raff entdeckten wir an einer Betonstütze Ziegelsplitt (Bilder 6a und 6b). Nach dem Entfernen der Innenputze stellte sich heraus, dass nicht nur die Ortbeton-Stützen mit Ziegelsplitt, sondern auch die Leichtbetonmauersteine damit hergestellt worden waren (Bild 7). Die historischen Materialien wurden im Rahmen der Masterthesis von Frau Milkner an der HTWG Konstanz näher untersucht [6]. Die Kennwerte wie Rohdichte und Druck- und Biegezugfestigkeit entsprechen Werten moderner Leichtbetonsteine gemäß heutiger Regelwerke. Der Gehalt an wasserlöslichen Salzen der ca. 60 Jahre alten R-Betone ist sehr gering. Entgegen der Auffassung, dass Betone mit Typ 2 Körnung eine erhöhte und über einen langen Zeitraum andauernde Wasseraufnahme zeigen, weisen die Steine eine schnelle Wasseraufnahme und ein schnelles Abtrock-

nungsverhalten (95 % in den ersten 3 Tagen) auf, bis sich der Ausgleichsfeuchtegehalt einstellt.
Die Betonsteine und die Betonstützen des „alten" Technischen Rathauses mit RC-Körnungen, primär aus Ziegelsplitt, verfügen auch nach ca. 60-jährigem Einsatz noch über ihre Funktionsfähigkeit und können weiter genutzt werden.

Bild 6 Ziegelsplitt im Ortbeton der Stützen (rechts Detail)

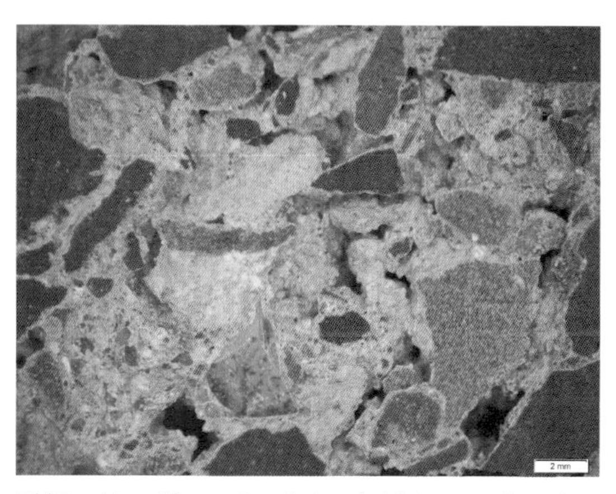


Bild 7 Vergrößertes Detail eines Leichtbetonsteins mit Trümmerschutt

Auch für den Neubau entschied man sich für ressourcenschonenden Beton. Bild 8 zeigt wie der neue Baukörper aus ca. 1.000 Kubikmeter R-Beton C25/30 an den Bestandsbau angefügt wird.

Bild 8 Anbau (links) an den Bestandsbau des Technischen Rathauses in Tübingen

# 3 Moderne R-Betone im Hochbau

## 3.1 Begriffe und Zusammensetzung

RC-Betone (= Recycling-Betone) oder auch als R-Betone (= ressourcenschonende Betone) bezeichnet, sind Normalbetone, bei denen Kies und/oder gebrochene natürliche Gesteinskörnungen des Normalbetons anteilig durch RC-Gesteinskörnungen > 2 mm ersetzt werden. Die dafür verwendeten RC-Körnungen werden nach dem Rückbau der Objekte aus Beton und Bauschutt durch spezielle Aufbereitungsvorgänge zurückgewonnen.
Tabelle 1 zeigt die stoffliche Zusammensetzung der Liefertypen rezyklierter Gesteinskörnungen. Typ 1 und Typ 2 werden in R-Betonen eingesetzt. Von den 90 % „Beton-und Gesteinskörnung" beim Typ 1 und 70 % bei Typ 2 bestehen ca. 85 % wiederum aus natürlicher Gesteinskörnung, deren Eigenschaften sich je nach Kornform und -festigkeit kaum von der natürlichen Primärkörnung unterscheiden.

Tabelle 1 Stoffliche Zusammensetzung der Liefertypen nach DIN 4226-100

| Bestandteile | Zusammensetzung Massenanteil in Prozent | | | |
|---|---|---|---|---|
| | Typ 1 | Typ 2 | Typ 3 | Typ 4 |
| Beton und Gesteinskörnungen nach DIN 4226-1 | ≥90 | ≥70 | ≤20 | ≥80 |
| Klinker, nicht porosierter Ziegel | ≤10 | ≤30 | ≥80 | |
| Kalksandstein | | | ≤5 | |
| Andere mineralische Bestandteile[a] | ≤2 | ≤3 | ≤5 | ≤20 |
| Asphalt | ≤1 | ≤1 | ≤1 | |
| Fremdbestandteile[b] | ≤0,2 | ≤0,5 | ≤0,5 | ≤1 |

[a] Andere mineralische Bestandteile sind zum Beispiel: porosierter Ziegel, Leichtbeton, Porenbeton, haufwerksporiger Beton, Putz, Mörtel, poröse Schlacke, Bimsstein.

[b] Fremdbestandteile sind zum Beispiel: Glas, Keramik, NE-Metallschlacke, Stückgips, Gummi, Kunststoff, Metall, Holz, Pflanzenreste, Papier, sonstige Stoffe.

## 3.2 Regelwerke

Obwohl die Anforderungen an die RC-Körnungen und R-Betone in Deutschland seit langem in Normen geregelt sind, werden diese ökologisch wertvollen und nachhaltigen Betone nur selten im Hochbau eingesetzt.

Im Hochbau darf die RC-Gesteinskörnung in Betonen bis zu einer Druckfestigkeit von C 30/37 für bestimmte Expositionsklassen eingesetzt werden. Die R-Betone unterliegen den gleichen Anforderungen und Regelwerken wie konventionelle Betone – auch in Bezug auf die Qualitätssicherung und Güteüberwachung. Die Qualität der Körnung des Typs 2 unterliegt größeren Schwankungen als des Typs 1 und wird maßgeblich vom Zusammenwirken des Rückbaus der Mauerwerksmaterialien beim Abbruch und der Aufbereitungsstrategie für diese Materialien bestimmt.

Bei welchen Betonsorten, für welche Expositionsklassen und in welchen Anteilen diese RC-Gesteinskörnung im Stahlbetonen eingesetzt werden darf, regelt seit 2004 die Richtlinie des Deutschen Ausschusses für Stahlbeton [7].

Tabelle 2 Zulässige Anteile rezyklierter Körnungen für Expositionsklassen und Feuchtigkeitsklassen (gemäß [7])

Normalfest

C8/10
C12/15
C16/20
C20/25
C25/30
C30/37

***Zulässige Anteile rezyklierter GK > 2 mm, bezogen auf die gesamte GK (Vol.-%)***

| DIN EN 206-1 und DIN 1045-2 (DAfStb-Alkalirichtlinie) | | DIN EN 12620 | |
|---|---|---|---|
| Betonkorrosion infolge AKR | Expositionsklasse | TYP 1 | TYP 2 |
| WO (trocken) | XC1 Carbonatisierung | | |
| WF[1] (feucht) | X0 kein Korrosionsrisiko | ≤ 45 | ≤ 35 |
| | XC1 bis XC4 Carbonatisierung | | |
| | XF1[1] und XF3[1] Frost ohne Taumittel | ≤ 35 | ≤ 25 |
| | Beton mit hohem Wassereindringwiderstand | | |
| 1) Zusätzliche Anforderungen nach Abschnitt 1, (3) und (4) | XA1 Chem. Widerstand | ≤ 25 | ≤ 25 |

Nicht anwendbar in den Expositionsklassen

**XS1, XS2, XS3**
**XD1, XD2, XD3**
**XF2, XF4**
**XA2, XA3**
**XM1, XM2, XM3**

Mit R-Betonen mit Typ 1-Körnung (= rezyklierter Betonabbruch) wird nach erfolgreichen Pilot-Projekten zumindest regional, vor allem in Baden-Württemberg, Berlin und Rheinland-Pfalz gebaut. Für den Einsatz von Körnungen aus Mauerwerksabbruch im Beton bestehen noch größere Hemmnisse. Diese ergeben sich u.a. durch unzureichende Bekanntheit von R-Beton mit RC-Körnung des Typs 2 bei Planern und Bauherren, den möglichen Gipsgehalt im Abbruchmaterial, Unkenntnis über die strengen Qualitätskontrollen bei den Recycling-Unternehmen vor Ort und die schwankende Wasseraufnahme verschiedener Mauerwerkbruchmaterialien.

## 3.3 Gefüge von R-Betonen

Der Verbund des Zementsteins zu den RC-Körnungen ist genau so fest und „nahtlos“ wie zu natürlichen Gesteinskörnungen. Bild 9 zeigt ein Gefügedetail eines R-Betons C25/30 mit Typ 1 Körnung. Das fest eingebettete Altbetonbruchstück im linken oberen Bildrand ist nur anhand des Farbtonunterschieds zum neuen Zementstein des R-Betons deutlich zu erkennen.

In Bild 10 ist ein R-Betondetail gleicher Festigkeitsklasse mit Typ 2-Körnung dargestellt. Der Verbund zwischen Zementstein und Ziegelbruch in einer ziegelroten Qualität (links im Bild) und einer Qualität mit hell-oranger Brennfarbe (rechts unten) ist ebenfalls sehr gut.

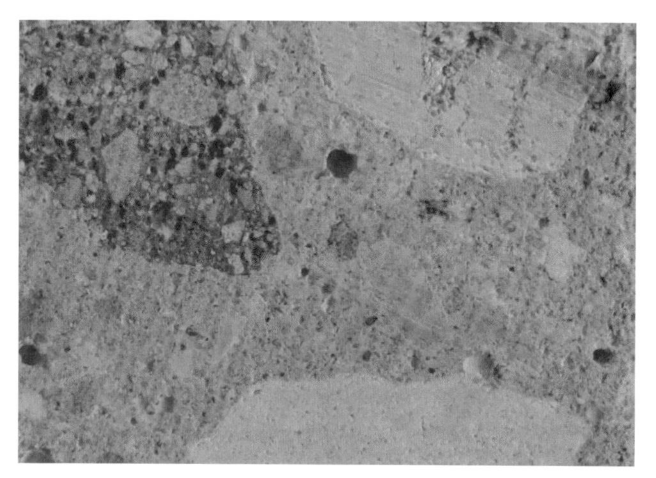

Bild 9 Gefügedetail eines R-Betons C25/30 mit Typ 1 Körnung (links oben)

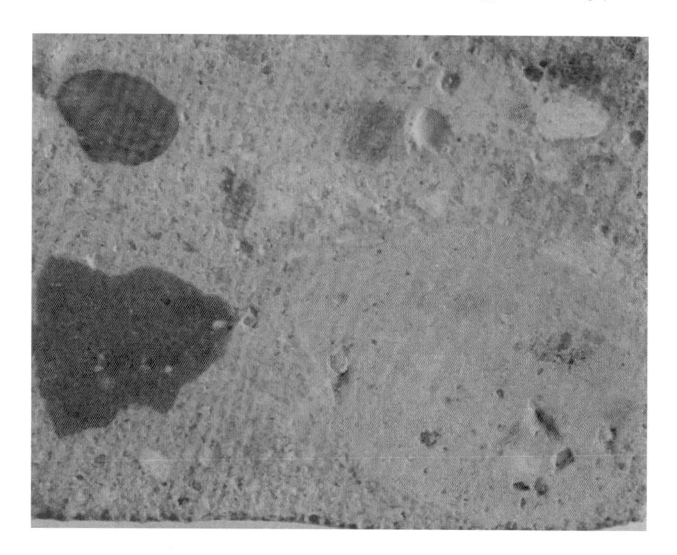

Bild 10 Gefügedetail eines R-Betons C25/30 mit Typ 2 Körnung (verschieden farbiger Ziegelbruch)

### 3.4 Optik von R-Betonen

Optisch lassen R-Betone den gleichen Gestaltungsspielraum wie herkömmliche Betone zu. Rein äußerlich kann man den R-Beton im eingebauten Zustand nicht von Beton mit ausschließlich natürlichen Gesteinskörnungen gleicher Zementart und mit gleichem Wasser-Zement-Wert unterscheiden. Die Herstellung von Sichtbeton mit R-Beton ist sowohl mit Typ 1 als auch mit Typ 2-Körnungen in allen 4 Sichtbetonklassen möglich. Durch Sägen, Sandstrahlen, oder steinmetzmäßige Bearbeitung wird die besondere „Buntkörnigkeit" und „Lebendigkeit" des Betongefüges bei Typ 2 sichtbar und „erlebbar" (Bild 11).

Bild 11 links geschalte Oberfläche, rechts gesandstrahlte, buntkörnige Oberfläche eines R-Betons mit Typ 2-Körnung

## 4 Zusammenfassung und Ausblick

R-Betone sind in Deutschland geregelte Normalbetone, die bisher bis zur Festigkeitsklasse C30/37 in den im Hochbau üblichen Expositionsklassen eingesetzt werden dürfen. Alle gemäß Norm geforderten Eigenschaften werden von R-Betonen in gleicher Weise wie von konventionellen Betonen gleicher Betongüte erreicht. Wie die Erfahrungen seit ca. 8 Jahren R-Beton-Einsatz in Deutschland zeigen, lassen sich im Hochbau etwa 90 % der ausgeschriebenen Betone als R-Betone herstellen.

Da einzelne Transportbetonwerke R-Betone verschiedener Betongüten im Standardprogramm führen und für die Planung Textbausteine für R-Betone in

die Standardleistungsbücher übernommen wurden, nimmt die Verwendung von R-Betonen an Hochbauprojekten erfreulicherweise langsam zu.
Aufgrund der guten Erfahrungen mit historischen Ziegelsplittbetonen, der heute sicheren Regelwerkbasis für RC-Körnungen und R-Betone sowie dem Vorliegen ausreichender Erfahrungen mit modernen R-Betonen an Objekten u. a. in der Schweiz und Teilen Deutschlands ist zu wünschen, dass die Vorbehalte gegen R-Betone abnehmen und mehr auf das Abbruch-Bauwerk als wertvolle Ressource zurück gegriffen wird.

## Literaturverzeichnis

[1] Lamprecht, H.-O.: Opus Caementitium – Bautechnik der Römer, Düsseldorf: Verlag Bau+Technik, 1984
[2] Dissertation Frerich Schön Antike Kleinwasserspeicher im zentralen und westlichen Mittelmeerraum, Universität Tübingen 2017, betreut durch Prof. Dr. Thomas Schäfer
[3] Schulz, R.R., Hendricks, Ch. F.: Recycling of Masonry Rubble.,T.C. Hansen. Recycling of Demolished Concrete and Masonry. London: E&FN Spon An Imprint of Chapman & Hall, 1992
[4] Gänßmantel, J., Hecht, C.: WTA Almanach 2007 – Bauinstandsetzen und Bauphysik, Hrsg.: Wissenschaftlich-Technische Arbeitsgemeinschaft für Bauwerkserhaltung und Denkmalpflege e. V. – WTA-, München, 2007
[5] Grübl et. al.: Der Einfluß von Recyclingzuschlägen aus Bauschutt auf die Frisch- und Festbetoneigenschaften und die Bewertung hinsichtlich der Eignung für Baustellen- und Transportbeton nach DIN 1045, Zwischenbericht September 1998 (www.b-i-m.de)
[6] Milkner, V.: Einsatz von R-Beton mit Typ2-Körnung bei Hochbauprojekten, Masterthesis vorgelegt an der HTWG Konstanz, Fakultät Bauingenieurwesen 2017
[7] Deutscher Ausschuss für Stahlbeton: DAfStb-Richtlinie: Beton nach DIN EN 206-1 und DIN 1045-2 mit rezyklierten Gesteinskörnungen nach DIN EN 12620, Berlin: Beuth-Verlag, September 2010

# Betoninstandsetzungs- und WU-Richtlinie – Alles neu?

*J. Schulz, Berlin*

## Zusammenfassung

Sowohl für den Auftraggeber als auch für den Auftragnehmer ergeben sich bei „Weißen Wannen“ Mängelpotentiale. Durch geeignete Maßnahmen im Vorfeld können sich die Risiken für beide Parteien erheblich verringern.
Dabei gilt nach wie vor zu beachten:

***Wer viel verspricht, muss für vieles einstehen!***

Beton ist ein hervorragender Baustoff.
Wir müssen VORdenken (planen) und nicht erst NACHdenken im Zuge teurer Mängelbeseitigung.

WU-Richtlinie 2017 – Alles neu? Nein.

Für einen Sachkundigen aus der Praxis sind alle „Neuerungen“ ein alter Hut.
Neu ist lediglich, dass verstärkt der Planer der Weißen Wanne in den Vordergrund und somit in die Verantwortung rückt.
Es ist Aufgabe des Planers, alle Erkenntnisse zu beschreiben, sei es mit Worten (im Leistungsverzeichnis) oder anhand von Zeichnungen. Ausführungszeichnungen müssen alle für die Ausführung bestimmten Einzelangaben – unter Berücksichtigung der Beiträge anderer an der Planung fachlich Beteiligter – enthalten.
Wenn im Rahmen der Planungspflichten entscheidend wichtige Detailpunkte gar nicht dargestellt werden – wie im Fall einer sogenannten „Nullplanung“ – ist bei Eintritt eines Schadens im direkten Zusammenhang mit dieser Detaillösung von einem Planungsfehler auszugehen.

# 1 Überblick

Der rechtlichen Beurteilung von „Weißen Wannen“ aus WU-Beton kommt in der Baupraxis immer größere Bedeutung zu. Häufig neigen die Baubeteiligten dazu, im Bauvertrag nur von einem „Keller aus WU-Beton“ zu reden, der absolut dicht sein soll.
WU-Richtlinie – Alles neu? Nein, vieles ist seit Jahrzehnten aus der Praxis bekannt. „Neu“ ist, dass die Verantwortlichkeit in der Planung mehr in den Vordergrund rückt und nicht alles dem Baustoff Beton überlassen wird.

# 2 „Weiße Wanne“ – wann liegt ein Mangel vor?

Nach dem alten Mangelbegriff des BGB lag ein Werkmangel vor, soweit durch den Mangel „die Funktions- und Gebrauchstauglichkeit des Werkes nicht nur unerheblich beeinträchtigt wird“.
Bekanntermaßen wurde mit der Schuldrechtsreform im Jahre 2002 der Mangelbegriff einschneidend geändert. Seitdem gilt der dreistufige Mangelbegriff in VOB/B und BGB, dem im Bereich der „weißen Wanne“ weitreichende Bedeutung zukommt. Hintergrund hierfür ist, dass der gesetzliche Mangelbegriff des § 633 Abs. 2 BGB den Begriff der „Weißen Wanne“ nicht kennt. Auch ein Rückgriff auf die „anerkannten Regeln der Technik“ als Maßstab für die Beurteilung der qualitativen Anforderungen (§ 4 Abs. 2 VOB/B, § 13 Abs. 1 VOB/B) hilft nicht weiter. Selbst der häufig vereinbarte Hinweis auf die DAfStb-Richtlinie „Wasserundurchlässige Bauwerke aus Beton“ [2], führt von sich aus nicht zur klaren Rechtslage.

## 2.1 Erste Stufe = Fehlen der vereinbarten Beschaffenheit

Gemäß § 633 Abs. 2 BGB liegt ein Mangel vor, wenn die Werkleistung nicht die „vereinbarte Beschaffenheit“ aufweist (sog. subjektive Beschaffenheitsvereinbarung). Danach liegt ein Baumangel bereits dann vor, wenn von der vertraglich vereinbarten Beschaffenheit abgewichen wird, unabhängig von der Auswirkung auf die tatsächliche Gebrauchstauglichkeit.

Beispiel 1:
Der AN wird im Rahmen der Errichtung eines Mehrfamilienhauses mit der Ausführung von
einem „Keller in WU-Beton“ (wasserundurchlässiger Beton) beauftragt. Im Leistungsverzeichnis vereinbaren die Parteien:

„...m³ WU-Beton. Der Keller muss absolut dicht sein, da er genutzt wird u.a. als Lagerräume für das Küchenrestaurant, Umkleide-, WC-, Duschräume"

Mit der Formulierung „absolut dicht" ist die vertraglich vereinbarte Beschaffenheit im Sinne des § 633 BGB festgelegt. Weist deshalb der Beton zum Zeitpunkt der Abnahme Schüttlagen (ungewollte Arbeitsfugen) und Risse auf, so liegt rechtlich ein Mangel vor, auch wenn die Gebrauchstauglichkeit der Betonfläche in keiner Weise beeinträchtigt ist.

Nach geltendem Recht führt deshalb allein die Beschreibung von Qualitätsmerkmalen dazu, dass eine Beschaffenheitsvereinbarung vorliegt. Gelingt es dem Auftragnehmer nicht, die versprochenen Merkmale zu liefern, liegt ein Mangel vor.

**Das Recht kann auch Unmögliches verlangen.**
Der rechtliche Mangelbegriff gilt auch dann, wenn die Leistung technisch überhaupt nicht möglich ist oder den Unternehmer kein Verschulden an der Mangelhaftigkeit trifft. Die verbreitete Ansicht, „Unmögliches" könne auch das Recht nicht verlangen, trifft nicht zu. Die Herstellung eines völlig rissfreien Betons ist objektiv unmöglich. Die DAfStb-Richtlinie „Wasserundurchlässige Bauwerke aus Beton" [2] weist ausdrücklich im Abschnitt 6 auf die Entwurfsgrundsätze zur Vermeidung von Trennrissen bzw. Festlegung von Rissbreiten hin.

Dies hat lediglich technische, nicht jedoch rechtliche Bedeutung. Rechtlich bleibt der Auftragnehmer zur Leistungserbringung gemäß §§ 275, 311 a BGB verpflichtet. Entgegen der weitläufigen Meinung führt dies nicht zur Unwirksamkeit/Unbeachtlichkeit der Bestimmung, sondern der Auftragnehmer ist bei Nichterfüllung in vollem Umfang zur Nacherfüllung (Mängelbeseitigung) oder zum Schadenersatz verpflichtet.

Auch auf ein Verschulden kommt es insoweit nicht an. Unbeachtlich ist, dass der Auftragnehmer im Beispielsfall die „Schüttlagen" (ungewollte Arbeitsfugen) nicht verhindern konnte. Der Auftragnehmer haftet quasi „garantiemäßig" für die vertraglich vereinbarte Beschaffenheit.

Häufig vereinbaren die Parteien im Leistungsverzeichnis die DAfStb-Richtlinie „Wasserundurchlässige Bauwerke aus Beton". [2]

Damit machen die Parteien den Inhalt der Richtlinie zur Vertragsgrundlage. Inhaltlich handelt es sich dabei jedoch um einen Zirkelschluss. Denn die Richtlinie regelt nicht den vertraglichen Leistungsumfang, sondern beschreibt nur die technische Ausführung für den Unternehmer und den ausschreibenden Architekten. Zur Festlegung des Vertragsumfangs, des sogenannten Leistungs-Solls, bedarf es erheblich mehr vertraglicher Regelungen.

## 2.2 Zweite Stufe = Fehlen der gewöhnlichen Verwendungseignung

Soweit die Parteien im Vertrag keine ausdrückliche Vereinbarung über die Eigenschaften des WU-Betons getroffen haben, greift automatisch die zweite Stufe des gesetzlichen Mangelbegriffs ein.
Insoweit sehen § 633 BGB und § 13 Nr. 1 VOB/B nahezu gleichlautende Bestimmungen vor. Danach liegt ein Mangel vor, wenn

*das Werk nicht die „gewöhnliche Verwendungseignung und die Beschaffenheit, die bei Werken der gleichen Art üblich ist und die der Besteller nach der Art des Werkes erwarten kann, aufweist.*

Beispiel 2:
AN und AG haben im vorgenannten Fallbeispiel keine ausdrückliche Vereinbarung über die Ausführung und Qualität des „WU-Betons" geschlossen. Der Beton weist jedoch in den Untergeschossen eine extreme Anzahl von „Schüttlagen" aus, die vom Auftraggeber bemängelt wird.

Da Auftraggeber und Auftragnehmer keine ausdrückliche Vereinbarung geschlossen haben, ist die Leistung nach dem gesetzlichen Mangelbegriff mangelhaft, wenn die Betonflächen in den Untergeschossen des Gebäudes nicht die Dichtigkeit aufweisen, die bei vergleichbaren Bauten als „weiße Wanne" üblich ist. Aufgrund der spezifischen Eigenschaften des Betons stellt die Bewertung und Definition des Mangels eine der zentralen Schwierigkeiten dar. Dies beruht darauf, dass die Qualität des Betons **nur begrenzt objektiven Maßstäben** unterliegt. Zur Bestimmung des Mangels greifen die Parteien häufig auf einen Beton-Sachverständigen zurück. Dieser nimmt, gestützt auf technische Literatur und Merkblätter, eine schematische Beurteilung der Betonflächen vor. Vermeidbare Abweichungen im Erscheinungsbild, wie Schüttlagen (wasserführend), Rissbildungen, klassische Kiesnester und Lunker (bei entsprechender Größe) gelten damit regelmäßig als Mängel. Vom Sachverständigen werden dann häufig Begriffe oder Fallgruppen gebildet, die von „optischen Beeinträchtigungen“ bis zu „nicht hinnehmbaren Beeinträchtigungen“ reichen. Derartige Begriffe sind jedoch gesetzesfremd.

## 2.3 Dritte Stufe = Fehlen der vertraglich vorausgesetzten Verwendungseignung

Nach der dritten Stufe liegt schließlich ein Mangel vor, wenn die Werkleistung nicht die „vertraglich vorausgesetzte Verwendungseignung“ im Sinne der §§ 633 BGB bzw. § 13 VOB/B aufweist.
Dieses Kriterium bezieht sich auf die Anforderungen in der Leistungsbeschreibung oder im Leistungsverzeichnis. Das Leistungsverzeichnis beschreibt regelmäßig das Bau-Soll und das Erfolgs-Soll. Das Bau-Soll beschreibt die Vorgaben des „Wie“ (z. B. Beschreibung der einzelnen Arbeitsschritte = Bau-Soll). Durch detaillierte Beschreibung der einzelnen Bauteile und Baumaßnahmen im Leistungstext von der Schalung über Stöße, Stoßdichtung, Schalungsanker bis zur Fugenausbildung und zum Trennmittel wird die Art der Ausführung der Betonflächen beschrieben.
Das Erfolgs-Soll beschreibt einen möglichst genauen Leistungserfolg und resultiert letztlich aus dem Charakter des Werkvertrages als Erfolgsvertrag. Danach wird der konkrete Werkerfolg funktional umschrieben.
Im Fallbeispiel haben die Parteien in der Leistungsbeschreibung „WU-Beton, absolut dicht“ vereinbart. Daraus ergibt sich im Rahmen der rechtlichen Auslegung das Erfolgs-Soll.
Da Lagerräume für Restaurantküchen besonders hohe Anforderungen an die Trockenheit ihrer Lagerflächen (feuchteempfindliches Mehl, Zucker, Salz) stellen, ist an der Ausführung der Betonflächen von der Vereinbarung der absoluten Dichtigkeit auszugehen.
Mängel und Schwierigkeiten ergeben sich dann, wenn der ausschreibende Architekt fehlerhaft einzelne Leistungsteile nicht erfasst. „Vergisst“ der Architekt z. B. die Aufnahme der Fugenabdichtung in das Leistungsverzeichnis, kommt es zu Wasseraustritt.
Fraglich ist, wie dies im Rahmen der Mängelbewertung zu berücksichtigen ist. Häufig wendet der Auftragnehmer ein, genau nach den vertraglichen Vorgaben (Leistungsverzeichnis) vorgegangen zu sein. Vom Auftraggeber wird ihm stattdessen vorgeworfen, seine Prüfungs- und Hinweispflichten gemäß § 4 Nr. 3 VOB/B verletzt zu haben. Letztlich handelt es sich um eine Frage des Einzelfalls und des genauen Wortlauts der Leistungsbeschreibung.
Im Zusammenhang mit der Forderung des Auftraggebers nach Neuherstellung der Betonflächen wird vom Auftragnehmer deshalb regelmäßig der Einwand der Unverhältnismäßigkeit gemäß § 635 BGB bzw. § 13 Abs. 6 VOB/B erhoben.

Der Einwand der Unverhältnismäßigkeit greift indes nur in den seltensten Fällen.
Entgegen der weit verbreiteten Ansicht kommt es bei der Beurteilung der Unverhältnismäßigkeit der Nachbesserung nicht auf die Kosten der Mängelbeseitigung im Verhältnis zum ursprünglichen Gesamtauftrag des Auftragnehmers an.
Nach der Rechtsprechung des BGH ist vielmehr ein anderer Bewertungsgrundsatz anzulegen: Unverhältnismäßigkeit liegt lediglich dann vor,

*„wenn der mit der Nachbesserung in Richtung auf die Beseitigung des Mangels erzielbare Erfolg bei Abwägung aller Umstände des Einzelfalles in keinem vernünftigen Verhältnis zur Höhe des dafür erforderlichen Aufwandes steht".*

Regelmäßig greift deshalb der Einwand der Unverhältnismäßigkeit nicht, soweit der Auftraggeber ein berechtigtes Interesse an einer mangelfreien Herstellung der Betonflächen in der vereinbarten Art und Güte hat.

# 3 Strategien zur Mängelvermeidung

Der Vermeidung von Mängeln kommt im Bereich der „Weißen Wanne" besondere Bedeutung zu. Nach Erstellung der Betonflächen ist eine nachträgliche Mängelbeseitigung meist nur in begrenztem Umfang möglich, wenn die Bauteilflächen zugänglich sind, siehe DAfStb-Richtlinie „Wasserundurchlässige Bauwerke aus Beton" [2], Abschnitt 4 (5).
Wenn diese Hinweise nicht berücksichtigt werden, ist z.B. eine nachträgliche Rissverpressung nur mit hohem wirtschaftlichen Aufwand möglich.
Die Vermeidung von Mängeln sollte deshalb so frühzeitig wie möglich, bestenfalls bei der Vertragsgestaltung und der Ausschreibung ansetzen. Hieraus ergeben sich mehrere Möglichkeiten.

## 3.1 Vertragliche Vereinbarung

Wird im zugrundeliegenden Bauvertrag eine Regelung über die Beschaffenheit des Betons aufgenommen, spricht man rechtlich von einer sog. Beschaffenheitsvereinbarung. Bei der Beschaffenheitsvereinbarung trägt der Auftragnehmer das Risiko, für den Erfolg der Werkleistung einzustehen. Vereinbaren deshalb die Parteien wie im Fallbeispiel 1 im Leistungsverzeichnis:
*„Keller aus WU-Beton, absolut dicht"*, so trägt der Auftragnehmer das vollständige Herstellungsrisiko.

Dieses Risiko kann der Auftragnehmer nur (teilweise) abwenden, wenn er im Angebotsschreiben einen ausdrücklichen Hinweis aufnimmt, mit dem die Geltung einer Beschaffenheitsvereinbarung ausdrücklich abgelehnt wird. Hierzu kann z. B. nachfolgende Formulierung verwendet werden:

*„Hinsichtlich der geforderten Dichtigkeit des Betons wird der Ausschreibungstext so verstanden, dass geschuldeter Leistungsumfang lediglich dasjenige ist, was sich mit wirtschaftlichen, bautechnischen und organisatorischen Mitteln bei sorgfältiger Ausführung herstellen lässt."*

Gegebenenfalls sind zusätzliche Maßnahmen /Nachträge erforderlich.
Auch in diesen Fällen verbleibt es bei einem hohen Risiko des Unternehmers. Rechtlich entscheidend im Streitfall ist, ob dem Angebot des AN oder der Ausschreibung des AG rechtliche Bindungswirkung zukommt und welche Willenserklärung juristisch maßgeblich ist.

## 3.2 Qualifizierte Ausschreibung

Der qualifizierten Ausschreibung kommt nach wie vor der höchste Stellenwert bei der Vermeidung von Mängeln an „Weißen Wannen" zu. Die Leistungsbeschreibung soll dabei Vorgaben zum Bau-Soll (dem „Wie" der Maßnahme) sowie zum Leistungserfolg (dem „Ziel" der Maßnahme) vorsehen. Der ausschreibende Planer macht in der Ausschreibung detaillierte Angaben in Schalwerkplänen, insbesondere zu Schalungsmaterial, zur Ausbildung von Arbeits- und Scheinfugen, zur Ausbildung der Fugen des Schalungsmaterials, den Schalungsankern usw.
Im Rahmen des Ausschreibungstextes oder des Bauvertrages sind diese mit der Zielvorgabe zu verbinden, dass Leistungserfolg die Herstellung einer Betonfläche für ein dichtes Bauwerk mit hohen Anforderungen ist.
Der Vorteil einer solchen Weg- und Zielvorgabe besteht darin, dass dem ausführenden Unternehmen einerseits die Parameter des Herstellungsprozesses vorgegeben werden, andererseits mit der funktionalen Beschreibung des Leistungserfolges ein rechtliches Kriterium vereinbart wird. Diese Art der verknüpften Ausschreibung sorgt erfahrungsgemäß für bestmögliche Ergebnisse.

## 3.3 Qualitätsmanagement

Mängel im Beton lassen sich durch ein geeignetes Qualitätsmanagement vermeiden. Auf Seiten des Auftraggebers steht hier die baubegleitende Qualitätskontrolle durch den objektüberwachenden Architekten bzw. einen Beton-

Sachverständigen zur Verfügung, auf Seiten des Auftragnehmers die Bedenkenanmeldung gemäß § 4 Nr. 3 VOB/B.
Erkennt der Auftragnehmer nach Vertragsschluss, dass die Ausführung der Leistungen in der beschriebenen Form nicht möglich ist, ist er zur Bedenkenanzeige gemäß § 4 Nr. 3 VOB/B gegenüber dem Auftraggeber verpflichtet. Dies gilt insbesondere dann, wenn das Bau-Soll einen Weg vorgibt, der nach Ansicht des Unternehmers nicht zu dem ausgeschriebenen oder einem mangelhaften Leistungserfolg führt. Unterlässt der Auftragnehmer eine solche Bedenkenanzeige, hat er den sich daraus ergebenden Schaden (anteilig) zu vertreten.
Nachfolgend sind diesbezüglich relevante Auszüge dargestellt:

- *DAfStb-Richtlinie: Wasserundurchlässige Bauwerke aus Beton, 2017-06*
  *„Wasserundurchlässige Betonbauwerke sind so zu* ***planen*** *und auszuführen, dass die durch den Bauherrn festgelegten und in der Bedarfsplanung dokumentierten Gebrauchseigenschaften und Nutzungsanforderungen erfüllt werden.*
  *Die Richtlinie regelt die* ***Planung*** *und die Ausführung von wasserundurchlässigen Bauwerken aus Beton (WU-Betonbauwerke) hinsichtlich der Dichtfunktion gegenüber Wasser."*

  *„Bei allen nicht abgedichteten Trennrissen, auch bei sehr kleiner Rissbreite (< 0,10 mm), muss von einem zumindest temporären Wasserdurchtritt ausgegangen werden.*
  *Bei hochwertiger Nutzung ist ein Wasserdurchtritt durch Risse und Fugen, auch temporär, während der Nutzung durch Maßnahmen in der Planung und Ausführung auszuschließen."*

- *HOAI Objektplanung (Architektenleistungen), Anlage 10, 2013 (Ersatz für: 2009), § 34 LPH 5 Ausführungsplanung*
  *„Erarbeiten der Ausführungsplanung mit allen für die Ausführung notwendigen Einzelangaben (zeichnerisch und textlich) auf der Grundlage der Entwurfs- und Genehmigungsplanung bis zur ausführungsreifen Lösung, als Grundlage für die weiteren Leistungsphasen, Ausführungs-, Detail- und Konstruktionszeichnungen nach Art und Größe des Objektes...*
  *Bereitstellen der Arbeitsergebnisse als Grundlage für die anderen an der Planung fachlich Beteiligten sowie Koordination und Integration von deren Leistungen.*

*u. a.:*

- *Fortschreiben der Ausführungsplanung ...*
- *Überprüfen erforderlicher Montagepläne "*

- *DIN 1356-1: „Bauzeichnungen" 1995-02, (Ersatz für: 1974-07) Absatz 2.4: „Ausführungszeichnungen sind Bauzeichnungen mit zeichnerischen Darstellungen des geplanten Objektes mit allen für die Ausführung notwendigen Einzelangaben.*
  *Ausführungszeichnungen enthalten, unter Berücksichtigung der Beiträge anderer an der Planung fachlich Beteiligter, alle für die Ausführung bestimmten Einzelangaben in Detailzeichnungen und dienen als Grundlage der Leistungsbeschreibung und Ausführung der baulichen Leistungen."*

  *„Wenn im Rahmen der Planungspflichten entscheidend wichtige Detailpunkte gar nicht dargestellt werden, im Fall einer sog. „Nullplanung" für dieses Bauteil, ist bei Eintritt eines Schadens im direkten Zusammenhang mit dieser Detaillösung von einem Planungs- und Bauleitungsfehler auszugehen."*

- *HOAI Objektplanung Anlage 10, 2013 (Ersatz für: 2009), § 34 LPH 8 Objektüberwachung (Bauüberwachung) und Dokumentation, u.a.:*
  *„Überwachen der Ausführung des Objektes auf Übereinstimmung mit*
  - *den Ausführungsunterlagen,*
  - *den einschlägigen Vorschriften sowie*
  - *mit den allgemein anerkannten Regeln der Technik."*

**WU-Richtlinie 2017 – Alles neu?**

Urteil vom LG Berlin, Az 34 O 200/05, 29.07.2005:

*„Es ist selbstverständlich, dass die Räume eines Neubaukellers aufgrund des üblichen Nutzungsverhaltens der Bewohner prinzipiell eine hochwertige Nutzung im vorstehenden Sinn gewährleisten*
*müssen, wobei es nicht darauf ankommt, ob eine vollumfängliche Wohnnutzung im Sinne einer Souterrainwohnung stets hierunter fällt.*
*Zumindest muss die Lagerung von Speisen, Kleidung und anderen feuchtigkeitsempfindlichen Materialien möglich sein, ferner die Nutzung als beispielsweise*

*untergeordnete Büroräume für die Erledigung des privaten Schriftverkehrs und Aufbewahrung privater Unterlagen."*

Forderungen, die ich vor 20 Jahren aufgestellt habe, gelten heute als a.R.T., d.h. Zusätzliche Maßnahmen bei hochwertiger Kellernutzung (feuchteempfindliche Materialien), u.a.:

- Bauphysikalische Nachweise, Lüftungskonzepte,
- Zusätzliche Abdichtung, heute: Frischbeton-Verbundfolien,
- Anforderungsprofil zwischen Planer und Nutzer,
- Ausführungsplanung der Weißen Wanne

Seit 2005 hat sich Einiges getan.

Seitdem steigt die Akzeptanz und Notwendigkeit einer zusätzlichen rissüberbrückenden Abdichtung für WU-Bauwerke mit hochwertigen Untergeschossen der Nutzungsklasse A° bis A*** (z. B. Krankenhäuser, Museen, Laboratorien, Archive, öffentliche Gebäude und ausgebaute Kellerräume).

2006 – Einführung der WU-Richtlinie „Wasserundurchlässige Bauwerke aus Heft 555 DAfStb " [1]
2009 – DBV-Merkblatt „Hochwertige Nutzung von Untergeschossen – Bauphysik und Raumklima" [3]

Seit 2007 wird die Frischbeton-Verbundfolien-Technologie als Sonderabdichtungsmaßnahme bei WU-Konstruktionen eingesetzt. Aus dem bisher geläufigen Begriff „Frischbetonverbundfolie" hat sich in der Praxis der Ausdruck „Frischbetonverbundsystem" entwickelt. [4]
Ausgestattet mit einem „Allgemeinen bauaufsichtlichen Prüfzeugnis" (AbP) [als Verwendbarkeitsnachweis] für eine Abdichtung in Anlehnung an die DIN 18195. Diese Flächenabdichtung weicht von einer geregelten Bauweise ab und wurde vereinzelt von speziell ausgebildeten Verarbeitern/Fachunternehmen ausgeführt.

Auch das mit Erläuterungen zur WU-Richtlinie gespickte DAfStb-Heft 555 wird überarbeitet.

Seit Ende Juli 2017 läuft das zweijährige BBSR-Forschungsvorhaben „Bauwerksabdichtung mit Frischbetonverbundfolien" und im April 2017 gründete sich der

Arbeitskreis „Frischbeton-verbundsysteme", der sich u. a. als Ziel die Erarbeitung eines Merkblattes gesetzt hat.

Die neue WU-Betonrichtlinie 2017 weist verstärkt auf die **erforderliche Planung** hin!

*„Je nach Nutzungsanforderung sind somit unterschiedliche Entwurfsgrundsätze und Konstruktionsprinzipien anzuwenden, um Risse zu beherrschen."*

Dabei muss differenziert werden zwischen

- trennrissfreien Konstruktionen
- Konstruktionen mit vielen Trennrissen kleiner Breite, die sich selbst heilen und
- Konstruktionen mit wenigen breiteren Trennrissen, die planmäßig zusätzlich abzudichten sind.

Unabhängig davon sind in jedem Fall planmäßig nachträgliche Dichtmaßnahmen für unvorhergesehene wasserführende Risse vorzusehen.

*Trennrisse entstehen meist aus Zwangsbeanspruchungen.*
Um Zwangsbeanspruchungen soweit zu reduzieren, dass Risse vermieden werden, sind aufeinander abgestimmte konstruktive, betontechnische und ausführungstechnische Maßnahmen erforderlich. Bemessungstechnische Maßnahmen alleine, wie z. B. eine Rissbreitenbegrenzung, sind in vielen Fällen unzureichend.

Die in Bezug auf die Rissbeherrschung entwickelten Entwurfsgrundsätze sind im Ergebnis gleichermaßen zielführend, um ein WU-Betonbauwerk zu erhalten.
**Sie sind jedoch auf die geforderte Nutzung abzustimmen.**
Die in der Richtlinie gestellten Anforderungen können nur durch intensive Zusammenarbeit aller Baubeteiligten erfüllt werden. Es ist insbesondere erforderlich, dass die technischen Verantwortlichkeiten der Baubeteiligten und der **Koordinierungsbedarf für ihre Tätigkeit vom Bauherrn oder Objektplaner** festgelegt und dokumentiert werden.
In der Richtlinie wird auf ausführliche Angaben zu technischen Einzelheiten verzichtet. Hierfür wird auf die die Erläuterungen zur Richtlinie hingewiesen (siehe DAfStb-Heft 555)."

***„1 Anwendungsbereich***

*Die Richtlinie „Wasserundurchlässige Bauwerke aus Beton“ 2017-06, gilt für teilweise oder vollständig ins Erdreich eingebettete WU-Betonbauwerke und -bauteile (WU-Wanne) sowie Decken und Dächer des allgemeinen Hoch- und Wirtschaftsbaus (WU-Dächer), die geplant und ausgeführt werden.*

*Wasserundurchlässige Betonkonstruktionen übernehmen dabei sowohl die lastabtragende und in Kombination mit einer Fugen- und Rissabdichtung auch allein die abdichtende Funktion auch ohne zusätzliche Abdichtungsmaßnahmen.*

*Die Richtlinie enthält Regelungen und Anforderungen zur Begrenzung des Feuchtetransportes über die Bauteildicken (durch den Beton, durch Fugen, Einbauteile und Risse) bei ständig oder zeitweise drückendem Wasser oder bei Bodenfeuchtigkeit und an der Wand außen ablaufendem Wasser.*

*Bei WU-Betonbauwerken nach dieser Richtlinie wird davon ausgegangen, dass ein Kapillartransport von Wasser durch die Bauteile hindurch unabhängig vom hydrostatischen Druck und vom zusätzlichen Schichtenaufbau der Bauteile nicht erfolgt, wobei die Wasserdampfdiffusion auf ein vernachlässigbares Maß begrenzt wird.*
*Weitergehende Regelungen über den Feuchtetransport anderer Arten und Ursachen, die ebenfalls eine raumseitige Feuchteabgabe zur Folge haben können, enthält die Richtlinie nicht.*
*Insbesondere das Austrocknen der Baufeuchte ist weitgehend unabhängig davon, auf welche Weise die abdichtende Funktion erzielt wird.*
***Bei hohen Nutzungsanforderungen sind erforderlichenfalls die Auswirkungen dieser Feuchtetransportvorgänge durch raumklimatische und bauphysikalische Maßnahmen auf ein nutzungsverträgliches Maß zu begrenzen.***
*Gleiches gilt auch für die Tauwasserbildung auf luftseitigen Oberflächen.“*

***„4 Aufgaben der Planung***

*Die Planung im Sinne dieser Richtlinie umfasst die Festlegung und Umsetzung der Nutzungsanforderungen an das Bauwerk und der erforderlichen Regelungen zur Gebrauchstauglichkeit und Dauerhaftigkeit für Entwurf und Ausführung. Die Koordination für ein WU-Bauwerk obliegt dem Objektplaner.*
*Die Planung des WU-Bauwerks ist vom Objektplaner unter Beteiligung von Fachplanern durchzuführen. Die technischen Verantwortlichkeiten der Planungsbeteiligten sowie Koordinierungsumfang und*

*Informationsaustausch sind zu Projektbeginn für die einzelnen Teilbereiche der Planung festzulegen. (Entwurfs- und Ausführungsplanung)"*

*„Die **Unterlagen müssen** als direkte Arbeitsanweisung konstruktiv umsetzbar sein, d. h. dem ausführenden Handwerker - mit dem bei ihm vorauszusetzenden Fachwissen - in die Lage versetzen, nach diesen Unterlagen die erforderliche Leistung zu erbringen."*

**BGH-Urteil vom – VII ZR 212/99; OLG Köln, Urteil vom 30.04.2003**

*„Es ist **Pflicht des Planers**, die grundsätzlichen Baurisiken darzustellen. Die Bauherrenschaft muss über die Risiken aufgeklärt werde, in der Form, dass das Risiko klar wird, das sie trägt. Der Bauherr muss eine Entscheidung treffen. Die Beratungsergebnisse sind zu dokumentieren."*

**BGH-Urteil vom VII ZR 4/12, Urteil vom 20.06.2013**

*„(4) Bei der Planung sind mindestens die folgenden die Wasserundurchlässigkeit beeinflussenden Aufgaben und Maßnahmen einzeln und in ihrem Zusammenwirken zu berücksichtigen:*

*a) Bedarfsplanung (dokumentierte Nutzungsanforderungen);*

*b) Festlegung der Beanspruchungsklasse und erforderlichenfalls Berücksichtigung angreifender Wässer und Böden;*

*c) Festlegung einer oder mehrerer Nutzungsklassen und des Nutzungsbeginns;*

*d) Bauteilbezogene Wahl eines Entwurfsgrundsatzes: „Risse vermeiden", „Rissbreiten für Selbstheilung begrenzen", „Einzelrisse zulassen und planmäßig abdichten";*

*e) Festlegen der aus den Entwurfsgrundsätzen folgenden konstruktiven, betontechnischen und ausführungstechnischen Maßnahmen (z. B. Festlegung von Betoneigenschaften, die der Bemessung zugrunde liegen);*

*f) Wahl von Bauteilabmessungen, Bewegungsfugen, Sollrissfugen;*

*g) Bemessung und Bewehrungskonstruktion;*

*h) Planung von Einbauteilen und Durchdringungen;*

*i) Planung von Bauablauf, Betonierabschnitten, Arbeitsfugen, einschließlich der erforderlichen Qualitätssicherungsmaßnahmen;*

*j) Planung des geschlossenen Fugenabdichtungssystems;*

*k) Planung und Ausschreibung der Abdichtung für alle planmäßigen und unplanmäßigen Trennrisse;*

*l) Dokumentation aller relevanten Festlegungen und Entscheidungen in der Planung und Weitergabe an alle Beteiligten (WU-Konzept);*

*m) Beschreibung der für die Nutzung möglicherweise folgenden Einschränkungen (z. B. wasserführende Risse, Annahmen für den Zeitraum und die Bedingungen für die Selbstheilung).*

***(5) Der Objektplaner und der Planer der Technischen Ausrüstung (TA-Planer) müssen eine gegebenenfalls erforderliche Zugänglichkeit zur luftseitigen Oberfläche der WU-Bauteile planerisch ermöglichen.***

*(6) In der Ausführungsphase (Arbeitsvorbereitung) sind die in Absatz (4) und (5) enthaltenen Aufgaben und Maßnahmen zu prüfen und, sofern erforderlich, in Abstimmung mit den Planern anzupassen.*

*(7) Bei hohen Nutzungsanforderungen reichen die Regelungen [der Richtlinie gemäß den Absätzen (3) bis (5)] zur Erfüllung der festgelegten Nutzungsanforderungen allein nicht aus.*

*Deshalb sind in der Planung zusätzliche bauphysikalische und raumklimatische Maßnahmen vorzusehen."*

Bild 1 Untergeschoß im Grundwasser

Bild 2 Leitungsführung nahe der Außenwand

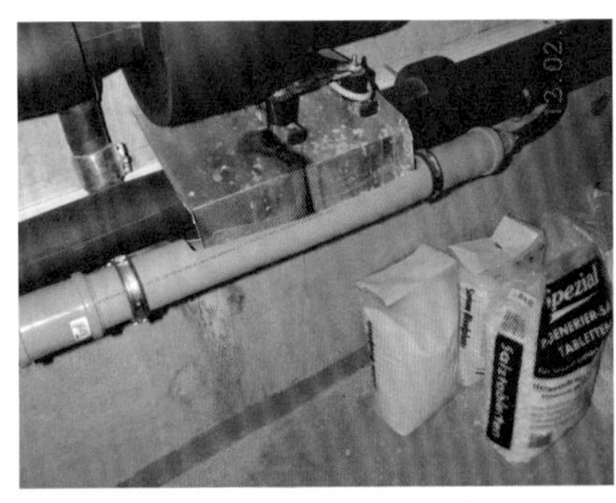

Bild 3 Diverse Undichtigkeiten der „Weißen Wanne"

Bild 4 Wasseraustritt aus der Arbeitsfuge

Koordination zwischen Objekt- und TGA-Planung?

***„5 Festlegungen – Wasserundurchlässigkeit***
*(1) Die Wasserundurchlässigkeit eines Betonbauwerks wird durch die Erfüllung der Anforderungen an die Begrenzung des Wasserdurchtritts durch den Beton, durch Fugen, durch Arbeitsfugen und Sollrissquerschnitte, durch Einbauteile (Durchdringungen) und durch Risse erzielt.*
*(2) Durch die Erfüllung der Anforderungen an den Baustoff WU-Beton (Abschnitt 7.1) und an die Mindestbauteildicken gemäß Tabelle 1 (Abschnitt 7.2), wird Wasserdurchtritt durch den ungerissenen Bauteilquerschnitt grundsätzlich ausgeschlossen."*

***„5.2 Beanspruchungsklassen***
*Die Beanspruchungsklasse – die Art der Beaufschlagung des Bauwerks oder Bauteils mit Feuchte oder Wasser ist unter Berücksichtigung der Baugrundeigenschaften und des Bemessungswasserstandes festzulegen.*
*(2) Die Beanspruchungsklasse 1 gilt für ständig und zeitweise drückendes Wasser. Bei WU-Dächern gilt stets die Beanspruchungsklasse 1.*

ANMERKUNG 1: Beanspruchungsklasse 1 gilt demnach für alle wasserbeanspruchungen außer Bodenfeuchte und an der Wand ablaufendem Wasser.
ANMERKUNG 2: Bei WU-Dächern ergeben sich die Wasserdruckhöhen entsprechend der Oberkanten bzw. Höhenlagen von Dachrändern, Aufkantungen oder Notüberläufen.

*(3)* ***Die Beanspruchungsklasse 2*** *gilt für Bodenfeuchte und an der Wand ablaufendem Wasser.*

***„5.3 Nutzungsklassen***
*(4) Für Bauwerke oder Bauteile der Nutzungsklasse B sind Feuchtstellen auf der luftseitigen Bauteiloberfläche als Folge von Wasserdurchtritt zulässig.*
*Feuchtstellen im Sinne dieser Definition sind feuchtebedingte Dunkelfärbungen, gegebenenfalls auch die Bildung von Wasserperlen an diesen Stellen. Unzulässig sind jedoch solche Wasserdurchtritte, die zum Ablaufen oder Abtropfen von Wassertropfen oder zu Pfützen führen.*
*(5) Für Bauwerke oder Bauteile bei denen die Anforderungen von denen in den Absätzen (2) und (4) der Richtlinie festgelegten abweichen, ist eine gesonderte Nutzungsklasse festzulegen und im Bauvertrag zu regeln.*

ANMERKUNG: In Anlehnung an DIN EN 1990, Absatz A.1.4.2 (2).
(6) WU-Betonbauwerke ermöglichen die nachträgliche Abdichtung von Undichtheiten, wenn die luftseitige Zugänglichkeit gegeben ist.

Wenn nach den Entwurfsgrundsätzen des Abschnittes 6 der Richtlinie, Trennrisse in Kauf genommen und erforderlichenfalls planmäßig vorgegebene Abdichtungsmaßnahmen ergriffen werden sollen, ist die Zugänglichkeit mit verhältnismäßigem Aufwand durch Festlegungen in der Planung zu ermöglichen. Dies schließt auch die Berücksichtigung der Folgen gegebenenfalls später auftretender Einwirkungen ein. Dies gilt insbesondere dann, wenn die zu Grunde gelegte Beaufschlagung mit Feuchte oder Wasser bis zum Beginn der Nutzung noch nicht ansteht."

***„6 Entwurf, Entwurfsgrundsätze***

*a) Vermeidung von Trennrissen durch die Festlegung von konstruktiven, betontechnischen und*
*ausführungstechnischen Maßnahmen (siehe Abschnitt 6.2);*

*b) Festlegung von Trennrissbreiten, die so gewählt werden, dass bei Beanspruchungsklasse 1 der*
*Wasserdurchtritt durch Selbstheilung begrenzt wird;*

*c) Festlegung von Trennrissbreiten, die in Kombination mit im Entwurf vorgesehenen planmäßigen*
*Dichtmaßnahmen gemäß Abschnitt 12 die Anforderungen erfüllen. Hierbei sind in der Regel die*
*Mindestanforderungen an die rechnerischen Trennrissbreiten nach DIN EN 1992-1-1, 7.3.1 auf der*
*feuchtebeanspruchten Bauteilseite einzuhalten. Ziel dieses Entwurfsgrundsatzes ist es, die Anzahl*
*der Risse zu minimieren und diese Risse bei Beanspruchungsklasse 1 zielsicher abzudichten."*

Die Festlegung von Rissbreiten nach Entwurfsgrundsatz [c] ist nur für Bauteile möglich, die für eine planmäßige Rissbehandlung zugänglich sind.
Auch beim Entwurfsgrundsatz [c] sind besondere konstruktive, betontechnische und ausführungstechnische Maßnahmen erforderlich, die die wahrscheinliche Anzahl der Risse weiter reduzieren (z. B. durch Anordnung von Sollrissfugen).
Die Nachweise gemäß diesen Entwurfsgrundsätzen richten sich

- für Nutzungsklasse A nach Abschnitt 8.5.3.1
- für Nutzungsklasse B nach Abschnitt 8.5.3.2, der Richtlinie.

*Entwurfsgrundsatz [b]* mit dem Ziel der Selbstheilung der Risse ist nur für Nutzungsklasse B und u. U. während der Bauzeit anwendbar.

*(5) Bei WU-Dächern darf Entwurfsgrundsatz [b] nicht angewendet werden.*

*(6) Für alle Entwurfsgrundsätze sind planmäßig (bei der Ausschreibung und bei der Ausführungs-planung) Dichtmaßnahmen nach Abschnitt 12 der Richtlinie für unerwartet entstandene Trennrisse bzw. für Trennrisse, deren Breite über dem entwurfsmäßig festgelegten Wert liegt, vorzusehen.*

*Dichtmaßnahmen sind auch für alle weiteren Elemente der Wasserundurchlässigkeit für den Fall planmäßig vorzusehen, dass die Kriterien der vereinbarten Nutzungsklasse des Bauwerks nicht erreicht werden konnten."*

***„8.5 Nachweise – Grundsätzliches***

*(1) Der Nachweis der Wasserundurchlässigkeit ist ein zusätzlicher Gebrauchstauglichkeitsnachweis zu DIN EN 1992-1-1, Abschnitt 7.1 (1).*
*Für die Nachweise zur Begrenzung der Rissbreite nach dieser Richtlinie ist i.d.R. von der häufigen Einwirkungskombination auszugehen.*

*(2) Für die rechnerischen Nachweise zur Begrenzung der Rissbreite gilt DIN EN 1992-1-1 in Verbindung mit DIN EN 1992-1-1/NA, Abschnitt 7.3.*

*(3) Die Nachweise gemäß den Absätzen (1) und (2) sind unter Berücksichtigung der zeitlichen Entwicklung der Zwangschnittgrößen (siehe Abschnitt 8.3) zu allen maßgebenden Zeitpunkten – Erhärtungsphase, Bauzustand, Nutzungsphase – unter Zugrundelegung der wirksamen Betonzugfestigkeit fct,eff zum betrachteten Zeitpunkt zu führen.*

ANMERKUNG: Hinweise zum Ansatz der wirksamen Betonzugfestigkeit fct,eff sind im DBV-Merkblatt „Begrenzung der Rissbildung im Stahlbeton- und Spannbetonbau" enthalten."

***„9 Bewehrungs- und Konstruktionsregeln***
***9.1 Bewehrungsführung***

*(1) Es ist eine Bewehrungsführung zu konstruieren, die ein einwandfreies Einbringen und Verdichten des Frischbetons ermöglicht (siehe auch DIN EN 13670 in Verbindung mit DIN 1045-3:2012-03, Abschnitt NA.6.6).*

ANMERKUNG: Für weitere Hinweise siehe DBV-Merkblatt ‚Betonierbarkeit von Bauteilen aus Beton und Stahlbeton'."

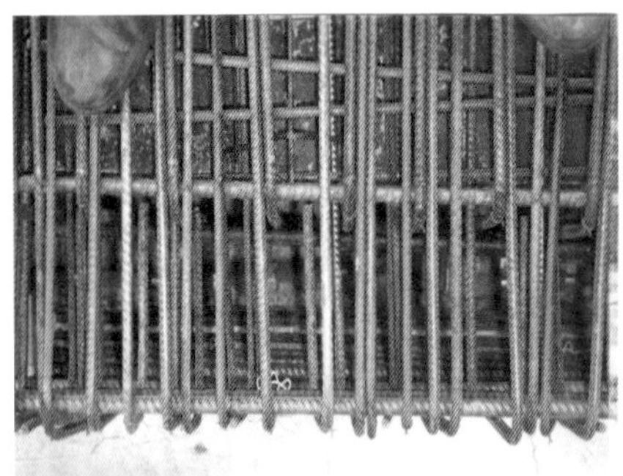

Bild 5 Wie soll der Beton verdichtet werden? Planung/Bauleitung

Bild 6 „Weiße Wanne", Leitungsführung an der Außenwand

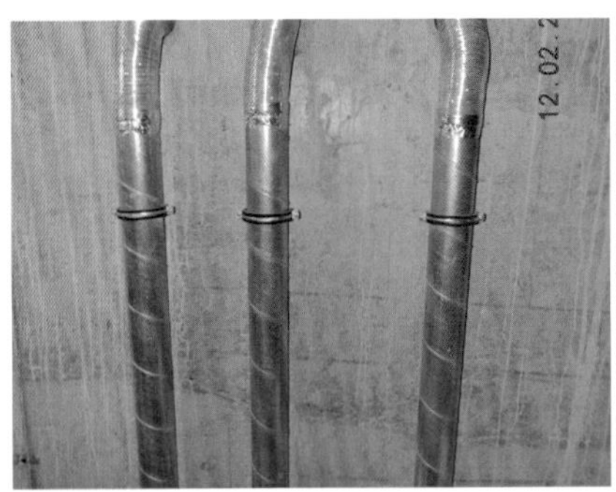

Bild 7 Schüttanlagen – ungeplante Arbeitsfuge. Bauleitung? VORdenken?

Bild 8 Geplante Arbeitsfuge [6] mit Verpressschlauch

## Koordination zwischen Objekt- und TGA-Planung?

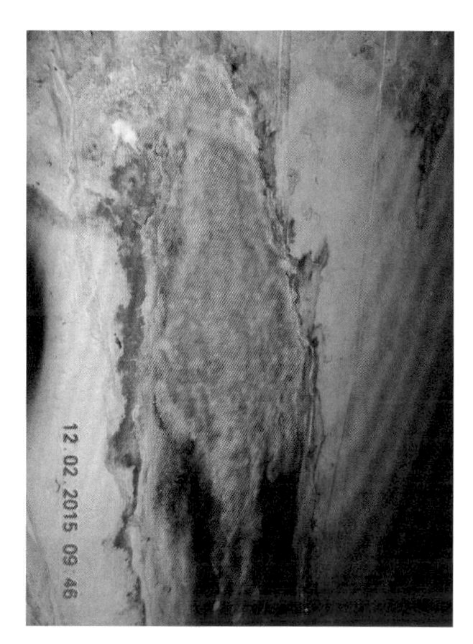


Bild 9 Schüttlagen = ungeplante Arbeitsfugen: undicht

***„11 Ausführung, Allgemeines***

***11.2.2 Herstellung, Anlieferung und Montage von Fertigteilen und Halbfertigteilen und Einbau des Ortbetons***

*Auf der Baustelle ist wie folgt zu verfahren: – Sichtprüfung stichprobenartig; Messung im Zweifelsfall (Sandflächenverfahren, lasergebundene Verfahren).*

*(3) Fertigteile und Halbfertigteile sind so zu montieren, dass sie nicht beschädigt werden. Wenn bei der Montage Risse entstehen, sind sie durch Dichtmaßnahmen nach Abschnitt 12.2 oder 12.3 zu schließen. Sonstige Schadstellen sind nach Abschnitt 12.4 zu beheben.*

*(4) Vor der Montage der Elementwände sind die Arbeitsfugen Bodenplatte/Wand von Verunreinigungen zu befreien. Die Qualität der Arbeitsfugen ist auf die verwendete Fugenabdichtung abzustimmen, erforderlichenfalls ist eine ebene kornraue Oberfläche herzustellen.*

*(5) Elementwandplatten müssen im Bereich der Arbeitsfuge Bodenplatte/Wand mindestens 30 mm hoch aufgeständert werden.*

*(6) Vor dem Einbau des Kernbetons sind die Innenoberflächen der Elementwände ausreichend lange vorzunässen. Zum Zeitpunkt des Betonierens müssen die Innenoberflächen und die Arbeitsfuge auf der Bodenplatte mattfeucht sein. Die Oberflächentemperatur der Elementwände muss dabei über 0 °C liegen.*

*Diese Anforderungen gelten auch für die Fugenoberflächen von Elementdecken vor dem Betonieren der Ortbetonergänzung."*

***„11.2.4 Lagerung, Einbau und Schutz von Fugenabdichtungen***
*Fugenabdichtungen müssen so gelagert, eingebaut und gegen mechanische Beschädigungen geschützt werden, dass ihre Funktion sichergestellt ist.*
*(2) Alle in den Beton eingreifenden Fugenabdichtungen sind vor dem Betonieren planmäßig lagegenau zu verlegen, an Stoßstellen zu verbinden und in ihrer Lage zu sichern.*
*(3) Bei außenliegenden Fugenabdichtungen sind vor dem Verfüllen des Arbeitsraumes Schutzschichten gegen mechanische Beschädigungen der Abdichtungen einzubauen."*

***„12 Dichten von Rissen und Instandsetzung von Fehlstellen – Allgemeines***
*Wenn Beton, Fugen, Einbauteile und gegebenenfalls Risse die Anforderungen der Nutzungsklasse oder des Eurocodes 2 nicht erfüllen, sind die im Entwurfsgrundsatz vorgesehenen Abdichtungsmaßnahmen zu ergreifen (siehe auch 6.1, Absätze (4) und (6) der Richtlinie ).*
***Zur Planung der Zugänglichkeit siehe auch Abschnitt 4, Absatz (5); der Richtlinie.***
*Wasserseitige Dichtmaßnahmen*
*Für wasserseitige Dichtmaßnahmen sind außenliegende Fugenabdichtungen mit einem allgemeinen bauaufsichtlichen Prüfzeugnis gemäß Abschnitt 10.1 (1) zu verwenden."*

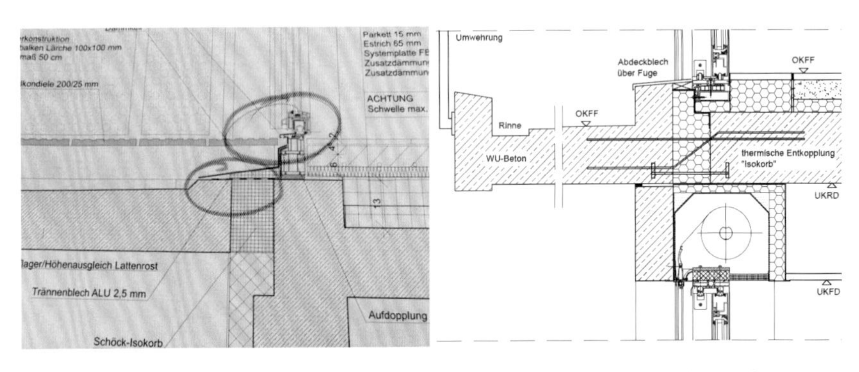


Bild 10 Planung? Wozu brauche ich bei einer „Weißen Wanne" noch Abdichtungsanschlüsse?

Bild 11 Besser: [5] Balkon als „Weiße Wanne" mit WU-Beton als Sichtbeton und Aufkantung. Vorteil: Tragende Decke als Abdichtung und Bodenbelag. Weniger Schichten = geringeres Schadensrisiko

***„12.3 Abdichten von Rissen, undichten Fugen und undichtem Betongefüge***
*(1) Das Abdichten von Rissen, undichten Fugen und undichtem Betongefüge erfolgt nach der DAfStb-Richtlinie „Schutz und Instandsetzung von Betonbauteilen". Dabei sind abdichtende Stoffe nach Teil 2 zu verwenden.*

ANMERKUNG: Die DAfStb-Instandsetzungsrichtlinie gilt hier nur bis zur Einführung der DAfStb – Instandhaltungsrichtlinie.

*(2) Um den entwurfsmäßig festgelegten Anforderungen an eine Nutzungsklasse zu genügen, kann es je nach Lage, Ort und Ursache des Wasserdurchtritts im Bauwerk erforderlich sein, eine abdichtende Injektion in mehreren Durchgängen durchzuführen bzw. nach angemessenen Zeiträumen zu wiederholen."*

***Wer vertraglich viel verspricht, hat in der Bauausführung für vieles zu haften.***

Für die neue Instandhaltungs-Richtline, wird auf die Vielzahl von Veröffentlichungen hingewiesen, u. a. Wiens/Reichling/Raupach oder www.dafstb.de

## Literaturverzeichnis

[1] DAfStb-Richtlinie, Wasserundurchlässige Bauwerke aus Beton, Heft 555, 2006
[2] DAfStb-Richtlinie, Wasserundurchlässige Bauwerke aus Beton 2017
[3] DBV-Merkblatt, Hochwertige Nutzung von Untergeschossen – Bauphysik und Raumklima 2009
[4] DBV-Heft, Frischbetonverbundfolie, 2016
[5] J. Schulz, Sichtbeton Atlas – Planung-Ausführung-Beispiele, Vieweg + Teubner Verlag 2009
[6] J. Schulz, Handbuch Sichtbeton – Beurteilung und Abnahme, 2. Auflage, Bau + Technik 2016 (http://www.sichtbeton-handbuch.de)
[7] J. Schulz, Architektur der Bauschäden – Schadensursache-Gutachterliche Einstufung-Beseitigung-Vorbeugung-Lösungsdetails, 3. Auflage, Springer Vieweg Verlag 2015

# Dünnschichtige Wannen aus faserbewehrtem Beton als „Innenabdichtung“

*S. Uebachs, C. Neunzig, M. Graubohm, Aachen*

## Zusammenfassung

Beim Bauen im Bestand bzw. bei der Umnutzung von Kellergeschossen stellt sich in vielen Fällen die Frage der nachträglichen Abdichtung gegen (drückendes) Grundwasser. In vielen Regionen Deutschlands sind zudem steigende Grundwasserspiegel zu verzeichnen. Hierdurch ändert sich der Belastungszustand betroffener Gebäude vom Lastfall „nicht drückendes Wasser“ zum Lastfall „drückendes Wasser“. Bestehende Gebäude, die nicht für diesen Belastungsfall ausgelegt sind, müssen demnach mit einem tragfähigen nachträglichen Abdichtungssystem ertüchtigt werden. Konventionelle Abdichtungsmethoden sind oft verbunden mit einer hohen Komplexität und hohen Kosten sowie meist mit einem deutlichen Verlust an Wohnraum. Zusätzliche statische Belastungen durch die Änderung des Belastungszustandes werden meist nicht betrachtet. In diesem Beitrag wird ein neu entwickeltes Abdichtungssystem gegen drückendes Wasser bestehend aus Textilbeton vorgestellt. Durch die Verwendung dieses innovativen Verbundwerkstoffs ist es möglich ein Abdichtungssystem mit einer geringen Bauteilstärke von maximal 35 mm herzustellen. Während der Erstellung einer Musterwand wurde deutlich, dass das Spritzverfahren ein geeignetes und praktikables Herstellverfahren für ein nachträgliches Abdichtungssystem aus Textilbeton ist. Beobachtungen einer mit Wasser beaufschlagten Wand machen das Anwendungspotential dieser Konstruktion deutlich.

## 1 Einleitung

Beim Bauen im Bestand bzw. bei der Umnutzung von Kellergeschossen stellt sich in vielen Fällen die Frage der nachträglichen Abdichtung gegen (drückendes) Grundwasser. Darüber hinaus sind in einigen Regionen Deutschlands steigende Grundwasserspiegel zu verzeichnen. Dieses kann auf unterschiedliche Ursachen zurückgeführt werden. Zum einen ist dies eine Folge des allgemeinen Klimawandels, der in bestimmten Regionen zu mehr Niederschlägen bzw. zu punktuell kurzzeitig sehr starken Niederschlägen führt. Zum anderen sind zivilisatorische/industrielle Ursachen anzuführen, wie z. B. die Schließung von Tagebauen und die damit einhergehende Abschaltung der zugehörigen Wasserhaltungen. Steigende Grundwasserspiegel wirken sich direkt auf bestehende Gebäude, die nicht für diesen Belastungszustand ausgelegt sind, aus. Die Beanspruchung der betroffenen Gebäude ändert sich von einem Belastungszustand durch nicht drückendes Wasser zu einem Belastungszustand durch drückendes Wasser. Vorhandene Gebäude, die nicht für drückendes Wasser ausgelegt sind, müssen demnach mit einem tragfähigen Abdichtungssystem nachgerüstet werden.

Auf dem Markt werden eine Vielzahl von nachträglichen Abdichtungsmethoden angeboten, die sowohl von innen als auch von außen das Gebäude schützen können. Die zur Anwendung kommenden Verfahren zur Innenabdichtung werden in dem sich zurzeit in Bearbeitung befindlichen Sachstandsbericht „Nachträglicher Einbau von Betoninnenwannen zur Abdichtung gegen drückendes Wasser“ der WTA-Arbeitsgruppe 5-26 zusammengefasst [1].

Im Rahmen einer vom Rhein-Kreis Neuss beauftragten Studie wurden konventionelle Ertüchtigungsmöglichkeiten bestehender Gebäude in einem Katalog zusammengestellt. Nähere Erläuterungen zu diesen Verfahren können [2] entnommen werden. Konventionelle Methoden berücksichtigen allerdings oft nur den Aspekt der nachträglichen Abdichtung. Zusätzliche statische Belastungen durch die Änderung des Belastungszustandes werden meist nicht betrachtet. Vorhandene Abdichtungssysteme zeichnen sich oft auch durch eine hohe Komplexität verbunden mit hohen Kosten aus. Bei Systemen, die das Gebäude von innen gegen drückendes Grundwasser abdichten, geht dies mit einem deutlichen Verlust an Wohnraum einher. Eine konventionelle Weiße Wanne benötigt z. B. eine zusätzliche Wandstärke von etwa 200 mm.

Am Institut für Bauforschung (ibac) der RWTH Aachen University wurde durch Herrn Univ.-Prof. Dr.-Ing. W. Brameshuber das vom Bundesamt für Bauen und

Raumordnung geförderte Forschungsvorhaben „Nachträgliche Abdichtung von Wohngebäuden gegen drückendes Grundwasser unter Verwendung von textilbewehrtem Beton“ durchgeführt [3]. Ziel war die Entwicklung eines Verfahrens zur nachträglichen Abdichtung von Kellern einfacher Wohngebäude, bestehend aus Betonbodenplatten und Mauerwerkwänden. Dabei stand vor allem die Abdichtung gegen drückendes Grundwasser im Vordergrund. Die Abdichtung bestehender Gebäude sollte so erfolgen, dass durch nachträglichen Einbau der neu entwickelten Weißen Wanne aus textilbewehrtem Beton die nutzbare Fläche der Keller nur minimal verringert wird. Durch den Einsatz des innovativen Verbundwerkstoffs sollen die vielen Vorteile des Textilbetons genutzt werden.

## 2 Weiße Wanne aus Textilbeton

Die Grundlage für die Entwicklung eines nachträglichen, innenliegenden Abdichtungssystems bildeten Voruntersuchungen zur konstruktiven Durchbildung sowie zur Wasserundurchlässigkeit von Bauteilen aus Textilbeton.

Zum einen ist es mit Textilbeton möglich, dünnwandige Bauteile herzustellen. Bei Textilbeton handelt es sich um einen Verbundwerkstoff, der sich aus Feinbeton sowie eingelegten technischen Textilien zusammensetzt. Die Textilien bestehen meist aus alkaliresistentem Glas (AR-Glas) oder Carbon. Sie können als 2D- oder 3D-Struktur gefertigt werden. Im Gegensatz zu herkömmlichem Stahlbeton kann die Betondeckung auf ein Minimum reduziert werden. Daher können mit Textilbeton filigrane, dünnwandige Bauteile ausgeführt werden. Bei der Verwendung von Feinbeton und textiler Bewehrung können weiterhin hohe Druck- und Zugfestigkeiten sowie ein duktiles Verhalten erreicht werden [4]. Beim Einsatz dieses Verbundwerkstoffs als nachträgliches, innenliegendes Abdichtungssystem kann der Wohnraumverlust reduziert werden.

Zum anderen wurde in einer Kooperation des ibac mit dem Institut für Massivbau (IMB) ein Forschungsvorhaben zum Thema „Kleinkläranlagen aus textilbewehrtem Beton“ [5] durchgeführt worden. Die Funktionstüchtigkeit der Kleinkläranlage basiert darauf, dass der Textilbeton widerstandsfähig gegen chemischen Angriff und wasserundurchlässig ist. Weiterhin konnten die Wandstärken der Kleinkläranlage durch die Verwendung von Textilbeton von 100 mm auf 40 mm reduziert werden. Die Dichtheit des textilbewehrten Betons und die Herstellung dünnwandiger Bauteile führten zu der Frage, ob ein nachträgliches Abdichtungssystem aus Textilbeton realisiert werden kann. Die nutzbare Fläche des Kellers würde nur geringfügig verringert werden und es könnte eine kosteneffektive Alternative zu konventionellen Abdichtungsmethoden geschaffen werden.

Auf Basis dieser Grundlagen wurde das Prinzip der nachträglichen Abdichtung von Gebäuden mit einer Weißen Wanne aus Textilbeton (Bild 1) entwickelt [3].

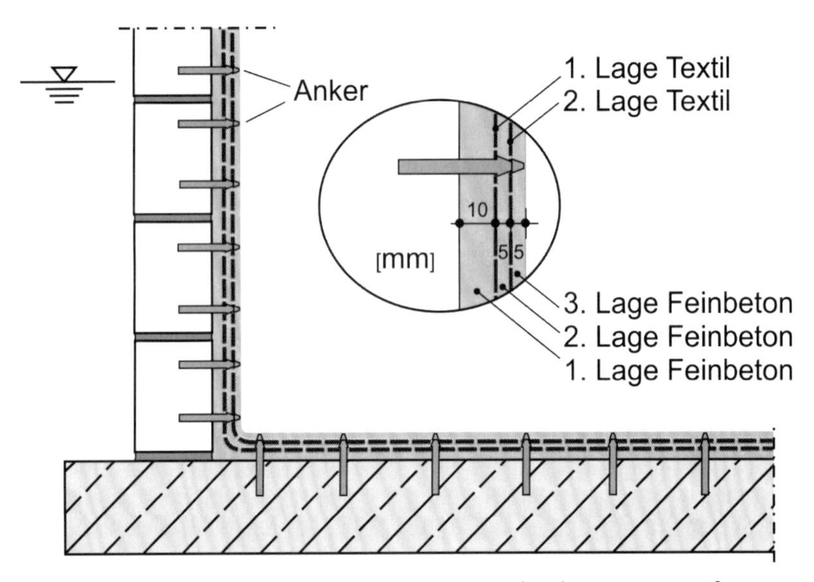


Bild 1 Prinzip einer nachträglichen Abdichtung von Gebäuden mit einer Weißen Wanne aus Textilbeton [3]

Bei diesem Abdichtungsprinzip soll der Bestand mit einer Schicht Textilbeton von innen abgedichtet werden. Die wasserundurchlässige Konstruktion wird mit einem speziellen Dübelsystem versehen, damit die durch den Wasserdruck entstehenden Kräfte aufgenommen und in das bestehende System abgeleitet werden können. Die Zielgröße der Bauteilstärke des Textilbetons betrug 20 mm.

## 3 Produktionstechnik und Betoneigenschaften

### 3.1 Produktionstechnik

An das Produktionsverfahren zur Herstellung der Konstruktion wurde die Anforderung gestellt, dass Feinbeton und Textil schichtweise sowohl in horizontaler als auch in vertikaler Ausrichtung auf den Bestand aufgebracht werden können. Der Feinbeton muss daher während des Herstellprozesses an vertikalen Flächen haften können. Ebenfalls muss eine dichte Einbindung der Verankerungselemente in den Feinbeton gewährleistet werden. Dies bedeutet, dass an die Feinbetonmischung nicht nur Anforderungen an die Tragfähigkeit, sondern auch an die Verarbeitbarkeit gestellt werden und eine Anpassung an die Produktionstechnik erfolgen muss [3].

Für das Aufbringen des Textilbetons bot sich im vorliegenden Fall besonders das Spritzverfahren an. Das Spritzen von Feinbeton basiert auf einem Niederdrucksystem mit einem Druck von bis zu 8 bar, wie es z. B. auch zum Aufbringen von Putzen genutzt wird. Mit Hilfe dieses Verfahrens ist eine flexible Anpassung des Abdichtungssystems an verschiedene Geometrien der abzudichtenden Räume sowie die wasserundurchlässige Integrierung der Verankerungselemente in den Beton möglich. Eine zusätzliche Abdichtung dieser Stellen z. B. durch Quellprofile ist durch die direkte Integration der Anker in den Fertigungsprozess einfacher zu handhaben. Diese Herstelltechnik ermöglicht es weiterhin, Feinbeton und Textil schichtweise mit definierter Textillagenanordnung aufzubringen. Ebenso kann das nachträgliche Abdichtungssystem sowohl an den Wänden als auch auf dem Boden angeordnet werden.
Das Spritzen der Feinbetonmischung erfolgt im Nassspritzverfahren. Die Feinbetonmischung muss demnach auch spritzbar und pumpbar sein. Eine Durchdringung des Textils sowie ein guter Verbund zwischen Feinbeton und Textil ist ebenfalls sicherzustellen [3].

## 3.2 Beton

Mit den Anforderungen an den Feinbeton mit einem Größtkorn der Gesteinskörnung von 0,8 mm, die aus der Wahl des Produktionsverfahrens Spritzen entstanden, wurden am ibac Spritzbetonmischungen entwickelt. Im Rahmen der Untersuchungen wurden zunächst zwei Betonmischungen untersucht, die sich lediglich in den verwendeten Kurzfasertypen (wasserdispersible AR-Glasfasern (Mischung 1), PVA-Fasern (Mischung 2)) unterschieden. Die Variation der Kurzfasern aus AR-Glas bzw. PVA diente der Feststellung, welcher der beiden Fasertypen bessere Ergebnisse hinsichtlich einer Steigerung der Biegezugfestigkeit und einer feineren Verteilung von entstehenden Rissen sowie einer geringeren Rissbreite aufweist [3].

a) 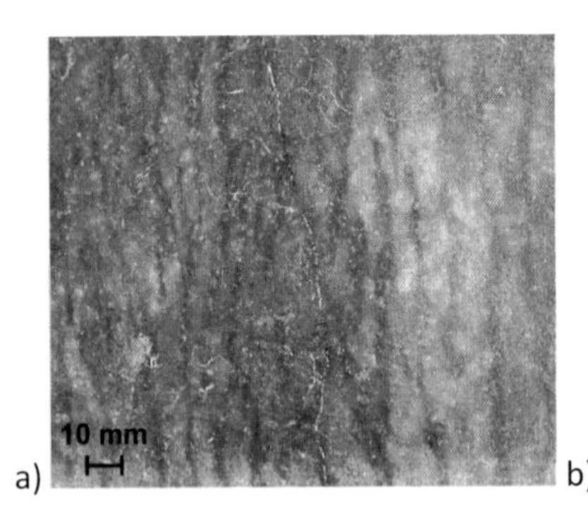


b) 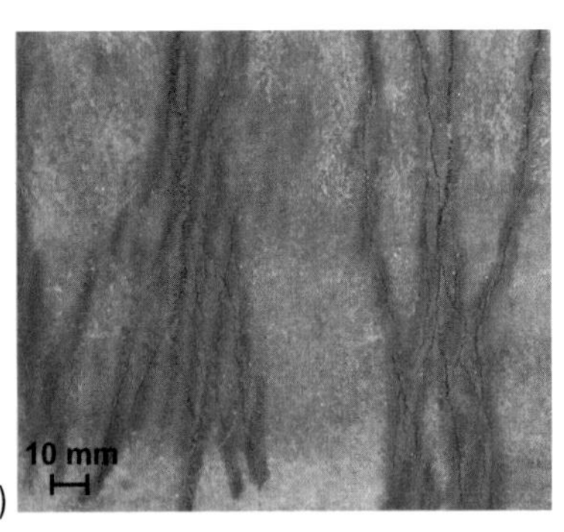


Bild 2 Rissbilder von gespritzten Platten nach der Prüfung im 4-Punkt-Biegezugversuch, a) bewehrt mit 4 Textillagen (AR-Glas, 40,7 mm²/m) und 1,5 Vol.-% AR-Glasfasern, b) bewehrt mit 4 Textillagen (AR-Glas, 40,7 mm²/m) und 1,5 Vol.-% PVA-Fasern [3]

Bild 2 zeigt einen Ausschnitt der Rissbilder von zwei gespritzten Platten nach der Prüfung ihrer 4-Punkt-Biegezugfestigkeit. Die Platte in Bild 2 a war bewehrt mit 4 Lagen eines 2D-Textils (AR-Glas, 40,7 mm²/m) und 1,5 Vol.-% AR-Glasfasern, die Platte in Bild 2 b mit 4 Lagen eines 2D-Textils (AR-Glas, 40,7 mm²/m) und 1,5 Vol.-% PVA-Fasern. Die Platten wurden angefeuchtet, um das Rissbild zu visualisieren.

Es wird deutlich, dass eine Bewehrung bestehend aus einer Kombination aus textiler Bewehrung und AR-Glasfasern zu einer deutlichen Verbesserung der Rissverteilung führt. Beim Bruch entstehen hier Risse mit geringerer Rissweite und geringerem Rissabstand. Für die Verwendung von Textilbeton als nachträgliches Abdichtungssystem ist die Zugabe von Kurzfasern daher von besonderer Bedeutung. Um die Wasserundurchlässigkeit der Konstruktion zu gewährleisten, sind dies maßgebliche Eigenschaften des Verbundmaterials.

Ähnliche Ergebnisse hinsichtlich einer Verbesserung der Rissverteilung und einer Steigerung der Tragfähigkeit durch das Hinzufügen von Kurzfasern wurden bereits von Hinzen und Brameshuber [6] und Naaman et al. [7] in den jeweiligen Forschungsarbeiten erzielt.

Tabelle 1 Feinbetonmischung für Spritzverfahren [3]

| **Ausgangsstoff** | **Einheit** | **Mischung 3** |
|---|---|---|
| CEM I 42,5 R HS (z) | $kg/m^3$ | 520 |
| Flugasche (f) | | 250 |
| Silikastaub (s) | | 50 |
| Gesteinskörnung 0 – 0,8 mm | | 1049 |
| Fließmittel | M.-% vom Bindemittel | 0,79 |
| Kurzfasern (AR-Glas) | Vol.-% | 1,5 |
| Methylzellulose | M.-% vom Feststoff | 0,044 |
| w/z | – | 0,60 |
| w/b = w / (z+0,4·f+s) | – | 0,49 |

Eine weitere Spritzbetonmischung (siehe Tabelle 1) wurde unter dem Aspekt der Anwendung als Siloware entwickelt. Dies bedeutet, dass die Feststoffe bereits in einem Trockenmörtelwerk gemischt werden können. Lediglich die flüssigen Komponenten Wasser und Fließmittel sowie die Kurzfasern müssen beim Mischvorgang auf der Baustelle hinzugegeben werden.

Zusätzlich zur Faserbewehrung enthält die Mischung Methylzellulose (MZ), um die Thixotropie und Klebrigkeit des Betons zu erhöhen. Beide Zugaben, Fasern und Methylzellulose, besitzen einen großen Einfluss auf die Konsistenz der Spritzbetonmischung. Gründe sind die große spezifische Oberfläche der Kurzfasern sowie das Wasserrückhaltevermögen der Methylzellulose. Beides reduziert die Verarbeitbarkeit, allerdings erhöht sich bis zu einem bestimmten Gehalt die Möglichkeit, dass die Mischung pump- und spritzbar wird sowie an vertikalen Flächen haften kann.

Für diese Feinbetonmischung wurden die Frischbetonkennwerte Ausbreitmaß und Rohdichte geprüft. Die Prüfwerte wurden in Anlehnung an DIN 18555-2:1982-09 [8] ermittelt. Da der Spritzbeton eine hohe Thixotropie und Klebrigkeit aufweist, wurde die Frischbetonrohdichte nach dem Spritzvorgang gemessen. Die Prüfwerte sind in Tabelle 2 dargestellt.

Tabelle 2 Frischbetoneigenschaften der untersuchten Spritzbetonmischung [3]

| Frischbetonkennwert | Einheit | Spritzbeton |
|---|---|---|
| Frischbetonrohdichte | $kg/m^3$ | 2.129 |
| Ausbreitmaß | mm | 155 |

Die Festbetonkennwerte Druckfestigkeit, Biegezugfestigkeit sowie der dynamische Elastizitätsmodul wurden im Probekörperalter von 28 Tagen an Prismen mit den Abmessungen $30 \cdot 30 \cdot 160$ $mm^3$ bestimmt. Die geänderten Abmessungen im Gegensatz zur DIN 18555-3:1982-09 [9] hängen mit der Bauteildicke des Abdichtungssystems zusammen. Die Wandstärke soll dort 30 mm betragen. Um die Prüfwerte direkt auf die Werte des Bauteils übertragen zu können, wurden die Abmessungen der Prismen auf $30 \cdot 30 \cdot 160$ $mm^3$ festgelegt. Die Bestimmung der drei mechanischen Kennwerte erfolgte an einem Prismensatz bestehend aus 3 Probekörpern.

Die Prüfung des dynamischen E-Moduls erfolgte mit Hilfe des Resonanzfrequenzverfahrens. Die Durchführung der Prüfung ist in Heft 422 des DAfStb „Prüfung von Beton, Empfehlungen und Hinweise als Ergänzung zu DIN 1048“ [10] geregelt. Zur Bestimmung der Biegezugfestigkeit wurde ein 3-Punkt-Biegezugversuch an den oben genannten Prismen mit einer Spannweite von 100 mm durchgeführt. Hierdurch war es möglich, neben der Höchstspannung auch das Nachbruchverhalten der Prismen aufzuzeichnen. Die Prüfung wurde weggesteuert durchgeführt. Da keine Richtlinie bezüglich der Prüfgeschwindigkeit existiert, wurde ein Wert von 0,2 mm/min gewählt. Die Druckfestigkeit wurde im Anschluss an die Biegezugfestigkeit in Anlehnung an DIN 18555-3:1982-09 [9] bestimmt. Die geprüften mechanischen Kennwerte sowie die Rohdichte sind in Tabelle 3 dargestellt.

Tabelle 3 Mechanische Kennwerte der untersuchten Spritzbetonmischung im Prüfalter von 28 Tagen [3]

| Kennwert | Einheit | Spritzbeton |
|---|---|---|
| Druckfestigkeit $f_c$ | N/mm² | 88,0 |
| Biegezugfestigkeit $f_{ct,fl}$ | | 7,8 |
| Dynamischer Elastizitäts-modul $E_{dyn}$ | | 31.500 |
| Festbetonrohdichte | kg/m³ | 2.164 |

Aufgrund des hohen Anteils an Zementstein und der Zugabe von Methylzellulose nimmt der dynamische E-Modul einen vergleichsweise niedrigen Wert von 31.500 N/mm² an.
Die Biegezugfestigkeit liegt mit einem Wert von 7,8 N/mm² in einem ähnlichen Bereich wie der Wert einer Feinbetonmischung ohne Kurzfasern (z. B. Standardmischung PZ-0899-01 des SFB 532: 7,6 N/mm² [11]). Dieser relativ niedrige Wert kann zum einen auf einen Einfluss des Herstellverfahrens in Kombination mit der erhöhten Thixotropie des Feinbetons zurückgeführt werden. Zum anderen sind sicherlich ein etwas höherer Wasserbindemittelwert und eine andere Gesteinskörnung mit als Gründe anzuführen. Beim Nachbruchverhalten (Bild 3) zeigt sich der Einfluss der Kurzfasern. Die Probekörper versagen nicht plötzlich, sondern die Spannung nimmt kontinuierlich mit zunehmenden Verformungen ab.

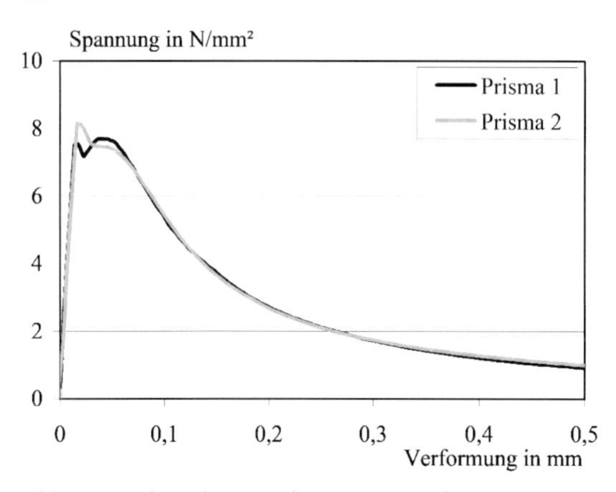


Bild 3 Ergebnis der 3-Punkt-Biegezugprüfung an Prismen, Prüfalter 28 Tage [3]

## 4 Überprüfung des Abdichtungssystems an einer Musterwand

Zur Überprüfung der Funktionstüchtigkeit der entwickelten Abdichtungskonstruktion wurde eine Musterwand (Bild 4) hergestellt, die mit Druckwasser beaufschlagt werden kann [3].

Hierzu wurde eine Mauerwerkwand aus Kalksandsteinplanelementen (Dicke d = 115 mm) errichtet und mit dem speziellen Dübelsystem bestückt. Auf die Wand wurde im nächsten Schritt die Weiße Wanne aus Textilbeton in einer Wandstärke von d = 30 mm aufgespritzt. Die Wand ist in eine Stahlkonstruktion mit Plexiglaswänden eingefasst. Mit diesem Aufbau ist es möglich, die Wandkonstruktion mit Wasser zu beaufschlagen und unter Druckwasserbeanspruchung zu beobachten. Das nachträgliche Abdichtungssystem kann so im Dauerstand auf Dichtigkeit überprüft werden.

Bei der Herstellung des Objektes hat sich gezeigt, dass das Spritzverfahren eine geeignete Produktionstechnik zur Erstellung solcher Abdichtungssysteme aus Textilbeton ist. Die Funktionstüchtigkeit des Systems hat sich durch Beobachtungen der mit Wasser beaufschlagten Wand bestätigt. Der Langzeitversuch der druckwasserbeanspruchten Wand erfolgte über ca. 2 Jahre.

Bild 4 Vorder- und Seitenansicht der Demonstratorwand des nachträglichen Abdichtungssystems aus Textilbeton [3]

Als Abschluss des Forschungsvorhabens wurde ein Vorgehenskatalog zur Ertüchtigung betroffener Gebäude erstellt. Im Vorgehenskatalog werden die Arbeitsschritte der Ertüchtigungsmaßnahme beschrieben [3].

Das beschriebene Verfahren macht das Anwendungspotential eines nachträglichen Abdichtungssystems aus Textilbeton deutlich. Mit geringer Bauteilstärke von lediglich maximal 35 mm ist es möglich, ein bestehendes Gebäude gegen drückendes Wasser auch bis zu anstehenden Wasserhöhen von bis zu 2,5 m zu ertüchtigen.

Zurzeit erfolgt auf Basis des Forschungsprojekts die ingenieurmäßige Umsetzung der Forschungsergebnisse um einen Praxiseinsatz zu gewährleisten und in einem weiteren Schritt die Ertüchtigung betroffener Gebäude.

## Literaturverzeichnis

[1] Sachstandsbericht „Nachträglicher Einbau von Betoninnenwannen zur Abdichtung gegen drückendes Wasser", WTA-Arbeitsgruppe AG 5-26 (in Bearbeitung)

[2] Brameshuber, W.; Spörel, F.: Ertüchtigungskatalog für die Stadt Korschenbroich. Aachen: Institut für Bauforschung, 2002. – Forschungsbericht Nr. F 856

[3] Brameshuber, W.; Mott, R.: Nachträgliche Abdichtung von Wohngebäuden gegen drückendes Grundwasser unter Verwendung von textilbewehrtem Beton. Institut für Bauforschung der RWTH Aachen, 2008. – Forschungsbericht Nr. F 935

[4] Brameshuber, W.; RILEM TC 201-TRC: Textile Reinforced Concrete. State-of-the-Art Report of RILEM Technical Committee 201-TRC. Bagneux: RILEM, 2006. – Report 36

[5] Hegger, J.; Brameshuber, W.; Bruckermann, O.; Voss, S.; Brockmann, T.: Kleinkläranlagen aus textilbewehrtem Beton. Aachen: Institut für Massivbau, Institut für Bauforschung, 2003. - Forschungsbericht Nr. 84/2003

[6] Hinzen, M.; Brameshuber, W.: Influence of Short Fibers on Strength, Ductility and Crack Development of Textile Reinforced Concrete: Einfluss von Kurzfasern auf Festigkeit, Duktilität und Rissbildung von Textilbeton. [ISBN 978-2-35158-046-2] Bagneux: RILEM, 2007. - RILEM Proceedings PRO 53. – In: High Performance Fiber Reinforced Cement Composites (HPFRCC5), Proceedings of the Fifth International RILEM Workshop, Mainz, July 10-13, 2007, (Reinhardt, H. W.; Naaman, A. E. (Eds.)), S. 105–112

[7] Naaman, A. E.; Fischer, G.; Krstulovic-Opara, N.: Measurement of Tensile Properties of Fiber Reinforced Concrete: Draft Submitted to ACI Committee 544. Bagneux: RILEM, 2007. - RILEM Proceedings PRO 53. – In: High Performance Fiber Reinforced Cement Composites (HPFRCC5), Proceedings of the Fifth International RILEM Workshop, Mainz, July 10-13, 2007, (Reinhardt, H. W.; Naaman, A. E. (Eds.)), S. 3–12

[8] DIN 18555-2:1982-09. Prüfung von Mörteln mit mineralischen Bindemitteln; Teil 2: Frischmörtel mit dichten Zuschlägen, Bestimmung der Konsistenz, der Rohdichte und des Luftgehalts

[9] DIN 18555-3:1982-09. Prüfung von Mörteln mit mineralischen Bindemitteln; Teil 3: Festmörtel, Bestimmung der Biegezugfestigkeit, Druckfestigkeit und Rohdichte

[10] Bunke, N.: Prüfung von Beton, Empfehlungen und Hinweise als Ergänzung zu DIN 1048, erarbeitet vom Arbeitsausschuss DIN 1048, Deutscher Ausschuss für Stahlbeton (DAfStb), Heft 422

[11] Brockmann, T.: Mechanical and Fracture Mechanical Properties of Fine Grained Concrete for Textile Reinforced Concrete. In: Schriftenreihe Aachener Beiträge zur Bauforschung, Institut für Bauforschung der RWTH Aachen, Nr. 13; Aachen, Technische Hochschule, Dissertation, 2005

# Notwendige Untersuchungen zur Schadensfeststellung bei Schäden in Tiefgaragen

*K. Pohlplatz, Wien*

## Zusammenfassung

Sind Ihre Garagen und Parkdecks ausreichend und nachhaltig vor Substanzschäden geschützt? Eine Frage die sich an alle Garagenbesitzer oder Garagenbetreiber, aber auch an Käufer, Bauträger und Developer richtet!
Die Anzahl der zu sanierenden Garagen und Parkdecks ist tendenziell steigend, wobei die Sanierungsobjekte immer „jünger" werden. Die Ursachen hierfür sind mannigfaltig und sind unter anderen im Bereich der Planung, der Beton- und Ausführungsqualität, fehlender Abdichtungen und Entwässerungen, Intensität des Winterstreudienstes sowie des Nutzerverhaltens zu finden.
Besonders hoch ist das Schadenspotential an Stahlbetonkonstruktionen, welche durch Taumittel belastet sind. Dies liegt am steigenden Einsatz von Taumitteln, welche vor dem Hintergrund der Effizienzsteigerung wiederum aggressiver für den Stahlbeton geworden sind. Allein auf Österreichs Autobahnen werden 90.000 Tonnen Salz pro Winter gestreut. Neben Brückentragwerken und Tunnelinnenschalen ist auch bei Garagen und Parkdecks dem Feuchtigkeitsschutz und damit einhergehend dem Schutz vor Chlorideintrag in die Konstruktionsteile besondere Aufmerksamkeit zu widmen.
Die nachhaltige Instandsetzung von geschädigten Stahlbetonbauteilen setzt eine geregelte Vorgangsweise voraus. Im ersten Schritt erfolgen die Feststellung und Dokumentation des IST-Zustandes. Zur Abschätzung eines allenfalls notwendigen Sanierungsumfanges und der damit einhergehenden Sanierungskosten sind Untersuchungen in ausreichendem Umfang an der Stahlbetonkonstruktion unumgänglich. Erst bei Vorliegen eines ausreichenden Kenntnisstandes kann die Planung der Sanierungsmaßnahmen auf Basis anerkannter Instandsetzungsprinzipien durch einen „sachkundigen Planer" durchgeführt werden.

# 1 Sachverhalt

Nicht nur Stahlbetonbauteile welche frei bewittert werden, sondern auch Tiefgaragen werden Taumitteln ausgesetzt, welche in Form von Schleppwasser, Schnee und Eis mittels Kraftfahrzeugen in dieselben eingebracht werden.
Historisch betrachtet war die Dichtheit der Tiefgaragen gegenüber eindringender Bodenwässer das primäre Planungs- und Ausführungsziel. Dabei wurde oftmals der Schutz der Konstruktion gegen Schleppwasser (inkl. korrosionsfördernder Schadsalze, z.B. Chloride) übersehen. Wasserführende Risse in Geschossdecken wurden vielfach zum Schutz der unterhalb parkenden KFZ nur „kosmetisch behandelt", um Regressforderungen infolge Lackschäden vorzubeugen. Dass unter anderen die Deckenkonstruktion selbst Schaden nimmt und damit auch die Gebrauchstauglichkeit drastisch eingeschränkt werden kann, blieb und bleibt in vielen Fällen unberücksichtigt.
Der zumeist fehlende Feuchtigkeitsschutz von Tiefgaragen in Bestandsobjekten rückt zunehmend in den Fokus, beispielsweise im Zuge einer „Technischen DUE DILIGENCE" (TDD), welche im Rahmen von Immobilientransfers durchgeführt werden. Die Sanierungskosten von Tiefgaragen (ohne Feuchtigkeitsschutz der Konstruktion) sind erheblich und drücken den Verkaufspreis empfindlich nach unten, insbesondere bei Tiefgaragen, welche lege artis auch den Gründungskörper für das Gebäude darstellen. Wenn eine Sanierung von Tiefgaragen oder Parkdecks bei laufendem Betrieb durchzuführen ist, was eher die Regel als die Ausnahme ist, so führt dies zu Ausfällen an Miet- und Pachtertrag, zu Umsatzeinbußen und erfordert meistens auch die Bereitstellung von Ersatzstellplätzen. Diese Folgekosten können ein Vielfaches der eigentlichen Sanierungskosten betragen und stellen oftmals ein reiches Betätigungsfeld für Juristen dar.

# 2 Schadensmechanismen

Zum besseren Verständnis sind die Schadensmechanismen an Beton und Stahlbeton durch Umwelteinflüsse in zwei Kategorien zu unterscheiden:

- Schäden am Beton
    - Lösenden Angriff
    - Treibenden Angriff
    - Biologischen Angriff
    - Frost- und Frost-Tausalzangriff
    - Mechanischer Angriff
- Schäden am Stahlbeton insbesondere an der Bewehrung
    - Karbonatisierung
    - Chloridkontamination

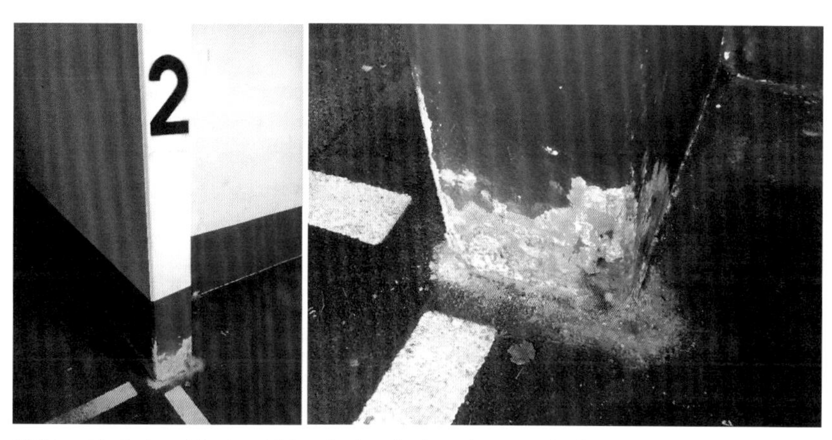


Bild 1 Typisches Schadensbild mit visuell erkennbarem Schaden am Stützenfuß

## 3 Vorgehensweise / Untersuchungsprozedere

3.1 Schadenskartierung auf Basis des visuellen Befundes inkl. Aufnahme von Rissen, wobei auf Deckenrisse (Trennrisse) welche aktuell wasserführend sind, oder ehemals waren, besonderes Augenmerk zu legen ist. Ausblühungen, Korrosionsspuren, Feuchteschäden etc. sind jedenfalls Indikatoren und weisen auf bestehende Fehlstellen an Bauteilen hin (Bild 1 und 2).

3.2 Betontechnologische Untersuchungen [4]

- Abschätzung (Beurteilung) der Betondruckfestigkeit mittels Rückprallhammerprüfung [6]
- Prüfung der Betondruckfestigkeit anhand entnommener Bohrkerne [5].
- Erkundung der Bewehrung an ausgewählten Prüfstellen, nicht invasiv mittels Ferroscan
- Erkundung des Zustandes der Bewehrung an Sondieröffnungen
- Erkundung der Betondeckung der Bewehrung an Sondieröffnungen
- Feststellung der Karbonatisierungstiefe
- Bohrmehlentnahme zur Analyse des Chloridgehaltes in den Tiefenstufen 0 – 15 mm, 15 – 30 mm, 30 – 45 mm und erforderlichenfalls auch tiefer [7]
- Abreißfestigkeit des Betons an der Oberfläche

## 4 Karbonatisierung

Durch die hohe Alkalität des Betons, gegeben durch den Bestandteil Zement, bzw. durch die gesättigte Calciumhydroxid-Lösung in den Gel-Poren und teilweise auch in den Kapillarporen des Zementsteins (pH-Wert ca. 11-13), wird die Bewehrung passiviert und bei homogenem Verbund (Ummantelung / Überdeckung) dauerhaft vor Korrosion geschützt.

Durch das Eindringen von „sauren" Bestandteilen in den Beton, z.B. das gasförmige Kohlendioxid ($CO_2$) aus der Luft, wird das hochalkalische Calciumhydroxid (Ca(OH)2) in den Gel- und Kapillarporen des Zementsteins chemisch umgewandelt; es entsteht das neutrale Calciumcarbonat ($CaCO_3$) und Wasser ($H_2O$).

Die ehemals hohe Alkalität des Betons und der damit verbundene, optimale Korrosionsschutz der Bewehrung nimmt mit fortschreitender Karbonatisierung ständig ab. Ist diese „allmähliche Neutralisation" soweit fortgeschritten, dass ein pH-Wert unter 9,5 vorliegt, ist der in diesem Bereich eingebettete Armierungsstahl nicht mehr ausreichend vor Korrosion geschützt (Bild 3).
Sämtliche Fehlstellen im Beton, seien dies Kiesnester, grobe Lunker, poröse Flächen, Risse usw., beschleunigen zusätzlich das Wandern der Karbonatisierungsfront in Richtung Kernbeton. Bei gleichzeitigem Zutritt von Sauerstoff und Feuchtigkeit beginnt anschließend die Korrosion der Bewehrung (Bild 4 und 5).

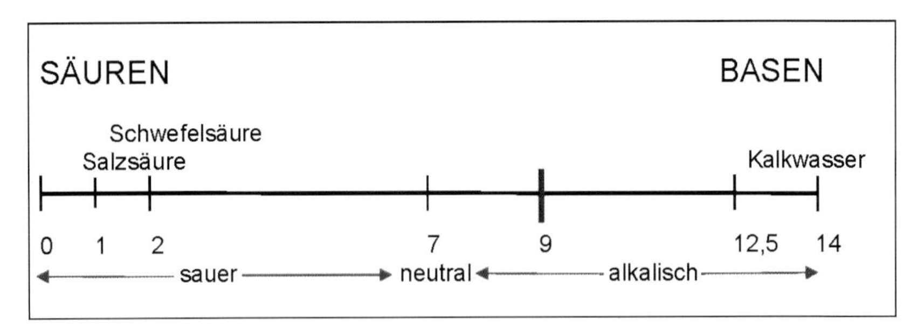


Bild 2 pH-Skala

Bild 3 Typischer Schaden infolge Karbonatisierung und zu geringer Betondeckung

Bild 4 Nachweis der Karbonarisierungstiefe mit 0,1%-iger Phenolphthaleinlösung, nicht karbonatisierte Bereiche verfärben sich rot-violett [8].

## 5 Chloridversalzung und -korrosion

Das Eindringen von Chlorid-Ionen in Stahlbeton, z.B. in Form von Tausalzlösungen (Winterdienst) kann gravierende Schäden an den eingebetteten Bewehrungsstählen verursachen.
Die „echte“ Chloridkorrosion, der gefürchtete Lochfrass, kann auch im noch alkalischen Milieu des Betons erfolgen. Wird ein kritischer Chloridgehalt im Beton an der Stahloberfläche überschritten, so vermögen Chloride die Passivschicht des Stahles örtlich zu durchbrechen, wodurch es bei ausreichendem Angebot an Feuchtigkeit und Sauerstoff zur typischen Narbenbildung (Lochfrass) kommt.
Das Chloridbindevermögen des Betons geht jedoch verloren, wenn dieser karbonatisiert („neutralisiert“) ist. Chloride werden freigesetzt und dadurch die Korrosionsgefahr akut erhöht!
Das heimtückische der Chloridversalzung, bzw. -korrosion liegt darin, dass die Angriffe am Stahl in der Regel ohne frühzeitig erkennbare Schäden an der Betonoberfläche ablaufen können (Bild 6, 7 und 8).

Bild 5 Schaden an der Deckenbewehrung

Bild 6 Typischer Schaden (Lochfraßkorrosion) infolge Chlorid-Einwirkung auf den Baustahl

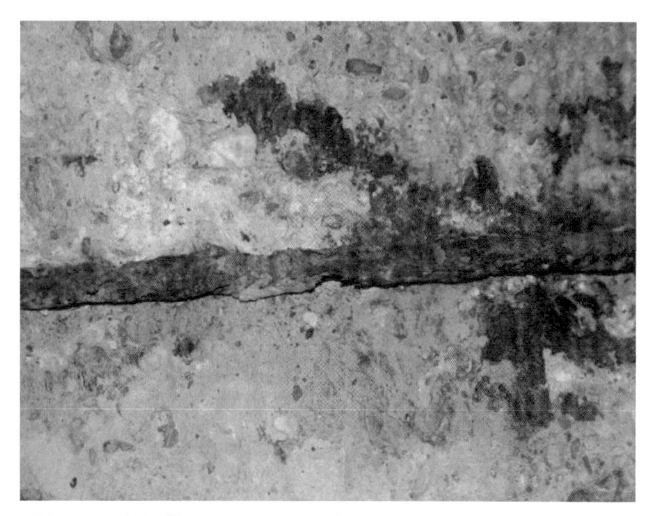

Bild 7 Lochfraßkorrosion im Detail

Für die zerstörungsfreie Detektion von Bewehrungslagen (Lage, Durchmesser, Betondeckung) kommen bildgebende Messgeräte basierend auf magnetischer Induktion und zur Detektion von Spanngliedern, Glasfaserkabel, Hohlräume etc., basierend auf Radar mit elektromagnetischen Sensoren (Bild 9 und 10), jeweils mit Software zur Auswertung, zum Einsatz.

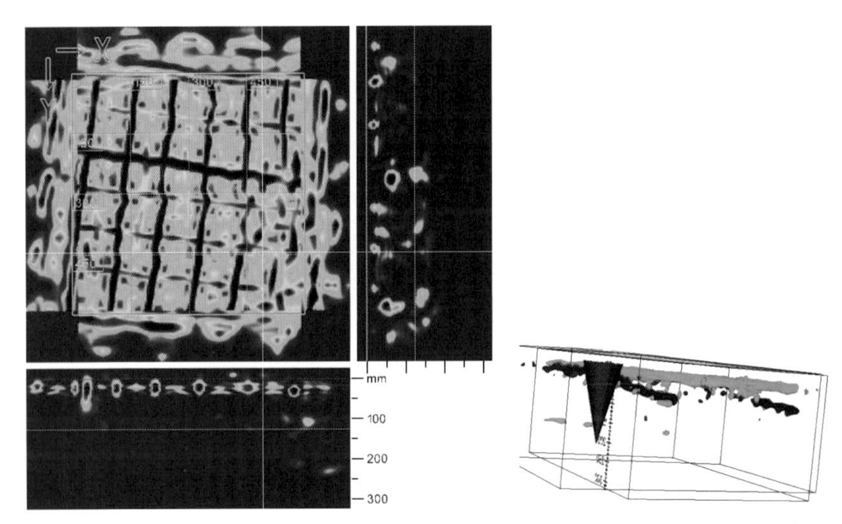


Bild 8 Scan einer Prüfstelle mit dem Ferroscan Hilti PS 1000 zum Detektieren von Bewehrungseisen und Spanngliedern

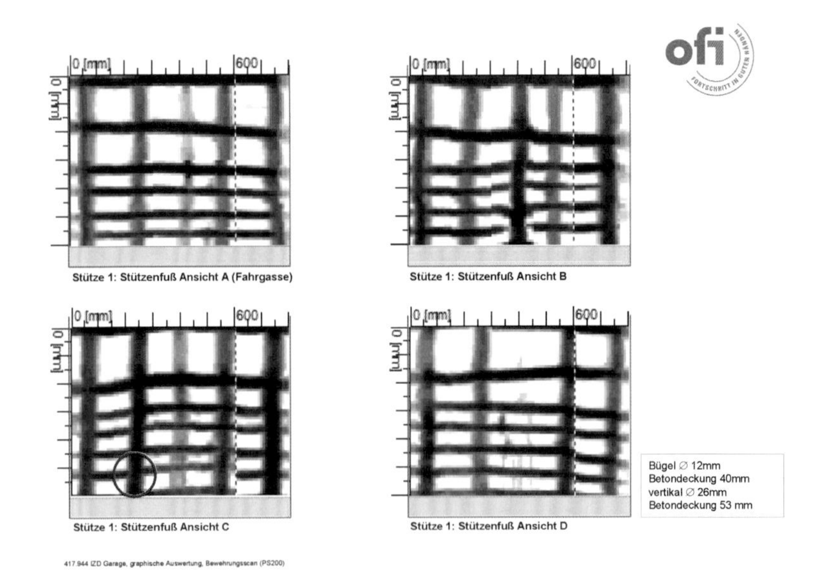


Bild 9 Ferroscan einer Stützen-Prüfstelle mit Stemmöffnung

## 6 Zusammenfassung der Untersuchungsergebnisse

Tabelle 1 Betonuntersuchung [4] – Prüfprotokoll je Prüfstelle (Musterprüfstelle)

| **Objekt** | Tiefgarage Mustermannplatz | |
|---|---|---|
| **Datum der Prüfung** | 11.11.2111 | |
| **Prüfstelle** | EO 1 | |
| **Prüfung** | **Ergebnisse** | |
| Ferroscan | Abb. 4 + 5 | |
| Durchmesser Bügel, Abstand | 8 mm; e= 20 cm | |
| Durchmesser Hauptbewehrung, Abstand | 14 mm; e= 10 cm | |
| Betondeckung: | Bügel: 15 mm | |
| | Hauptbewehrung: 23 mm | |
| Zustand der Bewehrung | R2 - R3 | |
| Karbonatisierungstiefe | 32 mm | |
| Stemmtiefe | 50 mm | |
| Chloridgehalt in Tiefenstufen in Masse-% bezogen auf den Zementgehalt | Tiefenstufe 1: 0 - 1,5 cm | 1,98 |
| | Tiefenstufe 2: 1,5 - 3,0 cm | 1,45 |
| | Tiefenstufe 3: 3,0 - 4,5 cm | 1,08 |
| Prellhärte (Mittelwert) | 42 | |
| Umrechnung | 44 N/mm2 | |
| Abreißfestigkeit Deckenoberseite im Mittel | PS 1 | 1,73 N/mm2 |
| | PS 2 | 1,85 N/mm2 |
| | PS 3 | 1,57 N/mm2 |
| | Mittelwert | 1,72 N/mm2 |
| Visuelle Beurteilung: | Abplatzungen und Rostspuren an der Oberfläche | |

Sämtliche Prüfungen müssen nachvollziehbar und die Lage der Prüfstellen verortet sein (Bild 11).

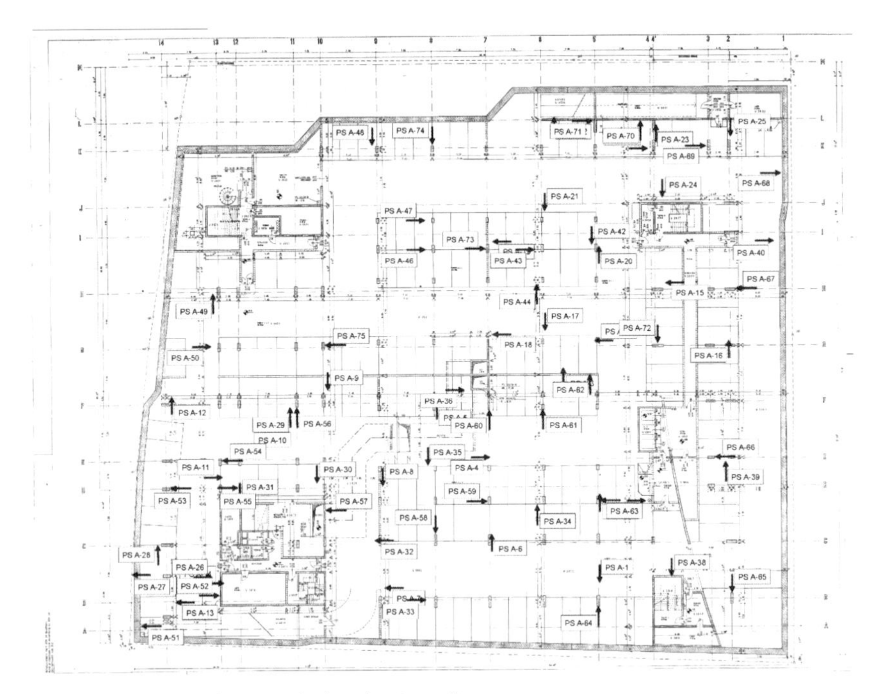


Bild 10 Prüfstellenplan an aufgehenden Bauteilen

Im nächsten Bild wird dargestellt, dass nach dem bereichsweisen Entfernen des Asphaltbelages flächige Potentialfeldmessungen an der Oberseite der Betondecke durchgeführt wurden (Bild 12), die Ergebnisse sind im Bild 13 und 14 dargestellt.

Bei der elektrochemischen Potentialfeldmessung an Stahlbetonbauwerken wird die Potentialdifferenz zwischen dem Bewehrungsstahl im Beton und einer an der Betonoberfläche geführten Bezugselektrode gemessen. Lokal begrenzte und signifikante Potentialverschiebung in Richtung negativer Potentialwerte deuten auf aktive Bewehrungskorrosion hin. Die rasterförmige Aufnahme von Potentialwerten an der Betonoberfläche, sowie die grafische Auswertung der Messergebnisse ermöglicht das flächige Auffinden von chloridinduzierter Bewehrungskorrosion und ermöglicht die Erstellung von Abtragsplänen – z.B. an der Deckenoberseite (Bild 12, 13 und 14), oder an der abgewickelten Unteransicht eines Brückentragwerkes (Bild 15).

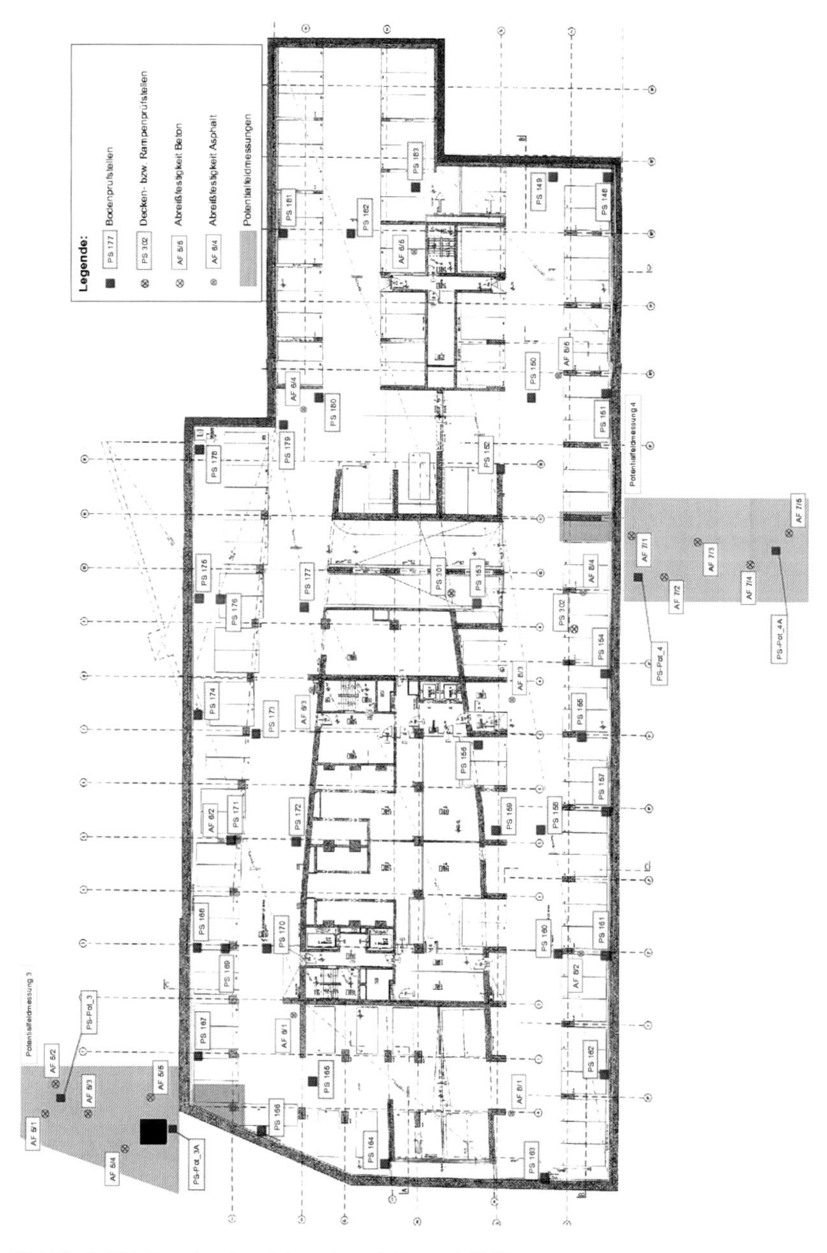


Bild 11 **Prüfstellenplan, bereichsweise mit Potentialfeldmessung**

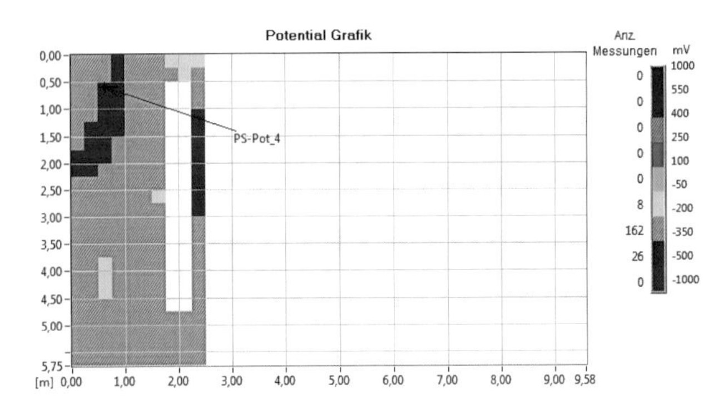


Bild 12 Potentialfeldmessung – Ergebnisse 1

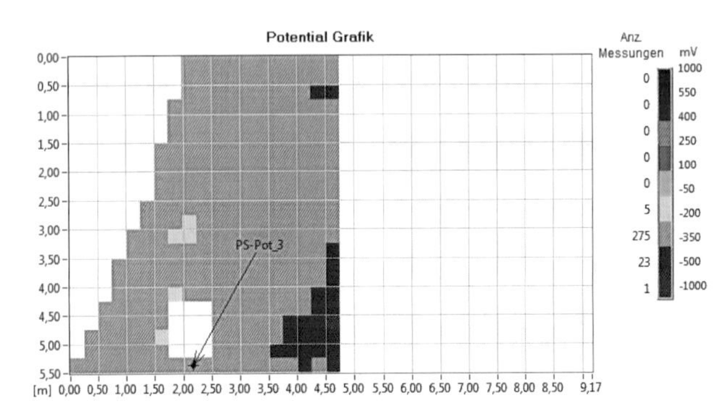


Bild 13 Potentialfeldmessung – Ergebnisse 2

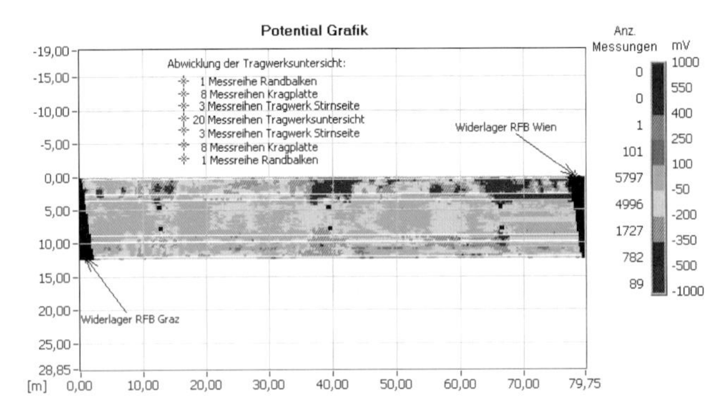


Bild 14 Ergebnisse der Potentialfeldmessung an einem Brückentragwerk, dargestellt ist die abgewickelte Tragwerksuntersicht.

Erst bei gesamtheitlicher Zusammenschau der Prüfergebnisse, des Umfanges der Schadstellen bzw. geschädigten Bereiche, des Schadensgrades an den einzelnen Bauteilen – insbesondere an der Bewehrung, kann die Sanierung im Detail, vor dem Hintergrund der anzuwendenden Instandsetzungsprinzipien sachkundig geplant werden.
Die Sanierungsmaßnahmen sind von Instandsetzungsfachbetrieben mit geschultem Personal und zugelassen Instandsetzungsprodukten bzw. -systemen durchzuführen [1], [2], [3], [9], [10].

## Literaturverzeichnis

[1] Schutz und Instandsetzung von Betonbauteilen (Instandsetzungs-Richtlinie), Herausgeber Deutscher Ausschuss für Stahlbeton (DAfStb), Ausgabe Oktober 2001 mit Berichtigungen 2001, 2002, 2005. Gelbdruck Stand 14.06.2016.

[2] DIN 1045-1 - /-4, Tragwerke aus Beton, Stahlbeton und Spannbeton, Teile 1 bis 4, Ausgabe 2001

[3] DIN EN 1504, Produkte und Systeme für den Schutz und die Instandsetzung von Betontragwerken, Teile 1 bis 10, Ausgaben 2005 – 2017

[4] ONR 23303:2010-09-01, Prüfverfahren Beton (PVB) – Nationale Anwendung der Prüfnormen für Beton und seiner Ausgangsstoffe

[5] DIN EN 12504-1:2009-07, Prüfung von Beton in Bauwerken – Teil 1: Bohrkernproben – Herstellung, Untersuchung und Prüfung der Druckfestigkeit

[6] DIN EN 12504-2:2012-12, Prüfung von Beton in Bauwerken – Teil 2: Zerstörungsfreie Prüfung – Bestimmung der Rückprallzahl

[7] DIN EN 14629:2007-06, Produkte und Systeme für den Schutz und die Instandsetzung von Betontragwerken – Prüfverfahren – Bestimmung des Chloridgehaltes in Festbeton

[8] DIN EN 14630:2007-01, Produkte und Systeme für den Schutz und die Instandsetzung von Betontragwerken – Prüfverfahren – Bestimmung der Karbonatisierungstiefe in Festbeton mit der Phenolphthalein-Lösung

[9] Richtlinie Befahrbare Verkehrsflächen in Garagen und Parkdecks; Herausgeber: Österreichische Vereinigung für Beton- und Bautechnik; Ausgabe: August 2017

[10] Richtlinie Erhaltung und Instandsetzung von Bauten aus Beton und Stahlbeton; Herausgeber: Österreichische Vereinigung für Beton- und Bautechnik; Ausgabe: April 2014

# BuFAS-Mitglieder empfehlen sich

## I Forschung/Lehre

| | |
|---|---|
| **Prof. Dipl.-Ing. Axel C. Rahn**<br>Ingenieurbüro Axel C. Rahn GmbH –<br>Die Bauphysiker<br>Lützowstr. 70, 10785 Berlin<br>Tel.: 030/8977470, Fax: 030/89774799<br>E-Mail: mail@ib-rahn.de<br>www.ib-rahn.de | **Dr. rer. nat. Jürgen Göske**<br>Sachverständigenbüro Dr. Göske<br>Dorfstrasse 16 a, 91233, Neunkirchen am Sand<br>Tel.: 09153 979995, Mobil: 0170 8001048<br>Fax: 09153 979994<br>E-Mail: juergen.goeske@expertebte.de<br>www.schadensanalytik.eu |
| **ISA GmbH**<br>Prof. Dr.-Ing. Gerd Förster<br>Bertholdt-Brecht-Str. 11, 06844 Dessau<br>Tel.: 0340 611818, Mobil: 0163 5653556<br>Fax: 0340 611819<br>E-Mail: gf@isa-dessau.de<br>Web: www.isa-dessau.de | |

## II Planer

| | |
|---|---|
| **Dipl.-Ing. Peter Ackermann-Rost**<br>IAF-Ingenieure Architekten Freiberufler<br>Bahnhofstr. 6; 06484 Quedlinburg<br>Tel.: 03946 979950, Mobil: 0172 5986089<br>Fax: 03946 979951<br>Oberfeldstr. 83, 12683 Berlin<br>Te.: 030 4730360, Fax.: 030 4730361<br>E-Mail: mail@iaf-ingeneure.de<br>www.iaf-ingenieure.de | **Dipl.-Ing. Hans-Ulli Fröba**<br>Planungs- & Ingenieurbüro Fröba<br>Sachverständiger für Schäden an Gebäuden (SVM e.V.)<br>Bebelstr. 14, 08209 Auerbach<br>Tel.: 03744 82650, Fax: 03744 826599<br>Mobil: 0172 3683324<br>E-Mail: info@pb-froeba.de<br>www.pb-froeba.de |
| **Dipl.-Ing. Michael Müller**<br>Ingenieurbüro Axel C. Rahn GmbH<br>Lützowstr. 70, 10785 Berlin<br>Tel.: 030 8977470<br>Fax: 030 89774799<br>E-Mail: mail@ib-rahn.de<br>www.ib-rahn.de | **Prof. Dipl.-Ing. Axel C. Rahn**<br>Ingenieurbüro Axel C. Rahn GmbH –<br>Die Bauphysiker<br>Lützowstr. 70, 10785 Berlin<br>Tel.: 030 8977470, Fax: 030 89774799<br>E-Mail: mail@ib-rahn.de<br>www.ib-rahn.de |

| **Dipl.-Ing. Karl-Hans Sonnabend**<br>Ing.-Büro Sonnabend<br>Hakenesheide 6, 48157 Münster<br>Tel.: 0251 922299, Mobil: 0151 58744478<br>Fax: 0251 922297<br>E-Mail: info@sonnabend-statik.de<br>www.sonnabend-statik.de | **Frank Deitschun**<br>Deitschun und Partner<br>Hermann-Böse-Str.17, 28209 Bremen<br>Tel.: 0421 8350160, Fax: 0421 83501690<br>Mobil: 0172 4110622<br>E-Mail: zentrale@deitschun.info<br>Web: www.deitschun.info |
|---|---|
| **ISA GmbH**<br>Prof. Dr.-Ing. Gerd Förster<br>Bertholdt-Brecht-Str. 11, 06844 Dessau<br>Tel.: 0340 611818, Mobil: 0163 5653556<br>Fax: 0340 611819<br>E-Mail: gf@isa-dessau.de<br>Web: www.isa-dessau.de | |

## III Sachverständige

| **Dipl.-Ing. Peter Ackermann-Rost**<br>IAF-Ingenieure Architekten Freiberufler<br>Bahnhofstr. 6; 06484 Quedlinburg<br>Tel.: 03946 979950, Mobil: 0172 5986089<br>Fax: 03946 979951<br>Oberfeldstr. 83, 12683 Berlin<br>Te.: 030 4730360, Fax.: 030 4730361<br>E-Mail: mail@iaf-ingeneure.de<br>www.iaf-ingenieure.de | **Dipl.-Ing. Architekt Klaus Breitenbach**<br>ö.b.u.v. Sachverst. f. Schäden an Gebäuden IHK<br>Wenkenstr. 9, 32105 Bad Salzuflen<br>Tel.: 05222 8077435 / 0800 BREITENBACH,<br>Fax: 05222 8077437<br>Mobil: 0171/6404935<br>E-Mail: breitenbach-architekt@t-online.de<br>www.breitenbach-architektur.de |
|---|---|
| **Frank Deitschun**<br>Deitschun und Partner<br>Hermann-Böse-Str.17, 28209 Bremen<br>Tel.: 0421 8350160, Fax: 0421 83501690<br>Mobil: 0172 4110622<br>E-Mail: zentrale@deitschun.info<br>Web: www.deitschun.info | **Frank Dressler**<br>BWD Bauwerksabdichtung Dressler<br>Warnower Str.34, 18249 Zernin<br>Tel.: 038462 20346<br>Fax: 038462/33343<br>Mobil: 0171/7735224<br>E-Mail: bwd-dressler@web.de<br>fr_dressler@t-online.de |
| **Dipl.-Ing. Architekt Wolfgang Dubil**<br>Sachverständigenbüro Dipl.-Ing. Wolfgang Dubil<br>Wiesbadener Str. 5, 12161 Berlin<br>Tel.: 030 21966889, Fax: 030 85079549<br>Mobil: 0520 2485996<br>E-Mail: gutachten@dubil.de<br>www.dubil.de | **Dipl.-Ing. Hans-Ulli Fröba**<br>Planungs- & Ingenieurbüro Fröba<br>Bebelstr. 14, 08209 Auerbach<br>Tel.: 03744 82650, Fax: 03744 826599<br>Mobil: 0172 3683324<br>E-Mail: info@pb-froeba.de<br>www.pb-froeba.de |

| | |
|---|---|
| **ISA GmbH**<br>Prof. Dr.-Ing. Gerd Förster<br>Bertholdt-Brecht-Str. 11, 06844 Dessau<br>Tel.: 0340 611818, Mobil: 0163 5653556<br>Fax: 0340 611819<br>E-Mail: gf@isa-dessau.de<br>Web: www.isa-dessau.de | **Dr. rer. nat. Jürgen Göske**<br>Sachverständigenbüro Dr. Göske<br>Dorfstrasse 16 a, 91233, Neunkirchen am Sand<br>Tel.: 09153 979995, Mobil: 0170 8001048<br>Fax: 09153 979994<br>E-Mail: juergen.goeske@expertebte.de<br>www.schadensanalytik.eu |
| **Dipl.-Ing. Martin Kapfinger**<br>Beratender Ingenieur f. Bauwesen<br>Klenzestr. 13, 80469 München<br>Tel.: 089 2289457, Fax: 089 2289415<br>Mobil: 0176 10062189<br>E-Mail: mail@kapfinger.org | **Dipl.-Ing. (FH) Detlef Krause**<br>ö.b.u.v. SV f. Holz- und Bautenschutz<br>Dorfstr. 5, 18246 Groß Belitz<br>Tel.: 038466 20591, Fax: 038466 20592<br>Mobil: 0173 2032827<br>E-Mail : post@ingkrause.de<br>www.ingkrause.de |
| **Dipl.-Ing. Michael Müller**<br>Ingenieurbüro Axel C. Rahn GmbH<br>Lützowstr. 70, 10785 Berlin<br>Tel.: 030 8977470<br>Fax: 030 89774799<br>E-Mail: mail@ib-rahn.de<br>www.ib-rahn.de | **Prof. Dipl.-Ing. Axel C. Rahn**<br>Ingenieurbüro Axel C. Rahn GmbH –<br>Die Bauphysiker<br>Lützowstr. 70, 10785 Berlin<br>Tel.: 030 8977470, Fax: 030 89774799<br>E-Mail: mail@ib-rahn.de<br>www.ib-rahn.de |
| **Michael Schmechtig**<br>Abdichtungstechnik GmbH<br>Steindamm 16, 39326 Gutenswegen<br>Tel.: 039202 6363, Fax: 039202 61232<br>E-Mail: info@schmechtig.de | **Dipl.-Ing. Karl-Hans Sonnabend**<br>Ing.-Büro Sonnabend<br>Hakenesheide 6, 48157 Münster<br>Tel.: 0251 922299, Mobil: 0151 58744478<br>Fax: 0251 922297<br>E-Mail: info@sonnabend-statik.de<br>www.sonnabend-statik.de |
| **Jens Stapel**<br>Sachverständigenbüro<br>Möwenstieg 6, 21683 Stade<br>Tel.: 04146 929 7533, Mobil: 01723868310<br>Fax: 0322 23768363<br>E-Mail: info@stapel-sv.de<br>Web: www.stapel-sv.de | **Ingo Thümler**<br>Otto Richter GmbH<br>Seelenbinderstr. 80, 12555 Berlin<br>Tel.: 030 6566110, Fax : 030 65661112<br>E-Mail: info@feuchteklinik.de<br>Web: www.feuchteklinik.de |
| **Michael Wiemeier**<br>Sachverständigenbüro<br>Lärchenweg 11, 24242 Felde OT Jägerslust<br>Tel.: 04340 4192200, Fax: 04340 4192201<br>Mobil: 0160 5050136<br>E-Mail: saver@michael-wiemeier.de<br>www.michael-wiemeier.de | |

## IV Ausführende

| **BWD Bauwerksabdichtung Dressler**<br>Frank Dressler<br>Warnower Str.34, 18249 Zernin<br>Tel.: 038462 20346<br>Fax: 038462/33343<br>Mobil: 0171/7735224<br>E-Mail: bwd-dressler@web.de;<br>fr_dressler@t-online.de | **Kandale Bau GmbH**<br>Andrè Ehrhardt<br>Rostocker Str. 14. 16341 Panketal<br>Tel.: 030 94113626; Mobil: 0162 2149489<br>Fax: 030 94113627<br>E-Mail: info@kandalebau.de<br>www.kandalebau.de |
|---|---|
| **Schleiff Bauflächentechnik GmbH & Co. KG**<br>Ingo Reifgerste<br>Brüsseler Allee 15, 41812 Erkelenz<br>Tel. : 0243196410, Fax: 0243174368<br>E-Mail: reifgerste@schleiff.de<br>www.schleiff.de | **Michael Wiemeier**<br>Maurermeister, Sachverständiger<br>Lärchenweg 11, 24242 Felde OT Jägerslust<br>Tel.: 04340 4192200<br>Fax: 04340 4192201<br>Mobil: 0160 5050136<br>E-Mail: saver@michael-wiemeier.de<br>www.michael-wiemeier.de |
| **Abdichtungstechnik GmbH**<br>Michael Schmechtig<br>Steindamm 16, 39326 Gutenswegen<br>Tel.: 039202 6363, Fax: 039202 61232<br>E-Mail: info@schmechtig.de | **SB Bautechnik GmbH**<br>Löwenbrucher Ring 16<br>14974 Ludwigsfelde<br>Tel.: 03378 899600, Fax: 03378 899 666<br>E-Mail: info@sb-bautechnik.de<br>Web: www.sb-bautechnik.de |
| **Ingo Thümler**<br>Otto Richter GmbH<br>Seelenbinderstr. 80, 12555 Berlin<br>Tel.: 030 6566110, Fax : 030 65661112<br>E-Mail: info@feuchteklinik.de<br>Web: www.feuchteklinik.de | |

## V Hersteller/Lieferanten

| | |
|---|---|
| **Desoi GmbH**<br>Injektionstechnik<br>Gewerbestr. 16, 36148 Kalbach<br>Tel.: 06655 96360, Fax: 06655 9636 6666<br>E-Mail: info@desoi.de<br>www.desoi.de | **Neisius Bautenschutzprodukte**<br>Uwe Neisius<br>Alte Gärtnerei 29, 18225 Kühlungsborn<br>Tel.: 038293 433030, Fax: 038293 433032<br>Mobil: 0171 4128460<br>E-Mail: neisius@t-online.de<br>www.cavastop.com |
| **WEBAC Chemie GmbH**<br>Fahrenberg 22, 22885 Barsbüttel<br>Tel. 040 /670570, Fax: 040 6703227<br>E.Mail: info@webac.de<br>www.webac.de | **SB Bautechnik GmbH**<br>Löwenbrucher Ring 16<br>14974 Ludwigsfelde<br>Tel.: 03378 899600, Fax: 03378 899 666<br>E-Mail: info@sb-bautechnik.de<br>Web: www.sb-bautechnik.de |